位相空間論

森田紀一著

はしがき

我々がよく知っている実数については，加減乗除の演算ができるという代数的構造のほかに，数列の収束を論ずることができるという，もう一つの構造がある．平面上の点についても，点列の収束を論ずることができる．このようなことができるのは，実数や平面上の点について，近いとか遠いとかいうことが考えられるからである．これに着目して，数学的に把えたものが，位相の概念であって，微積分で学ぶ関数の連続性も，この位相の概念に基づいて始めてその本質が解明されるのである．

位相を備えた集合，すなわち，位相構造をもつ集合を位相空間といい，実数や平面ばかりでなく，広く一般に位相空間について研究するのが，位相空間論である．位相空間は，幾何学や解析学ばかりでなく，数学全般にわたって基本的な概念である．

本書は，位相空間について始めて学ぶ読者を対象とし，著者の多年にわたる講義の経験に基づいて，位相空間論の基本的事項をできるだけ分り易く解説した入門書である．

本書の構成は次の通りである．まず，序章において，必要な準備事項をまとめておいた．特に，集合の演算や写像については，定義から述べ，証明もつけておいた．

第1章から第7章までが本論であって，基本的なことは，ここまでに収めてある．第1章，第2章は，全体の基礎である．

理解し易くするため，易しいことから始めて一般的なことに及び，重複を厭わず解説するように努めた．例えば，積空間のところでは，有限個の空間の場合を初めに述べ，次に無限個の場合を扱ってある．コンパクト空間についても同様である．また，フィルターや有向点列の収束は，重要な概念であるが，やや抽象的であり，そのため早い段階での導入を避け，コンパクト性や一般極限との関連など，この概念が効果的に用いられるところまで，その解説を延ばすことにした．

位相空間論が，他の分野にどのように応用されるか，その1例が第7章の初めの節にも述べてあるが，これは第1章に引き続いて読んでも十分理解できるであろう．

第8章では，やや進んだ事柄が述べてある．特に，最後の節では，位相空間論について，さらに深く学びたい読者のために，重要な興味ある話題として，パラコンパクト性と積空間の正規性をとり上げ，これについて述べることにした．これは，著者の研究の一端でもある．

各章のあとに練習問題を設け，巻末に解答のヒントをつけておいた．理解を深めるのに役立てば，幸いである．

本書の執筆は，東大名誉教授彌永昌吉博士のお勧めに由るものであり，御親切に御配慮いただいた．理学博士保科隆雄氏は，原稿を通読し，多くの貴重な注意を与えられた．また，岩波書店の荒井秀男氏には，終始お世話になった．これらの方々に対し，深く感謝の意を表します．

1981年9月

森　田　紀　一

目　次

序章　集合と写像

本章は，位相の理論を展開するための準備である．§1, 2では，集合と写像について，定義から始めて解説する．§3では，同値関係について述べる．§4では，集合の濃度に関する基本的なことを，本書で必要とする範囲で述べる．一般の濃度については，本書では最後の章を除いて，例題の説明に用いるだけであるが，可算，非可算の集合の区別は本書全体を通じて大切であり，可算集合に関する部分には，若干証明をつけることにする．Zornの補題や超限帰納法は，本書では後章のフィルターのところや最後の章で用いるだけであり，§5で簡単に述べることにする．実数に関する基本的性質も，後で使うのに便利なように，§6でまとめて述べる．

したがって，本章は省略して直ちに第1章から読み始めるのもよく，また，§1から§4(特に可算集合に関することだけでもよい)まで読み，ついで第1章へ進み，後は必要に応じて適宜本章に戻るのもよいであろう．

§1　集　合

いくつかのものをひとまとめにして考えた“ものの集まり”のことを**集合**という．集合というときは，どのような“もの”がその集合に入るか，範囲が明確に定められていなければならない．

例えば，自然数全体の集まり，整数全体の集まり，有理数全体の集まり，実数全体の集まりは，いずれも集合である．これらの集合を表わすのに，普通次の記号を用いる．

$\boldsymbol{N}=$ 自然数全体の集合，　$\boldsymbol{Z}=$ 整数全体の集合，

$\boldsymbol{Q}=$ 有理数全体の集合，　$\boldsymbol{R}=$ 実数全体の集合．

しかし“大きな実数の集まり”は集合ではない．どのような数が大きいのか，その範囲がはっきりしないからである．

集合 A があるとき，A を構成する個々の“もの”を集合 A の**元**(または**要素**)という．“a が A の元である”ことを，“a は A に属する”，または“a は A に含まれる”，“A は a を含む”などといい，記号で

$$a \in A \quad \text{または} \quad A \ni a$$

と書く．a が A の元でないことは

$$a \notin A \quad \text{または} \quad A \not\ni a$$

で表わす．

集合 A が元 $a, b, \cdots, k$ から構成されているとき，“A は元 $a, b, \cdots, k$ から成る”ともいう．元 $a, b, \cdots, k$ から成る集合を，元を並べて書いて

$$\{a, b, \cdots, k\}$$

と表わす．

例えば，$\{a\}$ はただ1つの元 a から成る集合を表わす．

しかし，元の個数が多くなれば，すべての元を並べて書くことは不可能なことも起る．

どのような元が集合に含まれるか，その範囲を明確にするために，或る条件 P を満たす“もの” x の全体として集合を定めることが多い．このような集合は

$$\{x \mid x \text{ は条件 } P \text{ を満たす}\}$$

として表わす．集合 A の元のうち，条件 P を満たす元 x の全体の集合は

$$\{x \mid x \in A,\ x \text{ は } P \text{ を満たす}\},$$

または，

$$\{x \in A \mid x \text{ は } P \text{ を満たす}\}$$

として表わす．

例 1.1 $a<b$ を満たす実数 a, b に対する閉区間 $[a, b]$，開区間

(a,b)，半開区間 $[a,b)$, $(a,b]$ は,

$$[a,b]=\{x\in \boldsymbol{R} \mid a\leqq x\leqq b\},\qquad (a,b)=\{x\in \boldsymbol{R} \mid a<x<b\},$$
$$[a,b)=\{x\in \boldsymbol{R} \mid a\leqq x<b\},\qquad (a,b]=\{x\in \boldsymbol{R} \mid a<x\leqq b\}$$

として表わされる．特に $[0,1]$ は I で表わす．また,

$$[a,\infty)=\{x\in \boldsymbol{R} \mid x\geqq a\},\qquad (a,\infty)=\{x\in \boldsymbol{R} \mid x>a\},$$
$$(-\infty,b]=\{x\in \boldsymbol{R} \mid x\leqq b\},\qquad (-\infty,b)=\{x\in \boldsymbol{R} \mid x<b\}$$

として表わす．これらの集合を総称して**区間**という．——

しかし $\{x\in \boldsymbol{R} \mid x^2<0\}$ は，元を1つも含まず，集合ではない．そこで，“元を1つも含まない集合”というのを考え，これを**空集合**といい，集合として扱う．空集合は ϕ で表わすのが普通である(ϕ はノルウェー語の母字)．

そうすると $\{x \mid x$ は条件 P を満たす$\}$ は，常に(条件 P を満たす x が存在してもしなくても)集合となる．

2つの集合 A, B があるとき，A の元がすべて B の元となる場合，A を B の**部分集合**といい,

$$A\subset B \quad \text{または} \quad B\supset A$$

で表わす．この場合“A は B に含まれる”ともいう．A の元と B の元がすべて一致するとき，“A と B は等しい”といい，$A=B$ で表わす．$A=B$ は，$A\subset B$ および $B\subset A$ が成り立つことであり，$A=B$ の証明には常にこのことを使う．空集合 ϕ は，任意の集合の部分集合と定める．

2つの集合 A, B に対し，A の元と B の元の両方から構成される集合を，A と B の**和集合**(または**和**)といい,

$$A\cup B$$

で表わす．A と B に共通に含まれる元全体の集合を，A と B の**共通集合**(または**共通部分**)といい,

$$A\cap B$$

で表わす．A に含まれて B には含まれない元全体の集合を，A と B の**差集合**といい，

$$A-B$$

で表わす．ここで $A \supset B$ でなくても，$A-B$ が定義されることは注意を要する．$A \supset B$ のとき，$A-B$ を“B の A における**補集合**”という．

$$A \cup B = \{x \mid x \in A \text{ または } x \in B\},$$
$$A \cap B = \{x \mid x \in A,\ x \in B\},$$
$$A-B = \{x \mid x \in A,\ x \notin B\}.$$

下の図で，左側の円の内部を A，右側の円の内部を B とすれば，$A \cup B$, $A \cap B$, $A-B$ はそれぞれ斜線の部分を示す．

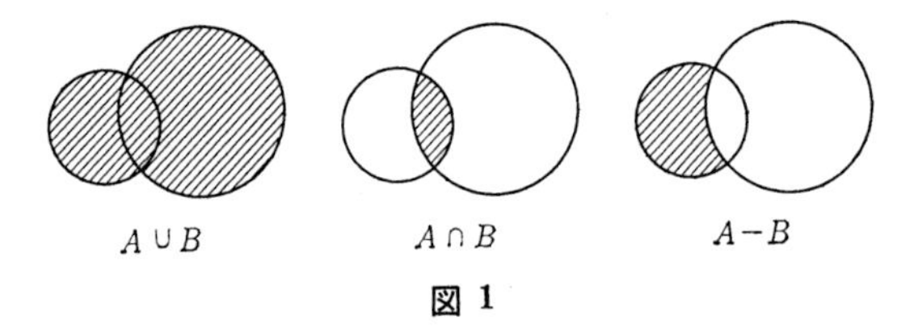

図 1

$A \cap B \neq \phi$ であるとき A, B は**交わる**といい，$A \cap B = \phi$ のときは A, B は**交わらない**または**互いに素**であるという．

n 個の集合 $A_1, A_2, \cdots, A_n$ に対しても，これらの集合のいずれか1つに含まれる元全体の集合を**和集合**，これらの集合のいずれにも共通に含まれる元全体の集合を**共通集合**といい，それぞれ

$$A_1 \cup A_2 \cup \cdots \cup A_n \qquad \left(\text{または} \bigcup_{i=1}^{n} A_i,\ \bigcup \{A_i \mid i=1, \cdots, n\}\right),$$

$$A_1 \cap A_2 \cap \cdots \cap A_n \qquad \left(\text{または} \bigcap_{i=1}^{n} A_i,\ \bigcap \{A_i \mid i=1, \cdots, n\}\right)$$

で表わす．

更に多くの集合があって，$A_1, A_2, \cdots, A_n$ としては表わしきれない場合は，$\{1, 2, \cdots, n\}$ の代りに適当な集合 Λ をとり，Λ の元を添字として使うことにする．すなわち，集合 Λ の各元 λ に対し，集合 A_λ が1つずつ定められていると考えるのである．これらの集合 A_λ $(\lambda \in \Lambda)$ を元として構成される集合を(Λ を添字集合としてもつ)**集合族**といい，

$$\{A_\lambda \mid \lambda \in \Lambda\}$$

で表わす．一般に，集合を元とする集合を**集合族**という．

集合 A_λ $(\lambda \in \Lambda)$ の**和集合**，**共通集合**は，これらの集合のいずれか少なくとも1つに含まれる元全体の集合，いずれにも共通に含まれる元全体の集合として定義され，それぞれ

$$\bigcup\{A_\lambda \mid \lambda \in \Lambda\} \qquad (\text{または，略して} \bigcup_\lambda A_\lambda,\ \bigcup A_\lambda),$$
$$\bigcap\{A_\lambda \mid \lambda \in \Lambda\} \qquad (\text{または，略して} \bigcap_\lambda A_\lambda,\ \bigcap A_\lambda)$$

で表わす．互いに素な集合の和集合を**直和集合**という．

次に，集合 Λ の各元 λ に対し，元 a_λ が1つずつ定められているときは，これらの元 a_λ 全体で構成される集合を

$$\{a_\lambda \mid \lambda \in \Lambda\}$$

で表わす(この際，$\lambda \neq \lambda'$ に対し $a_\lambda = a_{\lambda'}$ であってもよい)．

ここで論理記号について説明しておこう．命題 p, q について，“p が成り立つならば q が成り立つ” ことを

$$p \Longrightarrow q \quad \text{または} \quad q \Longleftarrow p$$

で表わす．これは正確には，“p が成り立たないか，または，p が成り立つならば q が成り立つ”，すなわち，“p が成り立たないか，または，q が成り立つ” ことを意味すると定めておく．次に，$p \Rightarrow q$ でかつ $q \Rightarrow p$ のとき，

$$p \Longleftrightarrow q$$

と書く．これは，p と q とが論理的に同値であることを表わす．

そうすると，A, B を集合とするとき，

$$A \subset B \Longleftrightarrow [\text{任意の } x \text{ に対し，} x \in A \Longrightarrow x \in B]$$

が成り立つ．

注意 $A=\phi$ の場合は，$x \in A$ は成り立たないが，上述の“$\Rightarrow$”の定め方によって，上式の右辺は常に成立する．$\phi \subset B$ も常に成立するから，上式はこの場合も成立するのである．

元 x が条件 P を満たすことを $P(x)$ で表わすとき，2つの条件 P, Q に対し，$A=\{x \mid P(x)\}$, $B=\{x \mid Q(x)\}$ とおけば，“$x \in A \Rightarrow x \in B$”は“$P(x) \Rightarrow Q(x)$”と同値である．よって，“$P(x) \Rightarrow Q(x)$”は“$A \subset B$”と同値である．すなわち，命題の間の $\Rightarrow$ の関係は集合の間の包含関係で表わされることがわかる．

定理 1.1 集合 X の部分集合 A, B, C については次の関係が成り立つ．

(1.1) **交換律** $A \cup B = B \cup A, \quad A \cap B = B \cap A.$

(1.2) **結合律** $A \cup (B \cup C) = (A \cup B) \cup C,$

$A \cap (B \cap C) = (A \cap B) \cap C.$

(1.3) **分配律** $A \cup (B \cap C) = (A \cup B) \cap (A \cup C),$

$A \cap (B \cup C) = (A \cap B) \cup (A \cap C).$

(1.4) **吸収律** $(A \cup B) \cap A = A, \quad (A \cap B) \cup A = A.$

集合 B, C の代りに X の多くの部分集合 B_λ $(\lambda \in \Lambda)$ があるときも (1.3) と同様の関係 (1.3)′ が成り立つ．

(1.3)′ $A \cup \left(\bigcap\{B_\lambda \mid \lambda \in \Lambda\}\right) = \bigcap\{A \cup B_\lambda \mid \lambda \in \Lambda\},$

$A \cap \left(\bigcup\{B_\lambda \mid \lambda \in \Lambda\}\right) = \bigcup\{A \cap B_\lambda \mid \lambda \in \Lambda\}.$

証明 これらの等式の証明はいずれも簡単である．例えば，(1.3)′ の第2の式の証明は次の通り．

$x \in A \cap \left(\bigcup\{B_\lambda \mid \lambda \in \Lambda\}\right)$ とすれば，$x \in A$ でかつ $x \in \bigcup\{B_\lambda \mid \lambda \in \Lambda\}$. よって，$\Lambda$ のある元 λ に対し $x \in B_\lambda$, よってこの λ に対し $x \in A \cap$

B_λ, したがって $x \in \bigcup\{A \cap B_\lambda \mid \lambda \in \Lambda\}$ となる. すなわち,

$$A \cap (\bigcup\{B_\lambda \mid \lambda \in \Lambda\}) \subset \bigcup\{A \cap B_\lambda \mid \lambda \in \Lambda\}.$$

逆に, $x \in \bigcup\{A \cap B_\lambda \mid \lambda \in \Lambda\}$ とすれば, Λ のある元 λ に対し, $x \in A \cap B_\lambda$, すなわち, $x \in A$, $x \in B_\lambda$ となる. $B_\lambda \subset \bigcup\{B_\lambda \mid \lambda \in \Lambda\}$ なる故 $x \in \bigcup\{B_\lambda \mid \lambda \in \Lambda\}$, よって $x \in A \cap (\bigcup\{B_\lambda \mid \lambda \in \Lambda\})$ となる. 故に

$$\bigcup\{A \cap B_\lambda \mid \lambda \in \Lambda\} \subset A \cap (\bigcup\{B_\lambda \mid \lambda \in \Lambda\}).$$

両方の向きの包含関係が証明されたから, (1.3)$'$ の第2の式が証明された. ▮

問1　(1.1)-(1.4), (1.3)$'$ の第1の式を証明せよ.

定理 1.2　集合 X の部分集合 A, B について

(1.5)
$$X-(X-A) = A,$$

(1.6)　De Morgan の法則
$$X-A \cup B = (X-A) \cap (X-B),$$
$$X-A \cap B = (X-A) \cup (X-B)$$

が成り立つ. X の部分集合族 $\{A_\lambda \mid \lambda \in \Lambda\}$ の場合は

(1.6)$'$
$$X-\bigcup\{A_\lambda \mid \lambda \in \Lambda\} = \bigcap\{X-A_\lambda \mid \lambda \in \Lambda\},$$
$$X-\bigcap\{A_\lambda \mid \lambda \in \Lambda\} = \bigcup\{X-A_\lambda \mid \lambda \in \Lambda\}$$

となる.

証明　(1.5) は明らか. 次に $x \in X$ とするとき

$$x \in X-\bigcup\{A_\lambda \mid \lambda \in \Lambda\} \Leftrightarrow x \notin \bigcup\{A_\lambda \mid \lambda \in \Lambda\}$$

$\Leftrightarrow$ すべての $\lambda \in \Lambda$ に対し, $x \notin A_\lambda$

$\Leftrightarrow$ すべての $\lambda \in \Lambda$ に対し, $x \in X-A_\lambda$

$\Leftrightarrow x \in \bigcap\{X-A_\lambda \mid \lambda \in \Lambda\}$.

よって, (1.6)$'$ の第1の等式が証明された. 第1の等式において A_λ の代りに, $X-A_\lambda$ を入れたものから, X についての補集合をとれば, (1.5) により, (1.6)$'$ の第2の等式が出る. ▮

問2　$X-A-B=(X-A)-B$ と定めるとき, $X-A-B=X-(A \cup B)$ を証明せよ.

問3 次の条件(1)-(4)は同値であることを証明せよ．

(1) $A \subset B$, (2) $A = A \cap B$, (3) $A \cup B = B$, (4) $A - B = \phi$.

2つの集合A, Bがあるとき，Aの元aとBの元bから対(a, b)をつくる．対(a, b)は順序をこめて考えることにしこれを**順序対**ともいう．対(a, b)と(a', b')が等しいのは，$a=a'$, $b=b'$の場合に限ることと定める．このような対(a, b)の全体の集合を，AとBの**直積集合**といい，$A \times B$で表わす．すなわち

$$A \times B = \{(a, b) \mid a \in A,\ b \in B\}.$$

更に，n個の集合$A_1, A_2, \cdots, A_n$があるとき，各A_iから1つずつ元a_iをとり順番に並べて組$(a_1, \cdots, a_n)$をつくる．組$(a_1, \cdots, a_n)$, $(a_1', \cdots, a_n')$が等しいのは，$a_1=a_1'$, $\cdots$, $a_n=a_n'$の場合に限ることと定める．このような組$(a_1, \cdots, a_n)$の全体の集合を，$A_1, \cdots, A_n$の**直積集合**といい，$A_1 \times \cdots \times A_n$ $\left(\text{または} \prod_{i=1}^{n} A_i\right)$で表わす．すなわち

$$A_1 \times \cdots \times A_n = \{(a_1, \cdots, a_n) \mid a_1 \in A_1, \cdots, a_n \in A_n\}.$$

問4 等式$(A \times B) \cap (C \times D) = (A \cap C) \times (B \cap D)$を証明せよ．

問5 AをXの部分集合，BをYの部分集合とするとき，等式$X \times Y - A \times B = ((X-A) \times Y) \cup (X \times (Y-B))$が成り立つことを証明せよ．

§2 写　　像

2つの集合X, Yがあって，Xの各元xに対しYの元yを1つずつ対応させる或る規則が定められているとき，この対応をXからYへの**写像**という．写像を表わすには普通f, g, φ, ψのように1つの文字を用いる．fがXからYへの写像であることを

$$f: X \longrightarrow Y$$

で表わし，Xをfの**定義域**，Yをfの**終域**という．また，fによってXの元xに対応するYの元yを$f(x)$で表わし，fによるxの**像**という．このとき，xはfにより$f(x)$に写されるともいう．fに

よって X の元 x が Y の元 y に写されることは

$$f: x \longmapsto y$$

で表わす．例えば，任意の実数 x に対し実数 x^3+1 を対応させる写像を $f: \boldsymbol{R} \to \boldsymbol{R}$ とすれば，

$$f: x \longmapsto x^3+1, \qquad f(x) = x^3+1$$

である．集合 X の元が実数でなくても，一般に X の各元を実数にうつす写像を実数値関数または関数という．

2つの写像 $f: X \to Y$ と $g: P \to Q$ が等しいとは，定義域 X と P が等しく，終域 Y と Q が等しく，かつ X の各元 x に対し $f(x)=g(x)$ となることをいう．

$A \subset B$ のとき，A の各元 a に対し $i(a)=a$ となる写像

$$i: A \longrightarrow B$$

を**包含写像**という．特に $A=B$ のとき，**恒等写像**といい，

$$1_A: A \longrightarrow A$$

で表わす．$A \neq B$ ならば，包含写像 $i: A \to B$ と恒等写像 $1_A: A \to A$ は，対応のさせ方は同じでも終域が異なるから，等しくない．

$f: X \to Y$ を写像とする．X の部分集合 A に対し，x が A の各元を動くときの像 $f(x)$ の全体を $f(A)$ で表わし，f による A の**像**という．すなわち，

$$f(A) = \{f(x) \mid x \in A\}.$$

特に，$f(X)$ を f の像という．

Y の部分集合 B に対し，$f(x) \in B$ となる X の元 x の全体を $f^{-1}(B)$ で表わし，f による B の**逆像**（または**原像**）という．すなわち，

$$f^{-1}(B) = \{x \in X \mid f(x) \in B\}.$$

また，Y の元 y に対し，$\{y\}$ の逆像 $f^{-1}(\{y\})$ を単に元 y の逆像（または原像）といい，$f^{-1}(y)$ で表わす．

Y の任意の元 y が X のある元 x の像 $f(x)$ となるとき，すなわち

$f(X)=Y$ のとき，f を X から Y の**上への写像**，または X から Y への**全射**という.

例 2.1 写像 $f, g: \boldsymbol{R}\to\boldsymbol{R}$ を $f(x)=x^3+1$，$g(x)=x^2$ と定めると，f は全射であり，g は全射でない. ——

X の異なる元 x, x' に対しては Y の異なる元 $f(x), f(x')$ が対応するとき，すなわち，$x, x'\in X$ に対し

$$x \neq x' \Longrightarrow f(x) \neq f(x') \qquad (\text{対偶 } f(x)=f(x') \Longrightarrow x=x')$$

となるとき，f を X から Y への**1対1の写像**または**単射**という.

例 2.2 例 2.1 において，$f: \boldsymbol{R}\to\boldsymbol{R}$, $f(x)=x^3+1$ は単射であり，$g: \boldsymbol{R}\to\boldsymbol{R}$, $g(x)=x^2$ は単射ではない. ——

単射でかつ全射の写像を**全単射**(または**1対1の上への写像**)という. $f: X\to Y$ が全単射であれば，Y の任意の元 y に対し，$f(x)=y$ となる X の元 x はただ1つ存在するから，$g(y)=x$ とおくことにより，写像 $g: Y\to X$ が定まる. g を f の**逆写像**といい，f^{-1} で表わす.

例 2.3 $$f: \boldsymbol{R} \longrightarrow (-1,1), \qquad f(x)=\frac{x}{1+|x|}$$

は全単射であって，f の逆写像 g は次の通り.

$$g: (-1,1) \longrightarrow \boldsymbol{R}, \qquad g(y)=\frac{y}{1-|y|}.$$

問 1 $$f: (-1,1) \longrightarrow (a,b), \qquad f(t)=a+\frac{b-a}{2}(1+t)$$

は全単射であることを示せ.

定理 2.1 写像 $f: X\to Y$ があるとき，X の部分集合の族 $\{A_\lambda \mid \lambda\in\Lambda\}$，$Y$ の部分集合の族 $\{B_\lambda \mid \lambda\in\Lambda\}$ に対し，

(2.1) $f(\bigcup A_\lambda)=\bigcup f(A_\lambda)$, $\qquad f(\bigcap A_\lambda)\subset\bigcap f(A_\lambda)$.

(2.2) $f^{-1}(\bigcup B_\lambda)=\bigcup f^{-1}(B_\lambda)$, $\qquad f^{-1}(\bigcap B_\lambda)=\bigcap f^{-1}(B_\lambda)$.

(2.3) $f^{-1}(Y-B)=X-f^{-1}(B)$ $\qquad$ (ただし，$B\subset Y$ のとき).

証明　いずれも容易である．例えば，(2.3)の証明は次の通り．$x \in X$とするとき，

$$x \in f^{-1}(Y-B) \Leftrightarrow f(x) \in Y-B \Leftrightarrow f(x) \notin B$$
$$\Leftrightarrow x \notin f^{-1}(B) \Leftrightarrow x \in X-f^{-1}(B).$$

よって，(2.3)が成り立つ．▮

問2　定理2.1の(2.3)以外の等式を証明せよ．

注意　(2.1)の第2式では等号は必ずしも成り立たない．

例えば，写像$g: \boldsymbol{R} \to \boldsymbol{R}$, $g(x)=x^2$において，$A_1=\{x \in \boldsymbol{R} \mid x \geqq 0\}$，$A_2=\{x \in \boldsymbol{R} \mid x \leqq 0\}$とした場合を考えればすぐ分かる．

問3　写像$f: X \to Y$に対し，次の2式を証明せよ．

$$f(A)-f(B) \subset f(A-B) \qquad (A, B \subset X),$$
$$f^{-1}(C)-f^{-1}(D)=f^{-1}(C-D) \qquad (C, D \subset Y).$$

写像$f: X \to Y$, $g: Y \to Z$があるとき，Xの元xはfにより$f(x)$に写され，更に$f(x)$はgにより$g(f(x))$に写されるが，元xを直接$g(f(x))$に対応させる写像をfとgの**合成**(または**合成写像**)といい，$g \circ f$ (またはgf)で表わす．すなわち

$$g \circ f: X \longrightarrow Z, \qquad (g \circ f)(x)=g(f(x))$$

である．写像fとgの合成は，fの終域とgの定義域が一致する場合に限って定義されることに注意されたい．

定理2.2　写像$f: X \to Y$, $g: Y \to Z$, $h: Z \to W$の合成については，次の結合律が成り立つ．

(2.4)　$$h \circ (g \circ f)=(h \circ g) \circ f.$$

証明　$x \in X$のとき，$[(h \circ g) \circ f](x)=(h \circ g)(f(x))=h(g(f(x)))=h((g \circ f)(x))=[h \circ (g \circ f)](x)$．▮

前に定義した恒等写像1_X, 1_Yを使えば，

(2.5)　$f: X \to Y$に対し，

$$f \circ 1_X=f, \qquad 1_Y \circ f=f,$$

(2.6)　$f: X \to Y$ が全単射ならば，$f^{-1}: Y \to X$ が存在し

$$f^{-1} \circ f = 1_X, \quad f \circ f^{-1} = 1_Y$$

が成り立つことは明らかである．

定理 2.3　写像 $f: X \to Y$, $g: Y \to Z$ に対し，次が成り立つ．

(i)　f, g が単射ならば，$g \circ f$ は単射である．

(ii)　f, g が全射ならば，$g \circ f$ は全射である．

(iii)　$g \circ f$ が単射ならば，f は単射である．

(iv)　$g \circ f$ が全射ならば，g は全射である．

証明　単射の場合について証明する．$x, x' \in X$ とする．

(i)
$$\begin{aligned}(g \circ f)(x) = (g \circ f)(x') &\Longrightarrow g(f(x)) = g(f(x')) \\ &\Longrightarrow f(x) = f(x') \qquad (\because \ g \text{ 単射}) \\ &\Longrightarrow x = x' \qquad (\because \ f \text{ 単射}).\end{aligned}$$

(iii)
$$\begin{aligned}f(x) = f(x') &\Longrightarrow g(f(x)) = g(f(x')) \\ &\Longrightarrow (g \circ f)(x) = (g \circ f)(x') \Longrightarrow x = x'\end{aligned}$$

$(\because \ g \circ f$ 単射$)$. ∎

問 4　定理 2.3 の (ii), (iv) を証明せよ．

定理 2.4　写像 $f: X \to Y$, $g: Y \to X$ に対し，

$$g \circ f = 1_X, \ f \circ g = 1_Y \Longleftrightarrow f \text{ が全単射で } g = f^{-1}.$$

証明　(i) $\Leftarrow$ 明らか．(ii) $\Rightarrow$ 左辺が成り立てば，定理 2.3 より，f は全単射．よって逆写像 $f^{-1}: Y \to X$ が存在する．このとき

$$g \circ f = 1_X \Longrightarrow (g \circ f) \circ f^{-1} = f^{-1} \Longrightarrow g \circ (f \circ f^{-1}) = f^{-1}$$

(定理 2.2 による)

$$\Longrightarrow g \circ 1_Y = f^{-1} \text{((2.6) による)} \Longrightarrow g = f^{-1} \text{((2.5) による)}.$$ ∎

集合 X, Y の直積集合 $X \times Y$ に対し，$X \times Y$ の元 (x, y) に X の元 x を対応させる写像 $p_X: X \times Y \to X$ を，$X \times Y$ から X への**射影**という．$X \times Y$ から Y への射影 $p_Y: X \times Y \to Y$ も同様に定義される．

写像 $f: X \to Y$ があるとき，$X \times Y$ の部分集合

$$G(f) = \{(x, f(x)) \mid x \in X\}$$

を f の**グラフ**という．$g(x)=(x, f(x))$ により定義される写像 $g: X \to X\times Y$ は単射である．何故ならば，$p_X \circ g = 1_X$ となるからである(定理 2.3(iii))．したがって，g の終域を $G(f)$ に縮小して得られる写像 $h: X \to G(f)$ は全単射となる．

写像 $f: X\to Y$, $g: A \to Y$ があるとき，$A\subset X$ で，かつ A の各元 a に対し $f(a)=g(a)$ が成り立つとき，f を g の X への**拡張**，g を f の A への**制限**といい，記号で後者を $g=f\mid A$ と表わす．

注意　空集合については次のように規約する．

(i)　$X\neq\phi$, $Y=\phi$ の場合は，写像 $f: X\to Y$ は存在しない．$X=\phi$ の場合は，写像 $f: X\to Y$ はただ1つ存在し，$Y=\phi$ ならば恒等写像 $1_\phi : \phi\to\phi$, $Y\neq\phi$ ならば包含写像 $i: \phi\to Y$ と考える．

(ii)　$X=\phi$ または $Y=\phi$ の場合は，$X\times Y=\phi$ ときめる．

(iii)　X の部分集合の族 $\{A_\lambda \mid \lambda\in\Lambda\}$ に対し，$\Lambda=\phi$ とした場合は，

$$\bigcup\{A_\lambda \mid \lambda\in\Lambda\} = \phi, \qquad \bigcap\{A_\lambda \mid \lambda\in\Lambda\} = X$$

ときめる．

§3　2項関係，同値関係

R が集合 X における**2項関係**であるとは，X の任意の2元 x, y に対し，関係 R が成り立つか(これを xRy で表わす)，成り立たないか，いずれかである場合をいう．直積集合 $X\times X$ において，R が2項関係のとき

$$\{(x, y)\in X\times X \mid xRy\}$$

は，$X\times X$ の部分集合である．逆に，$X\times X$ の部分集合 K に対し，$(x, y)\in K$ のとき xRy として1つの2項関係 R が定められる．よって，$X\times X$ の部分集合を2項関係と定義することができる．このとき，文字 R を両方の意味に使い

$$R = \{(x, y)\in X\times X \mid xRy\},$$

$$xRy \Leftrightarrow (x, y) \in R$$

のように表わすこともある.

さて，X における2項関係 R が次の3条件を満たすとき，**同値関係**という.

(3.1) **反射律** X のすべての元 x に対し，xRx,

(3.2) **対称律** X の元 x, y に対し，$xRy \Longrightarrow yRx$,

(3.3) **推移律** X の元 x, y, z に対し，$xRy, yRz \Longrightarrow xRz$.

例えば，Euclid 平面上において，三角形の合同は同値関係である．また，2つの直線が平行という関係は，反射律および推移律を満たさないから，同値関係ではないが，等しいかまたは平行という関係にすれば同値関係となる.

さて，同値関係を表わすには記号 $\sim$ を使うことが多い．集合 X において1つの同値関係 $\sim$ が与えられているとき，X の1つの元 a に対し，集合

$$C(a) = \{x \in X \mid x \sim a\}$$

を，a の($\sim$ による)**同値類**という．このとき

(3.4) $$X = \bigcup \{C(a) \mid a \in X\},$$

(3.5) $$C(a) = C(b) \Leftrightarrow a \sim b,$$

(3.6) $$C(a) \cap C(b) = \phi \Leftrightarrow a \sim b \text{ でない}.$$

が成り立つ．何故ならば，(i) $a \sim b$ とすれば，(3.3) より，$x \sim a \Rightarrow x \sim b$，よって $C(a) \subset C(b)$；一方 (3.2) より $b \sim a$，よって同様にして，$C(b) \subset C(a)$，したがって $C(a) = C(b)$ となる．(ii) $x \in C(a) \cap C(b)$ ならば，$x \sim a$, $x \sim b$，よって (3.2), (3.3) より $a \sim b$ となる．これから (3.5), (3.6) は直ちに証明される．(3.4) は明らかである.

(3.5), (3.6) により，2つの同値類は一致するかまたは全く共通元をもたないかのいずれかである．よって，異なる同値類全体の集合族 $\mathcal{C}$ は，互いに共通元をもたない部分集合の族であって X はそ

の和集合となる．逆に，X の部分集合の族 $\mathscr{K}$ があって $\mathscr{K}$ の和集合は X であり，$\mathscr{K}$ に属する相異なる集合は共通元をもたないと仮定する——このようなとき，X は部分集合の族 $\mathscr{K}$ の**直和に分割される**という．このとき，X の2つの元 x, y は，$\mathscr{K}$ に属する同一の部分集合に含まれる場合に限り $x \sim y$ と定めれば，この関係 $\sim$ は同値関係となる．よって，同値関係と X の直和分割とは，1対1に対応している事柄である．

例 3.1　x, y を自然数とし，$x-y$ が3の倍数となるとき，3を法として合同といい，$x \equiv y \pmod 3$ で表わす．この関係は $\boldsymbol{N}$ における同値関係であって，相異なる同値類は $C(1), C(2), C(3)$ の3個であり，$i=1,2,3$ に対し $C(i)=\{i+3(n-1) \mid n \in \boldsymbol{N}\}$ となる．——

集合 X における同値関係 $\sim$ によって X を同値類の直和に分割することを，X を $\sim$ によって**類別**するという．相異なる同値類全体の作る集合を，同値関係 $\sim$ による X の**商集合**といい，$X/\sim$ で表わす．X の元 x に対し，$C(x)$ は $X/\sim$ の元であるから，$p(x)=C(x)$ とおくことにより，写像

$$p : X \longrightarrow X/\sim$$

が得られる．p を**射影**という．

例 3.2　例3.1では，n を3で割ったときの剰余が $1,2,0$ となるのに応じて，$p(n)$ はそれぞれ $C(1), C(2), C(3)$ となる．——

なお，$x \in C(a)$ となるとき，x を同値類 $C(a)$ の代表元という．

問 1　次の2項関係 R, R' は同値関係かどうか調べよ．

(1)　平面上の2直線 l, l' が互いに直交するとき，lRl'．

(2)　自然数 a, b で a が b で割り切れるとき，$aR'b$．

問 2　R を集合 X において反射律，対称律を満たす2項関係とする．X の2元 x, y に対し，有限個の元 $x_1, \cdots, x_n$ で，xRx_1，x_1Rx_2，$\cdots$，$x_{n-1}Rx_n$，x_nRy となるものが存在するとき，$x \sim y$ とすれば，$\sim$ は同値関係となる

ことを証明せよ.

問3　R, S をそれぞれ集合 X, Y における同値関係とする. $X\times Y$ における2項関係 $R\times S$ を

$$(x, y) R\times S (x', y') \Leftrightarrow xRx' \text{ でかつ } ySy'$$

と定めれば, $R\times S$ は同値関係となることを証明せよ.

§4　集合の濃度, 基数

有限個の元からなる集合を(空集合も含めて)**有限集合**, 無限個の元からなる集合を**無限集合**という. 個数の概念を無限集合の場合に拡張して, 個数というかわりに濃度という言葉を使う. 濃度の厳密な定義は次の通りである.

A, B が有限集合の場合, A, B の元の個数が等しいことは, A の元と B の元との間に1対1の対応がつけられること, すなわち, A から B への全単射が存在することである.

一般に, 集合 A, B について, A から B への全単射が存在するとき, A と B は**対等**であるといい, $A\sim B$ で表わす. 対等については次の関係が成り立つ.

(4.1)　$$A\sim A,$$

(4.2)　$$A\sim B \Longrightarrow B\sim A,$$

(4.3)　$$A\sim B,\ B\sim C \Longrightarrow A\sim C.$$

したがって, $\sim$ は同値関係であり, 同値な集合の集まりとして同値類がきまる[1]. 集合 A の属する同値類を A の**濃度**という. すなわち, 集合 A, B について

$$A\sim B \Leftrightarrow A \text{ の濃度と } B \text{ の濃度は等しい}$$

が成り立つ.

1)　すべての集合の集まりは, 集合ではなく類(class)とよばれるものであり, 類における同値関係について§3と同様のことが成り立ち, それを適用するというのが厳密な言い方である.

A の濃度を表わすには，記号

$$\operatorname{card} A \quad (\text{または } |A|)$$

を用いる．card は基数(cardinal number)の略号であり，集合の濃度となるもの，すなわち，上の同値類の1つ1つを**基数**という．普通，次の記号を用いる．

$\operatorname{card} \phi = 0$,

$\operatorname{card} \{1, 2, \cdots, n\} = n$ （n は自然数），

$\operatorname{card} \boldsymbol{N} = \aleph_0$ （$\aleph$ はヘブライ文字，アレフと読む），

$\operatorname{card} \boldsymbol{R} = \mathfrak{c}$ （これを**連続体の濃度**という）．

$\operatorname{card} A = \aleph_0$ となる集合 A を，**可算**(または**可付番**)無限集合という．このとき，全単射 $\varphi: \boldsymbol{N} \to A$ があるから，$\varphi(n)$ を n 番目の元とよべば，A のすべての元に，1番目，2番目，…，n 番目，…として番号を洩れなく付けることができる．可付番，または可算(数えられる)という言葉の由来は，ここにある．

有限集合と可算無限集合を総称して**可算集合**という．可算でないとき**非可算**という．

定理 4.1 すべての無限集合は可算無限部分集合を含み，可算集合の部分集合はすべて可算である．

証明 (i) 集合 A が無限ならば，$a_1 \in A$, $a_2 \in A - \{a_1\}$, …, $a_n \in A - \{a_1, \cdots, a_{n-1}\}$ と，順次に元 a_n をとることができる．このとき，$\{a_1, a_2, \cdots\}$ は可算無限集合である．

(ii) $A \subset B = \{b_1, b_2, \cdots\}$ とする．A が無限のとき，(i) の操作で a_n としては，$A - \{a_1, \cdots, a_{n-1}\}$ に含まれる B の元 b_m のうち最小の番号をもつものをとることにすれば，A のすべての元に洩れなく番号がつけられることが分かる[1]． ∎

---

1) この証明のように，可算といっても有限の場合について明らかなときは，可算無限の場合についてだけ証明することが多い．

例 4.1 card $\boldsymbol{Z}=\aleph_0$. $n\in\boldsymbol{N}$ が奇数のとき $\varphi(n)=(n-1)/2$, n が偶数のとき $\varphi(n)=-n/2$ とおけば, $\varphi:\boldsymbol{N}\to\boldsymbol{Z}$ は全単射である.

例 4.2 開区間(a,b)の濃度は$\mathfrak{c}$である(例 2.3 およびその後の問 1 による). ——

$\mathfrak{m},\mathfrak{n}$ を基数とする. card $A=\mathfrak{m}$, card $B=\mathfrak{n}$, $A\cap B=\phi$ を満たす集合 A,B をとり, $\mathfrak{m}+\mathfrak{n}$, $\mathfrak{m}\mathfrak{n}$ をそれぞれ集合

$$A\cup B,\qquad A\times B$$

の濃度として定義する.

この場合には, card $A_0=\mathfrak{m}$, card $B_0=\mathfrak{n}$, $A_0\cap B_0=\phi$ となる他の集合 A_0,B_0 をとっても, card $A\cup B=$card $A_0\cup B_0$, card $A\times B$ $=$card $A_0\times B_0$ となるから, 上の定義は A,B のとり方にかかわらず確定する($\mathfrak{m}\mathfrak{n}$ の定義には, $A\cap B=\phi$ の条件は不要).

集合族 $\{A_\lambda\mid\lambda\in\Lambda\}$ があって, card $\Lambda=\mathfrak{m}$ のとき, この集合族は, $\mathfrak{m}$ 個の集合からなるという. 各 λ に対し card $A_\lambda=\mathfrak{n}_\lambda$ で, $\lambda\neq\lambda'$ に対し $A_\lambda\cap A_{\lambda'}=\phi$ のとき, $\mathfrak{m}$ 個の基数 $\mathfrak{n}_\lambda$ の和を, card $(\bigcup\{A_\lambda\mid\lambda\in\Lambda\})$ として定義する. 特に各 $\varphi_\lambda:A\to A_\lambda$ が全単射であり, すべての λ に対し card $A_\lambda=\mathfrak{n}$ とすれば, $\varphi(\lambda,a)=\varphi_\lambda(a)$ として定義される写像 $\varphi:\Lambda\times A\to\bigcup A_\lambda$ は全単射であるから, 次の定理が成り立つ.

定理 4.2 基数 $\mathfrak{n}$ を $\mathfrak{m}$ 個加えたときの和は $\mathfrak{m}\mathfrak{n}$ に等しい. ——

さて, $\mathfrak{m},\mathfrak{n}$ が与えられたとき, card $A=\mathfrak{m}$, card $B=\mathfrak{n}$ を満たす集合 A,B に対し, B から A への単射があるとき, $\mathfrak{m}\geqq\mathfrak{n}$ または $\mathfrak{n}\leqq\mathfrak{m}$ と書く. この定義は A,B のとり方に関係しない.

次の性質は基本的である.

(4.4) $\quad\mathfrak{m}+\mathfrak{n}=\mathfrak{n}+\mathfrak{m},\qquad \mathfrak{m}\mathfrak{n}=\mathfrak{n}\mathfrak{m}.$

(4.5) $\quad\mathfrak{m}\leqq\mathfrak{m}.$

(4.6) $\quad\mathfrak{l}\leqq\mathfrak{m},\ \mathfrak{m}\leqq\mathfrak{n}\Longrightarrow\mathfrak{l}\leqq\mathfrak{n}.$

(4.7) $\quad\mathfrak{m}\leqq\mathfrak{m}',\ \mathfrak{n}\leqq\mathfrak{n}'\Longrightarrow\mathfrak{m}+\mathfrak{n}\leqq\mathfrak{m}'+\mathfrak{n}',\qquad \mathfrak{m}\mathfrak{n}\leqq\mathfrak{m}'\mathfrak{n}'.$

定理 4.3　　$\mathfrak{m} \geqq \mathfrak{n},\ \mathfrak{n} \geqq \mathfrak{m} \Longrightarrow \mathfrak{m} = \mathfrak{n}.$

定理 4.1, 4.3 より，$\aleph_0$ は無限基数のうち最小となることがわかる.

$\mathfrak{m} \geqq \mathfrak{n}$ であり，$\mathfrak{m}=\mathfrak{n}$ でないとき，$\mathfrak{m}>\mathfrak{n}$ または $\mathfrak{n}<\mathfrak{m}$ と書き，$\mathfrak{m}$ は $\mathfrak{n}$ より大きい，$\mathfrak{n}$ は $\mathfrak{m}$ より小さいという. そうすると次の諸定理が成り立つ.

定理 4.4　$\mathfrak{m}, \mathfrak{n}$ を基数とすれば，$\mathfrak{m}>\mathfrak{n}$, $\mathfrak{m}=\mathfrak{n}$, $\mathfrak{m}<\mathfrak{n}$ のうち，ただ 1 つが成り立つ.

定理 4.5　$\mathfrak{m}, \mathfrak{n}$ を基数とし，$\mathfrak{m} \geqq \aleph_0$, $\mathfrak{m} \geqq \mathfrak{n} \geqq 1$ ならば，

$$\mathfrak{m}+\mathfrak{n} = \mathfrak{m}, \qquad \mathfrak{m}\mathfrak{n} = \mathfrak{m}.$$

$\mathfrak{m}=\mathfrak{n}=\aleph_0$ の場合を考えれば

定理 4.6　　$\aleph_0+\aleph_0 = \aleph_0, \qquad \aleph_0\aleph_0 = \aleph_0.$

これから，次の定理がすぐ出る.

定理 4.6′　可算個の可算集合の和は可算集合であり，可算集合の直積集合は可算集合である. ——

定理 4.6 の第 2 式は，直接には次のように証明できる.

$\boldsymbol{N} \times \boldsymbol{N} = \{(m, n) \mid m, n \in \boldsymbol{N}\}$ のすべての元を下図のように配列し，矢印 → にしたがって，順次に 1 番目，2 番目，…と番号を付けていけばよい.

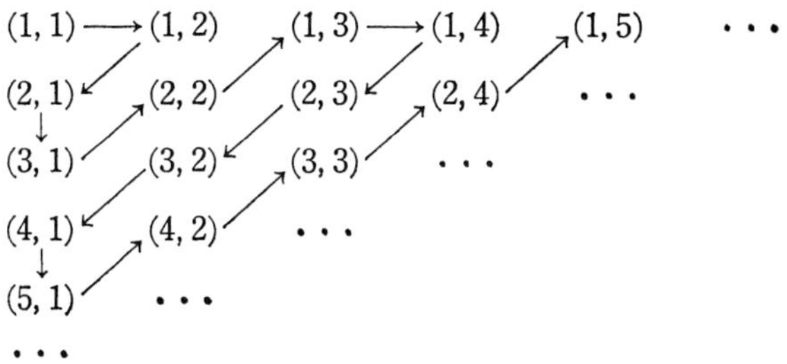

```
(1,1) ──→ (1,2)     (1,3) ──→ (1,4)     (1,5)     ...
        ↙        ↗          ↙        ↗
(2,1)     (2,2)     (2,3)     (2,4)     ...
  ↓     ↗        ↙        ↗
(3,1)     (3,2)     (3,3)     ...
        ↙        ↗
(4,1)     (4,2)     ...
  ↓     ↗
(5,1)     ...
...
```

例 4.3　正の有理数 r を既約分数 m/n の形に表わすと，対応 $r \mapsto (m, n)$ により，正の有理数全体 Q_+ から $N \times N$ への単射が得られるから，$\mathrm{card}\, Q_+ \leqq \mathrm{card}(N \times N) = \aleph_0$. 同様に，負の有理数全体 Q_- について，$\mathrm{card}\, Q_- \leqq \aleph_0$. したがって，$Q = Q_+ \cup Q_- \cup \{0\}$ だから，$\mathrm{card}\, Q = \mathrm{card}\, Q_+ + \mathrm{card}\, Q_- + 1 \leqq \aleph_0 + \aleph_0 + \aleph_0 = \aleph_0$. よって，$Q$ は可算無限集合である. ——

A を 1 つの集合とするとき，A のすべての部分集合を元として構成される集合を A の**巾(べき)集合**といい，$\mathcal{P}(A)$ で表わす. これには，空集合 ϕ も A も元として含まれる.

集合 A, B に対し，A から B への写像全体のつくる集合を B^A で表わす. 特に，$B = \{0, 1\}$ の場合，B^A を 2^A と表わす.

定理 4.7　　$\mathrm{card}\, \mathcal{P}(A) = \mathrm{card}\, 2^A.$

この定理により，$\mathcal{P}(A)$ を 2^A と表わすこともある.

$\mathfrak{m}, \mathfrak{n}$ を基数とし，A, B を $\mathrm{card}\, A = \mathfrak{m}$，$\mathrm{card}\, B = \mathfrak{n}$ を満たす集合とするとき，基数 $\mathfrak{n}^{\mathfrak{m}}$ を

$$\mathfrak{n}^{\mathfrak{m}} = \mathrm{card}\, B^A$$

で定義する.

特に，$\mathrm{card}\, B = 2$ のときは，定理 4.7 により，

定理 4.8　　$\mathrm{card}\, \mathcal{P}(A) = \mathrm{card}\, 2^A = 2^{\mathrm{card}\, A}.$

A が有限集合で元の個数が n ならば，$\mathrm{card}\, A = n$，$\mathrm{card}\, \mathcal{P}(A) = 2^n$ であるから，上の定理は有限の基数の場合の拡張になっていることがわかる.

定理 4.9　$\mathfrak{m}$ を基数とすれば，$2^{\mathfrak{m}} > \mathfrak{m}$.

定理 4.10　$\mathfrak{m}, \mathfrak{n}$ を基数とすれば，$(2^{\mathfrak{m}})^{\mathfrak{n}} = 2^{\mathfrak{m}\mathfrak{n}}$.

定理 4.11　　$\mathfrak{c} = 2^{\aleph_0}.$

系 4.12　$\mathfrak{m} \geqq \aleph_0$ のとき，$\mathfrak{c}^{\mathfrak{m}} = 2^{\mathfrak{m}}$. 特に，$\mathfrak{c}^{\aleph_0} = \mathfrak{c}$.

さて，A の部分集合のうち有限集合だけをとれば，事情は変わる.

定理 4.13　A を集合とし，$\mathrm{card}\, A=\mathfrak{m}\geqq\aleph_0$ とする．A の部分集合のうち有限集合となるもの全体のつくる集合を Λ とすれば，

$$\mathrm{card}\, \Lambda = \mathfrak{m}.$$

§5　順序集合，Zorn の補題

集合 X における 2 項関係 $\leqq$ が，反射律と推移律，すなわち，

(5.1)　　X のすべての元 x に対し，$x \leqq x$,

(5.2)　　X の元 x, y, z に対し，$x \leqq y,\ y \leqq z \Longrightarrow x \leqq z$

を満たすとき，**前順序**(または**擬順序**)といい，更に

(5.3)　　$$x \leqq y,\ y \leqq x \Longrightarrow x = y$$

をも満たすとき，**順序**(または**半順序**，**準順序**)という．この場合，$x\leqq y$, $x\neq y$ となることを $x<y$ と書く．

集合 X に 1 つの順序 $\leqq$ が定められていて，この順序を合わせて考えた集合を**順序集合**(または**半順序集合**)といい，$(X, \leqq)$ で表わす．順序 $\leqq$ を特に表面に出していわなくても分かる場合は，$(X, \leqq)$ の代りに，単に X と書く．

例 5.1　X を集合とし，X の巾集合 $\mathcal{P}(X)$ において，$A\subset B$ のとき $A\leqq B$ と定めれば，$\mathcal{P}(X)$ は順序集合となる．——

順序集合 $(X, \leqq)$ において，更に，条件

(5.4)　　X の任意の 2 元 x, y に対し，

$$x \leqq y \text{ または } y \leqq x \text{ のいずれかが成り立つ}$$

を満たすとき，$(X, \leqq)$ を**全順序集合**(または**線型順序集合**)という．

例 5.2　自然数の集合，整数の集合，一般に，実数の集合は，大小の順序によって全順序集合である．しかし，例 5.1 の順序集合 $(\mathcal{P}(X), \leqq)$ は，一般には全順序集合ではない．——

$(X, \leqq)$ を順序集合，A を X の部分集合とする．A は X における順序 $\leqq$ により 1 つの順序集合となる．A のすべての元 a に対し，

$a \leqq x_0$ となる X の元 x_0 を A の**上界**という．A の元 a_0 が A の上界となるとき，a_0 を A の**最大元**といい，

$$\max A$$

で表わす．A の**下界**，A の**最小元**($\min A$ で表わす)は同様に定義される．

x_0 が A の元であり，$x_0 \leqq a$, $x_0 \neq a$ となる A の元 a が存在しないとき(すなわち，$a \in A$ ならば，$a \leqq x_0$ が成り立つか，または a と x_0 との間には，$a \leqq x_0$ も $x_0 \leqq a$ も成り立たないかいずれかのとき)，x_0 を A の**極大元**という．**極小元**も同様に定義される．

最大元は極大元であり，全順序集合においては極大元は同時に最大元となるが，一般に順序集合においては成り立たない．

例 5.3　直積集合 $I \times I$ ($I=[0,1]$) の 2 点 (x, y), (x', y') は，$x=x'$, $y \leqq y'$ となるときに限り $(x, y) \leqq (x', y')$ と定めると，$\leqq$ は順序となる．このとき，すべての $x \in I$ に対し点 $(x, 1)$ は極大元であるが最大元ではない．——

順序集合 $(X, \leqq)$ において，X の任意の空でない部分集合が常に最小元をもつとき，$(X, \leqq)$ は**整列集合**であるという．

例 5.4　大小の順序によって，$\boldsymbol{N}$ は整列集合であるが，$\boldsymbol{Q}$ は整列集合ではない．——

整列集合は全順序集合であり，特に都合の良い性質をもつ．

与えられた集合に適当な順序を定めて，整列集合にすることは望ましいことであり多くの学者が努力した．Zermelo は選択公理を始めて採り上げ，これによって整列可能定理を証明した．整列可能定理は選択公理と同値であるが，Zorn はこれらと同値であって，更に使い易い形の命題——Zorn の補題という——を発見した．

順序集合 $(X, \leqq)$ において，X の部分集合で(X における順序によって)全順序集合となるものが必ず上界をもつとき，$(X, \leqq)$ は**帰納**

的であるという．

さて，上述の同値な諸命題は次のように述べられる．

選択公理 空でない集合からなる集合族 $\{A_\lambda \mid \lambda \in \Lambda\}$ $(\Lambda \neq \phi)$ があるとき，写像 $f: \Lambda \to \bigcup \{A_\lambda \mid \lambda \in \Lambda\}$ で，各 λ に対し $f(\lambda) \in A_\lambda$ を満たすものがある．——

いい換えれば，各 A_λ から 1 つずつ元 a_λ を選択することができるというのであって(そうすれば，$f(\lambda) = a_\lambda$ とおいて写像 f がきまる)，選択公理といわれる理由がここにある．

Zermelo の整列可能定理 任意の集合は，適当に順序を定めて整列集合とすることができる．

Zorn の補題 帰納的な順序集合は，少なくとも 1 つ極大元をもつ．——

本書では，これらの命題を公理として採用し，自由に使うことにする．

注意 有限集合および可算無限集合は容易に整列集合にできる．$A = \{a_n \mid n \in N\}$ とすれば，$m \leqq n$ のとき $a_m \leqq a_n$ と順序を定めると，A は整列集合となる．しかし，可算でない無限集合に対しては，整列集合となるように具体的に順序を定める方法は，現在知られていない．

選択公理は，無意識に使われていることが多い．

本書では，超限帰納法を使うことは少なく，後の第 8 章で始めて利用する．このため，これについて簡単に述べておこう．

定理 5.1(**超限帰納法**) W を整列集合とし，$a_0 = \min W$ とする．W の各元 a に関する命題 $P(a)$ があり，

(i) $P(a_0)$ は真であり，

(ii) $a \in W$，$a_0 < a$ とするとき，$x < a$ を満たすすべての $x \in W$ に対し $P(x)$ が真であれば，$P(a)$ も真である，

という 2 つのことが成り立つならば，$P(a)$ はすべての $a \in W$ に対

し真である. ——

最後に，後章での反例に用いられる特別な整列集合 $\boldsymbol{W}$ について述べておこう.

例 5.5 整列集合 $\boldsymbol{W}$. 実数の集合 $\boldsymbol{R}$ に属しない1つの元 r_∞ をとり，集合 $L=\boldsymbol{R}\cup\{r_\infty\}$ に次のように新しい順序 $<$ をいれる.

(a) $K=\boldsymbol{R}-\{0\}\cup\boldsymbol{N}$ とおき，K には1つの(大小とは異なる)新しい順序 $<$ をいれ，K が整列集合となるようにする.

(b) $\{0\}\cup\boldsymbol{N}$ の間の順序は普通の大小の順序とする.

(c) $n=0$ または $n\in\boldsymbol{N}$ と，$\alpha\in K$ に対し，$n<\alpha$ とする.

(d) $\alpha\in\boldsymbol{R}$ に対し，$\alpha<r_\infty$ とする.

このとき，L が整列集合になることは明らかである.

そこで

$$L_1=\{\alpha\in L\mid\{\beta\in L\mid\beta<\alpha\}\text{ が非可算集合}\}$$

とおけば，$r_\infty\in L_1$. よって $L_1\neq\phi$. L は整列集合であるから，L_1 は最小元をもつ. これを ω_1 と表わし，

$$\boldsymbol{W}=\{\alpha\in L\mid\alpha<\omega_1\}$$

とおく. このとき，$\boldsymbol{W}$ は非可算の整列集合となり，次の性質が成り立つ. まず，ω_1 の定義から明らかに

(5.5) $\qquad \alpha\in\boldsymbol{W}\Longrightarrow\{\beta\in\boldsymbol{W}\mid\beta<\alpha\}$ は可算集合.

(5.6) 可算個の元 $\alpha_i\in\boldsymbol{W}\,(i\in\boldsymbol{N})$ に対し，

$$\alpha_i\leqq\beta,\qquad i=1,2,\cdots$$

となる $\beta\in\boldsymbol{W}$ が存在する. すなわち，$\{\alpha_i\mid i\in\boldsymbol{N}\}$ は $\boldsymbol{W}$ において上界をもつ.

(5.6) の証明は次のようにすればよい. まず

$$\boldsymbol{W}=\bigcup_{i=1}^{\infty}\{\beta\in\boldsymbol{W}\mid\beta<\alpha_i\}\cup\{\beta\in\boldsymbol{W}\mid\text{すべての }\alpha_i\text{ に対し }\alpha_i\leqq\beta\}$$

であり，(5.5) より右辺の第1項は可算集合. 一方，$\boldsymbol{W}$ は非可算で

あるから，右辺の第2項は空となりえない．故に求めるβの存在がわかる．なお，このような上界βのなかには最小元がある．これを

$$\sup\{\alpha_i \mid i \in \boldsymbol{N}\}$$

で表わし，$\{\alpha_i \mid i \in \boldsymbol{N}\}$ の**上限**という．

同様な証明により，$\alpha \in \boldsymbol{W}$ に対し，$\{\beta \in \boldsymbol{W} \mid \alpha < \beta\}$ は空ではないから，最小元をもつ．これを

$$\alpha+1$$

で表わし，α の**直後の元**という．

§6 実数の基本的性質

実数について本書で用いる性質をまとめて述べておく．$\boldsymbol{R}$ は，前と同様，実数全体の集合である．

I．$\boldsymbol{R}$ においては，(0 による除法をのぞいて)加減乗除の演算ができる．

II．$\boldsymbol{R}$ は大小の順序により全順序集合をつくる．

III．順序と演算について

$$a \geqq b \Longrightarrow a+c \geqq b+c,$$

$$a \geqq b,\ c \geqq 0 \Longrightarrow ac \geqq bc.$$

IV．(**Archimedes の性質**) $a>0$, $b>0$ ならば，$na>b$ となる自然数 n がある．

V．(**有理数の稠密性**) a, b を実数，$a<b$ とすれば，$a<r<b$ を満たす有理数 r が少なくとも1つ存在する．

実数 a に対し，a の絶対値 $|a|$ を

$$a \geqq 0 \text{ のとき } |a| = a; \quad a \leqq 0 \text{ のとき } |a| = -a$$

によって定義する．

VI．
$$|a+b| \leqq |a|+|b|, \quad |ab| = |a||b|,$$

$$|a| = 0 \Longleftrightarrow a = 0.$$

実数の数列 $\{a_n\}$ が実数 a に収束するとは，ε を任意の正数とするとき，ε に応じて1つの自然数 n_0 を定め

$$n > n_0 \Longrightarrow |a_n - a| < \varepsilon$$

となるようにできることをいい，$a_n \to a$ で表わす．n_0 は，ε によってただ1通りに定まるわけではないが，とにかく，ε によって定まることを強調するため，n_0 の代りに $n(\varepsilon)$ のようにも書く．$a_n \to a$ のとき，a を数列 $\{a_n\}$ の**極限**（または**極限値**）といい，

$$a = \lim_{n\to\infty} a_n \qquad (\text{または，} a = \lim a_n)$$

で表わす．数列が或る数に収束するとき，極限値にふれる必要がない場合は，単に数列は収束するという．

n が大きくなるにつれて a_n が a に接近していくことを数学的にとらえたのが上述の収束の定義である．

極限について次のことはよく知られている．

VII. $\{a_n\}, \{b_n\}$ は実数列で，$\lim a_n = a$, $\lim b_n = b$ とするとき，次のことが成り立つ．

（i） 或る自然数 n_0 があって，

$$n > n_0 \Longrightarrow a_n = \alpha \text{ となるときは，} a = \alpha.$$

(ii) $\lim (a_n + b_n) = a + b, \qquad \lim a_n b_n = ab.$

(iii) $b_n \neq 0$ $(n \in \boldsymbol{N})$，$b \neq 0$ ならば，$\lim \dfrac{a_n}{b_n} = \dfrac{a}{b}.$

(iv) $a_n \leqq b_n$ $(n \in \boldsymbol{N}) \Longrightarrow a \leqq b.$

さて，$\boldsymbol{R}$ は順序集合であるから，§5 で定義された上界，下界などの概念はそのまま用いることができるし，最大元，最小元などは，現在の場合は最大数，最小数ということになる．

E を $\boldsymbol{R}$ の部分集合とする．E が上界をもつとき**上に有界**，下界をもつとき**下に有界**という．上および下に有界のとき，単に E は**有界**であるという．

E の上界全体の集合に最小数があるとき，それを E の**上限**といい，E の下界全体の集合に最大数があるとき，それを E の**下限**という．E の上限(supremum)，下限(infimum)をそれぞれ

$$\sup E, \qquad \inf E$$

で表わす．

実数の重要な性質として次のものがある．

Ⅷ．(**Dedekind の連続性公理**)　A, B が $\boldsymbol{R}$ の部分集合で

(a)　$\boldsymbol{R} = A \cup B,\ A \cap B = \phi,\ A \neq \phi,\ B \neq \phi,$

(b)　$x \in A,\ y \in B \Longrightarrow x < y$

を満たすときは，A が最大数をもつか，B が最小数をもつか，いずれかただ1つが成り立つ．

実際，Ⅰ-Ⅲ，Ⅷ は実数を特徴づける性質である．ここでは，Ⅷ が次の各命題 Ⅸ，Ⅹ，Ⅺ と同値であることを注意しておこう．

Ⅸ．$\boldsymbol{R}$ の部分集合が上に有界ならば，上限が存在する．

Ⅹ．上に有界な実数の単調増加数列は収束する．

Ⅺ．実数の Cauchy 列は収束する．

ここで，実数列 $\{a_n\}$ が**単調増加(減少)**とは，

$$m < n \Longrightarrow a_m \leqq a_n \quad (a_m \geqq a_n)$$

となることをいい，$\{a_n\}$ が **Cauchy 列**とは，任意の正の数 ε をとるとき，ε に応じて1つの自然数 $n(\varepsilon)$ を定め

$$m, n > n(\varepsilon) \Longrightarrow |a_m - a_n| < \varepsilon$$

となるようにできることをいう．

$\{a_n\}$ が a に収束すれば，$\varepsilon > 0$ を与えたとき，

$$n > m\left(\frac{\varepsilon}{2}\right) \Longrightarrow |a_m - a| < \frac{\varepsilon}{2}$$

となるように自然数 $m\left(\dfrac{\varepsilon}{2}\right)$ を定めることができるから

$$m, n > m\left(\frac{\varepsilon}{2}\right) \Longrightarrow |a_m - a| < \frac{\varepsilon}{2},\ \ |a_n - a| < \frac{\varepsilon}{2}$$

$$\Longrightarrow |a_m - a_n| \leqq |a_m - a| + |a - a_n| < \frac{\varepsilon}{2} + \frac{\varepsilon}{2} = \varepsilon$$

となり，$\{a_n\}$ は Cauchy 列となる．したがって，XI より

Cauchy の収束条件　実数列 $\{a_n\}$ が収束するためには，$\{a_n\}$ が Cauchy 列であることが必要十分である

が得られる．

VIII, IX, X は実数の順序についての特性を述べたものであるが，XI は後章で定義する距離空間にも応用されるものであって，Cantor は XI に着目して有理数から実数を構成した．

級数 $\sum_{n=1}^{\infty} a_n$ の収束については，$\{a_n\}$ の第 n 項までの部分和

$$s_n = \sum_{i=1}^{n} a_i$$

からなる数列 $\{s_n\}$ が収束するとき，$\sum_{n=1}^{\infty} a_n$ は収束すると定義する．したがって，Cauchy の収束条件より，$\sum_{n=1}^{\infty} a_n$ が収束するためには，$\{s_n\}$ が Cauchy 列であることが必要十分である．

第1章　位相空間

連続性の基礎をなす概念が位相である．集合に位相という構造をいれたものが位相空間である．位相空間として最もよく知られたものは，実数空間であり，Euclid 空間である．本章では，これらの一般化として，まず距離空間をとりあげ，ついで一般の位相空間に進み，開集合，閉集合，近傍，集積点などの基本概念について説明し，部分空間について解説する．

位相の‘位’と‘相’は，ソ連の著名な数学者 P. Alexandroff の論文(1928)の題名 “Gestalt und Lage”(形態と位置)から示唆されたものである．

§7　距離空間

直線上の点は，原点を定めることにより，座標と称する実数によりただ1通りに表わされ，実数 a, b を座標としてもつ2点の距離は $|a-b|$ で表わされる．平面の場合は，直交する2直線を座標軸にとることにより，座標と称する実数の順序対 (x_1, x_2) によって平面上の点をただ1通りに表わすことができ，(x_1, x_2) および (y_1, y_2) を座標とする2点の間の距離は，$\sqrt{(x_1-y_1)^2+(x_2-y_2)^2}$ で表わされる．3次元の場合は，座標が3個の実数の順序ある組になるだけで，距

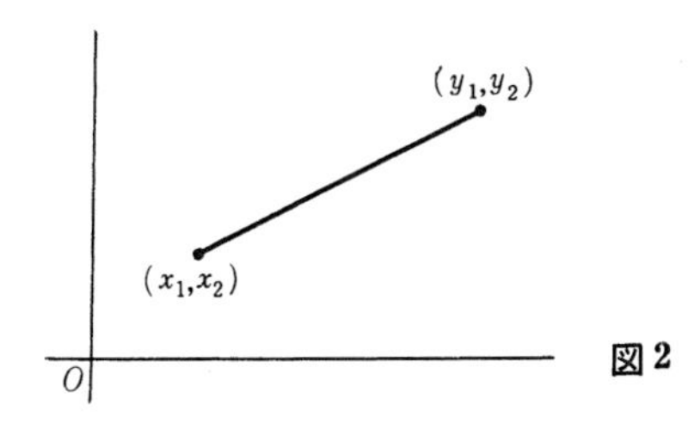

図2

離の公式は同様な形で与えられる.

以上のことから n 次元 Euclid 空間の考えが生まれる. n 個の実数のあらゆる組 $(x_1, x_2, \cdots, x_n)$ の1つ1つを点と考え, 2点 $(x_1, x_2, \cdots, x_n)$, $(y_1, y_2, \cdots, y_n)$ は, $x_1=y_1$, $x_2=y_2$, $\cdots$, $x_n=y_n$ となるときに限り等しいと定め, また2点 $(x_1, x_2, \cdots, x_n)$, $(y_1, y_2, \cdots, y_n)$ の間の距離を

$$d_n((x_1, x_2, \cdots, x_n), (y_1, y_2, \cdots, y_n)) = \sqrt{(x_1-y_1)^2+(x_2-y_2)^2+\cdots+(x_n-y_n)^2}$$

として定める. このとき, このような点の全体を **n 次元 Euclid 空間**といい, $\boldsymbol{R}^n$ で表わす. $n=1$ のときは, $\boldsymbol{R}^1$ を $\boldsymbol{R}$ で表わし, **実数直線**, **実数空間**ともいう.

平面の場合, 三角形の2辺の和は他の1辺より大きいことはよく知られているが, $\boldsymbol{R}^n$ の場合にも同様のことが成り立つ. すなわち, $\boldsymbol{R}^n$ の任意の3点 $x=(x_1, x_2, \cdots, x_n)$, $y=(y_1, y_2, \cdots, y_n)$, $z=(z_1, z_2, \cdots, z_n)$ については

$$d_n(x, z) \leqq d_n(x, y)+d_n(y, z)$$

が成り立つ. 何故ならば,

$$a_i = x_i-y_i, \quad b_i = y_i-z_i, \quad i = 1, 2, \cdots, n$$

とおけば, 上の不等式は, 両辺がいずれも0または正なる故, 両辺を平方して得られる不等式

$$\sum_{i=1}^{n}(a_i+b_i)^2 \leqq \sum_{i=1}^{n} a_i^2+\sum_{i=1}^{n} b_i^2+2\sqrt{\sum_{i=1}^{n} a_i^2}\sqrt{\sum_{i=1}^{n} b_i^2}$$

の証明に帰着されるが, これは Schwarz の不等式

$$\left(\sum_{i=1}^{n} a_i b_i\right)^2 \leqq \left(\sum_{i=1}^{n} a_i^2\right)\left(\sum_{i=1}^{n} b_i^2\right)$$

から直ちに証明される. ところで, 実数の変数 t に関する2次式

$$\left(\sum_{i=1}^{n} a_i^2\right)t^2+2\left(\sum_{i=1}^{n} a_ib_i\right)t+\sum_{i=1}^{n} b_i^2 = \sum_{i=1}^{n}(a_it+b_i)^2$$

は負となることはないから，その判別式は0かまたは負でなければならない．すなわち，Schwarzの不等式が成り立つ．

Euclid空間の距離のこのような性質に着目して，M. Fréchetは1906年に距離空間の概念を導入した．これがEuclid空間から離れて，抽象的に空間という概念を把握した最初である．

定義 7.1　集合Xにおいて，Xの任意の2元x, yに対し，実数$\rho(x, y)$が定められていて

(7.1)　$\rho(x, y) \geqq 0$,

(7.2)　$\rho(x, y) = 0 \Leftrightarrow x = y$,

(7.3)　Xの任意の2元x, yに対し，$\rho(x, y) = \rho(y, x)$,

(7.4)　Xの任意の3元x, y, zに対し，

$$\rho(x, z) \leqq \rho(x, y)+\rho(y, z) \qquad (\text{三角不等式})$$

の4条件を満たすとき，ρをXで定義された**距離関数**という．集合Xと距離関数ρとを合わせて考えた(X, ρ)を**距離空間**(metric space)という．距離関数ρを明示しなくても誤解の恐れがないときは，単にXで距離空間を表わす．距離空間の元を**点**という．

$\boldsymbol{R}^n$は$\boldsymbol{R}$のn個の直積集合$\boldsymbol{R}\times\cdots\times\boldsymbol{R}$を表わすのであるが，前述の$n$次元Euclid空間は距離空間$(\boldsymbol{R}^n, d_n)$と書かずに，上の意味で単に$\boldsymbol{R}^n$と表わすのが普通である．

例 7.1　Hilbert空間$\boldsymbol{R}^\infty$．実数の数列$\{x_n\}$のうち，$\sum_{n=1}^{\infty} x_n^2$が収束するようなものの全体を$\boldsymbol{R}^\infty$で表わし，$\boldsymbol{R}^\infty$の2元$x=(x_1, x_2, \cdots)$, $y=(y_1, y_2, \cdots)$に対し，

$$d_\infty(x, y) = \sqrt{\sum_{i=1}^{\infty}(x_i-y_i)^2}$$

とおけば，d_∞は$\boldsymbol{R}^\infty$における距離関数となる．(証明．まずnをと

めて，$\boldsymbol{R}^n$ の3点 $(x_1, \cdots, x_n)$, $(0, 0, \cdots, 0)$, $(y_1, \cdots, y_n)$ について三角不等式を適用すれば，

$$\sqrt{\sum_{i=1}^{n}(x_i-y_i)^2} \leqq \sqrt{\sum_{i=1}^{n} x_i^2}+\sqrt{\sum_{i=1}^{n} y_i^2} \leqq \sqrt{\sum_{i=1}^{\infty} x_i^2}+\sqrt{\sum_{i=1}^{\infty} y_i^2}$$

となり，

$$\sum_{i=1}^{n}(x_i-y_i)^2$$

を第 n 項とする単調増加数列が上に有界となることが分かる．よって無限級数

$$\sum_{i=1}^{\infty}(x_i-y_i)^2$$

は収束する．したがって，$d_\infty(x, y)$ の値は定まる．ところで，更に $\boldsymbol{R}^\infty$ の元 $z=(z_1, z_2, \cdots)$ があるときは，n をとめて三角不等式を適用すれば，

$$\begin{aligned}\sqrt{\sum_{i=1}^{n}(x_i-z_i)^2} &\leqq \sqrt{\sum_{i=1}^{n}(x_i-y_i)^2}+\sqrt{\sum_{i=1}^{n}(y_i-z_i)^2} \\ &\leqq d_\infty(x, y)+d_\infty(y, z)\end{aligned}$$

となり，$n\to\infty$ として

$$d_\infty(x, z) \leqq d_\infty(x, y)+d_\infty(y, z)$$

が証明される．距離空間となるための他の条件(7.1), (7.2), (7.3)は明らかに成り立つから，$(\boldsymbol{R}^\infty, d_\infty)$ は距離空間である．▮)

これを **Hilbert 空間**といい，単に $\boldsymbol{R}^\infty$ で表わすことにする．

例 7.2　単位閉区間 $I=[0,1]$ 上の実数値連続関数全体の集合 $C(I)$ において，その任意の2元 f, g に対し，

$$d(f, g) = \sup\{|f(x)-g(x)| \mid x \in I\}$$

とおけば，d は $C(I)$ の距離関数となる．(証明．条件(7.1), (7.2), (7.3)については明らかであり，また任意の $x \in I$ に対し

$$|f(x)-h(x)| \leqq |f(x)-g(x)|+|g(x)-h(x)|$$
$$\leqq d(f,g)+d(g,h)$$

となるが，右辺は x に無関係であるから，左辺の上限をとれば，d に関する三角不等式が成り立つ．▮)

距離空間 (X,ρ)，(X',ρ') が等しいのは，$X=X'$ でかつ距離関数 ρ と ρ' が等しい場合をいう．

例 7.3 $\boldsymbol{R}^n$ の 2 元 $x=(x_1,\cdots,x_n)$，$y=(y_1,\cdots,y_n)$ に対し，

$$d_n{}^*(x,y) = \max\{|x_i-y_i| \mid i=1,\cdots,n\}$$

とおけば，$(\boldsymbol{R}^n, d_n{}^*)$ も距離空間であるが，前述の $(\boldsymbol{R}^n, d_n)$ とは異なるものと考えるのである．

問 1 $d_n{}^*$ が距離関数となることを確かめよ．

例 7.4 例 7.2 の集合 $C(I)$ において，$f,g\in C(I)$ に対し

$$d'(f,g) = \sqrt{\int_0^1 (f(x)-g(x))^2 dx}$$

とおけば，d' も距離関数となるが，距離空間として，$(C(I),d)$ と $(C(I),d')$ とは異なるものである．

問 2 $f,g\in C(I)$ に対し

$$\left(\int_0^1 f(x)g(x)\,dx\right)^2 \leqq \left(\int_0^1 f(x)^2dx\right)\left(\int_0^1 g(x)^2dx\right)$$

を導くことにより，例 7.4 の d' が距離関数となることを証明せよ．

例 7.5 p を素数とする．任意の整数 $n\neq 0$ に対し $n=ap^r$ を満たす整数 $r\geqq 0$ と，p で割り切れない整数 a とがただ 1 通りに定まるから，

$$\varphi_p(n) = 2^{-r} \quad (n\neq 0)\,; \qquad \varphi_p(0) = 0$$

は，$\boldsymbol{Z}$ 上の関数となる．$m,n\in\boldsymbol{Z}$ に対し素因数分解の一意性により

$$\varphi_p(mn) = \varphi_p(m)\varphi_p(n), \qquad \varphi_p(m+n) \leqq \max(\varphi_p(m),\varphi_p(n))$$

が成り立つ．$l,m\in\boldsymbol{Z}$ に対し

$$\rho(l, m) = \varphi_p(l-m)$$

とおけば，$l, m, n \in \boldsymbol{Z}$ に対し

$$\rho(l, n) \leqq \max(\rho(l, m), \rho(m, n))$$

となるから，三角不等式はもちろん成立し，ρ は $\boldsymbol{Z}$ 上の距離関数となる(φ_p を，$\boldsymbol{Z}$ の $\boldsymbol{p}$ **進付値**という).

例 7.6 自然数からなる数列 $\{x_1, x_2, \cdots\}$ 全体の集合 $\boldsymbol{N}^{\boldsymbol{N}}$ の任意の2元 $x=\{x_1, x_2, \cdots\}$，$y=\{y_1, y_2, \cdots\}$ に対し

$$\rho(x, y) = \begin{cases} 1/n, & x_i = y_i \ (i<n) \text{ で } x_n \neq y_n \text{ のとき}, \\ 0, & x_i = y_i \ (i \in \boldsymbol{N}) \text{ のとき} \end{cases}$$

とおけば，

$$(*) \qquad \rho(x, z) \leqq \max(\rho(x, y), \rho(y, z))$$

が成り立ち，ρ は $\boldsymbol{N}^{\boldsymbol{N}}$ 上の距離関数となる．ρ の定義は，$\boldsymbol{N}$ の代りに，任意の集合 $\Omega \neq \phi$ をとり，Ω の元からなる列 $\{x_1, x_2, \cdots\}$ 全体の集合 $\Omega^{\boldsymbol{N}}$ に対しても可能であって，この距離空間 $(\Omega^{\boldsymbol{N}}, \rho)$ を $B(\Omega)$ で表わし，**Baire の(0 次元)空間**という.

注意 例 7.5, 7.6 で述べた距離関数 ρ のように，三角不等式より強い不等式(*)を満たす距離関数を**非 Archimedes 距離関数**という.

さて，(X, ρ) を1つの距離空間とする．ε を正の数とするとき，$x \in X$ に対し

$$U(x;\ \varepsilon) = \{y \in X \mid \rho(x, y) < \varepsilon\}$$

で定義される集合 $U(x;\varepsilon)$ を点 x の ε **近傍**という．点 y が $U(x;\varepsilon)$ に含まれることは，y が点 x から ε より小さい距離の近さにあることを示し，y が x の ε 近傍に含まれるか ε' 近傍に含まれるかによって，y が x のどの程度の近さにあるかが分かる.

注意 (i) Euclid 平面 $\boldsymbol{R}^2$ において，距離関数 d_2 による距離空間 $(\boldsymbol{R}^2, d_2)$ における点 x の ε 近傍は点 x を中心とし，ε を半径とする円の内部となる．以下の ε 近傍に関する事柄は，この場合を念頭におけば理解し易い.

しかし，次の(ii)のようなことがあるから，証明は直観的にすませてはいけない．

(ii) 例 7.3 で述べた距離関数 d_2^* による距離空間 $(\boldsymbol{R}^2, d_2^*)$ においては，点 x の ε 近傍は図 3 のような正方形の内部となる．

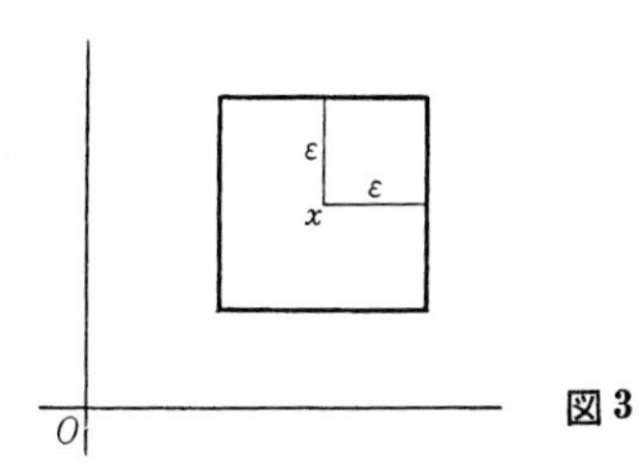

図 3

問 3 $\boldsymbol{R}^n$ の 2 元 $x=(x_1, \cdots, x_n)$, $y=(y_1, \cdots, y_n)$ に対し

$$d_n'(x, y) = |x_1-y_1|+|x_2-y_2|+\cdots+|x_n-y_n|$$

とおけば，d_n' は距離関数となることを証明せよ．また，$(\boldsymbol{R}^2, d_2')$ における点 x の ε 近傍を図示せよ．

補題 7.1 $x \in X$ とするとき，次のことが成り立つ．

(1) $x \in U(x; \varepsilon)$,

(2) $\varepsilon > \delta > 0 \Longrightarrow U(x; \delta) \subset U(x; \varepsilon)$,

(3) $\varepsilon > 0$, $y \in U(x; \varepsilon)$ とすれば，$U(y; \delta) \subset U(x; \varepsilon)$

を満たす $\delta>0$ が存在する．

証明 (1), (2) は明らかであるから，(3) だけを証明する．まず，$y \in U(x; \varepsilon)$ より，$\varepsilon-\rho(x, y)>0$. そこで，$\varepsilon-\rho(x, y) \geqq \delta>0$ を満たす δ をとれば，

$$\begin{aligned} &z \in U(y; \delta) \Longrightarrow \rho(z, y) < \delta \Longrightarrow \\ &\rho(z, x) \leqq \rho(z, y)+\rho(y, x) < \delta+\rho(x, y) \leqq \varepsilon \\ &\Longrightarrow \rho(z, x) < \varepsilon \Longrightarrow z \in U(x; \varepsilon). \end{aligned}$$

すなわち，$U(y; \delta) \subset U(x; \varepsilon)$. ∎

ε 近傍を用いて開集合の概念を定義することができる．

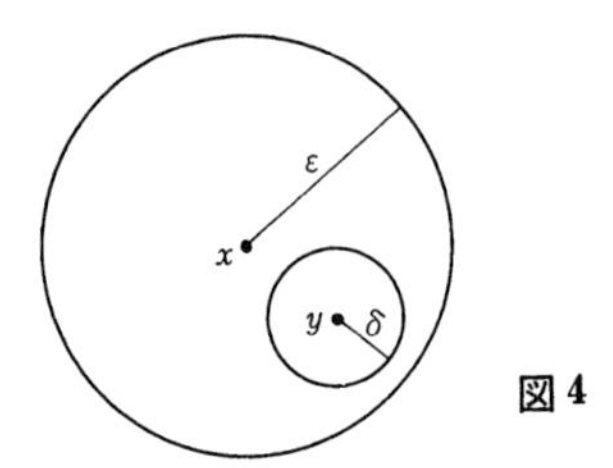

図4

定義 7.2　A を X の部分集合とするとき，A の任意の点 x に対し $U(x\,;\,\varepsilon)\subset A$ を満たす $\varepsilon>0$ がある場合，A を(距離空間 (X,ρ) の)**開集合**という(この ε は点 x と共に変ってよい．図5参照)．

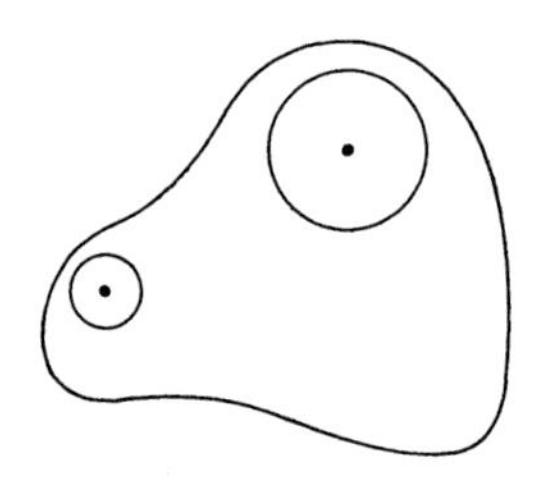
図5

補題 7.2　各点の ε 近傍は開集合である．

これは補題7.1から明らか．開集合については次の定理が成り立つ．

定理 7.3　(X,ρ) を距離空間とすれば，次のことが成り立つ．

(1)　空集合 ϕ および全空間 X は開集合である．

(2)　有限個の開集合の共通部分は開集合である．

(3)　(有限または無限の)任意個の開集合の和は開集合である．

証明　(1)は定義から明らか．(2)を証明するために，$G_i\ (i=1,\cdots,n)$ を開集合とし，$G=\bigcap\{G_i\mid i=1,\cdots,n\}$ とおき，$x\in G$ とする．各 i に対し $x\in G_i$ で G_i は仮定により開集合，したがって

$$U(x\,;\,\varepsilon_i) \subset G_i$$

となる $\varepsilon_i>0$ が存在する．$\delta=\min\{\varepsilon_i \mid i=1, \cdots, n\}$ とおけば，$\delta>0$ で

$$U(x\,;\,\delta) \subset U(x\,;\,\varepsilon_i) \subset G_i.$$

よって $U(x\,;\,\delta) \subset G$ となり，G は開集合である．

(3) を証明するために，$\{G_\lambda \mid \lambda \in \Lambda\}$ を開集合の族とし，その和集合を G とする．$x \in G$ とすれば，或る $\lambda \in \Lambda$ に対し，$x \in G_\lambda$ である．G_λ は開集合であるから，$U(x\,;\,\varepsilon) \subset G_\lambda$ を満たす $\varepsilon>0$ が存在する．この ε に対しては，$U(x\,;\,\varepsilon) \subset G_\lambda \subset G$ である．よって G は開集合である．▮

次の定理は，距離関数が異なっても，開集合は一致することがあることを示す．

定理 7.4 距離空間 (X, ρ) において，任意の 2 点 x, y に対し

$$\tilde{\rho}(x, y) = \min(\rho(x, y), 1)$$

とおけば，$\tilde{\rho}$ は集合 X 上の距離関数であって，$A \subset X$ とするとき

$$A \text{ は } (X, \rho) \text{ の開集合} \Longleftrightarrow A \text{ は } (X, \tilde{\rho}) \text{ の開集合}$$

が成り立つ．

証明 $x, y, z \in X$ とする．

(i) $\rho(x, y) \geqq 1$ または $\rho(y, z) \geqq 1$ ならば，$\tilde{\rho}(x, y)=1$ または $\tilde{\rho}(y, z)=1$．よって

$$\tilde{\rho}(x, z) \leqq 1 \leqq \tilde{\rho}(x, y)+\tilde{\rho}(y, z).$$

(ii) $\rho(x, y)<1$，$\rho(y, z)<1$ ならば，

$$\tilde{\rho}(x, z) \leqq \rho(x, z) \leqq \rho(x, y)+\rho(y, z) = \tilde{\rho}(x, y)+\tilde{\rho}(y, z).$$

よって，$\tilde{\rho}$ は三角不等式を満たす．したがって，$\tilde{\rho}$ は集合 X 上の距離関数となる．

次に，距離空間 $(X, \tilde{\rho})$ における点 x の ε 近傍を $\tilde{U}(x\,;\,\varepsilon)$ で表わせば，$0<\varepsilon\leqq 1$ に対しては

$$\tilde{U}(x\,;\,\varepsilon) = U(x\,;\,\varepsilon).$$

$A\subset X$ が (X,ρ) の開集合であれば，A の任意の点 x に対し，

$$U(x;\varepsilon)\subset A$$

を満たす $\varepsilon>0$ が存在するが，$\varepsilon'=\min(\varepsilon,1)$ とおけば，

$$\tilde{U}(x;\varepsilon')=U(x;\varepsilon')\subset U(x;\varepsilon)\subset A$$

となり，A は $(X,\tilde{\rho})$ における開集合である．

逆に，A が $(X,\tilde{\rho})$ における開集合であれば，同様にして，A は (X,ρ) における開集合であることが証明される．▮

問 4 (X,ρ) が距離空間のとき，$x,y\in X$ に対し

$$\tilde{\rho}(x,y)=\frac{\rho(x,y)}{1+\rho(x,y)}$$

とおけば，$\tilde{\rho}$ は X 上の距離関数となり，$A\subset X$ に対し

$$A \text{ は } (X,\rho) \text{ の開集合} \Leftrightarrow A \text{ は } (X,\tilde{\rho}) \text{ の開集合}$$

であることを証明せよ．

定義 7.3 (X,ρ) を距離空間とするとき，X の部分集合 A,B に対し，

$$\rho(A,B)=\inf\{\rho(x,y)\mid x\in A,\ y\in B\},$$
$$\delta(A)=\sup\{\rho(x,y)\mid x,y\in A\}$$

とおき，$\rho(A,B)$ を A と B の**距離**，$\delta(A)$ を A の**直径**という．A が 1 点 a だけからなるとき，$\rho(\{a\},B)$ の代りに，$\rho(a,B)$ と書く．

§8 位相空間

同一の集合 X で定義された距離関数 ρ と ρ' が異なれば，距離空間 (X,ρ) の開集合は，一般に距離空間 (X,ρ') の開集合とはならないが，定理 7.4 に述べたように，一致することもある．このような多様性を排除し，開集合自体を直接考察の対象として次の定義が生ずる．

定義 8.1 集合 X において，X の部分集合の族 $\mathfrak{T}$ が

O_1　空集合 ϕ および X は $\mathfrak{T}$ に属する.

O_2　$\mathfrak{T}$ に属する有限個の集合の共通部分は $\mathfrak{T}$ に属する.

O_3　$\mathfrak{T}$ に属する有限個または無限個の集合の和は $\mathfrak{T}$ に属する.

という3条件を満たすとき, $\mathfrak{T}$ を X の**位相**という. X と位相 $\mathfrak{T}$ を合わせて考えた $(X, \mathfrak{T})$ を**位相空間**(topological space)といい, $\mathfrak{T}$ に属する集合をこの位相空間の**開集合**(open set), X の元を**点**という. 誤解の恐れがないときは, 単に X で位相空間を表わす. ——

集合 X に対し, X の位相を1つ定めることを, X に**位相を導入する**ともいう.

"集合 X に対し, X の部分集合のうち, これこれを開集合と指定すれば, X の1つの位相が定まる(または X は位相空間となる)" とは, これらの指定された開集合の族を $\mathfrak{T}$ とするとき, $\mathfrak{T}$ が上の3条件を満たすことをいう. 開集合の指定の仕方を変えれば, 異なる位相, 異なる位相空間が生ずる.

定義 8.2　集合 X があって, ρ が X の距離関数のとき, 距離空間 (X, ρ) の開集合を定義 7.2 により定めれば, 定理 7.3 によりこれらの開集合の全体 $\mathfrak{T}(\rho)$ は X の1つの位相となる. $\mathfrak{T}(\rho)$ を距離関数 ρ の定める位相といい, 位相空間 $(X, \mathfrak{T}(\rho))$ を**距離空間** (X, ρ) **の定める位相空間**という. ——

距離空間というときには, 同時にこの位相空間をも意味することが多い.

例えば, 実数空間, n 次元 Euclid 空間などというとき, これらの距離空間の定める位相(これを **Euclid 位相**という)をもつ位相空間をも意味するのが普通である.

同一の集合 X 上の2つの距離関数 ρ, ρ' があるとき, 距離空間として (X, ρ) と (X, ρ') とは異なっても, 位相空間 $(X, \mathfrak{T}(\rho))$ と $(X, \mathfrak{T}(\rho'))$ は一致することがある.

定理 8.1　(X,ρ) と $(X,\tilde{\rho})$ を定理 7.4 に述べた距離空間とすれば, $\mathfrak{T}(\rho)=\mathfrak{T}(\tilde{\rho})$. すなわち, $\rho, \tilde{\rho}$ は集合 X に対し同じ位相空間を定める. 特に, $\tilde{\rho}$ は X の任意の 2 点 x, y に対し $\tilde{\rho}(x,y)\leqq 1$ という性質を持つ. ——

証明は定理 7.4 より明らかである.

例 8.1　X を 1 つの集合とする. X の任意の部分集合を開集合と呼ぶことにすれば, X の 1 つの位相が定まる. これを X の**離散位相**といい, 離散位相をもつ位相空間を**離散空間**という. $x, y\in X$ に対し,

$$\rho_0(x,y)=\begin{cases} 0, & x=y \text{ のとき},\\ 1, & x\neq y \text{ のとき} \end{cases}$$

とおけば, ρ_0 は X の距離関数であって, 距離空間 (X,ρ_0) における点 x の 1 近傍は $\{x\}$, したがって, X の任意の部分集合は開集合, すなわち, $\mathfrak{T}(\rho_0)$ は X の離散位相である.

定義 8.3　X の位相 $\mathfrak{T}$ が X の或る距離関数 ρ により $\mathfrak{T}=\mathfrak{T}(\rho)$ となるとき, $\mathfrak{T}$ を X の**距離位相**といい, 位相空間 $(X,\mathfrak{T})$ は**距離化可能空間**という.

例 8.2　X を 2 個以上の元をもつ集合とするとき, $\mathfrak{T}_0=\{X,\phi\}$ は X の位相となる(これを**密着位相**という). この位相 $\mathfrak{T}_0$ は距離位相ではない. (証明. もし $\mathfrak{T}_0=\mathfrak{T}(\rho)$ となる距離関数 ρ があり, $x_1, x_2\in X$, $0<\varepsilon<\rho(x_1,x_2)$ とすれば, $x_2\notin U(x_1;\varepsilon)$ だが, 補題 7.2 より, $x_1\in U(x_1;\varepsilon)\in\mathfrak{T}(\rho)=\mathfrak{T}_0$. よって, $U(x_1;\varepsilon)\neq X,\phi$ となり矛盾する. ▮) 密着位相をもつ位相空間を**密着空間**という. ——

X の位相がどのような場合距離位相となるかは, 後章で改めて論じよう.

定義 8.4　$\mathfrak{T}_1, \mathfrak{T}_2$ を集合 X の 2 つの位相とする. 集合族として, $\mathfrak{T}_1\supset\mathfrak{T}_2$ となる場合, $\mathfrak{T}_1$ は $\mathfrak{T}_2$ より**強い**, $\mathfrak{T}_2$ は $\mathfrak{T}_1$ より**弱い**(または

$\mathfrak{T}_1$ は $\mathfrak{T}_2$ より**精**，$\mathfrak{T}_2$ は $\mathfrak{T}_1$ より**粗**）という．——

集合 X の離散位相は X の任意の位相より強く，密着位相は X の任意の位相より弱い．

問 2個の元よりなる集合 X に対し，位相は何通りあるか，すべてを挙げよ．

§9 近傍と開基

位相を導入するのに，距離関数を用いては限定されたものしか得られないが，距離空間の ε 近傍のもつ性質を抽象した近傍の概念によれば，一般の位相が得られる．

Euclid 幾何学の公理化を完成した D. Hilbert は，他方で 1902 年，平面の位相的定義を与えている．彼のこの定義に現われた近傍の考え方を発展させて，F. Hausdorff は，1914 年，近傍の概念を確立し，現在の Hausdorff 空間と呼ばれる位相空間を定義した．ここでは少し一般化したものを述べよう．

定義 9.1 集合 X の各元 x に対し，X の部分集合の空でない族 $\mathcal{U}(x)$ が定められ，

N_1 $\mathcal{U}(x)$ に属する集合は，すべて x を含む．

N_2 $U_1 \in \mathcal{U}(x)$，$U_2 \in \mathcal{U}(x)$ ならば，$U_3 \subset U_1 \cap U_2$ を満たす $U_3 \in \mathcal{U}(x)$ が存在する．

N_3 $U \in \mathcal{U}(x)$，$y \in U$ ならば，$V \subset U$ を満たす $V \in \mathcal{U}(y)$ が存在する．

という3条件を満たすとき，$\mathcal{U} = \{\mathcal{U}(x) \mid x \in X\}$ を X の**近傍系**といい，$\mathcal{U}(x)$ に属する1つ1つの集合を x の**近傍**(neighbourhood)，$\mathcal{U}(x)$ を x における**近傍系**という．

例 9.1 距離空間 (X, ρ) において，$x \in X$ の（ε をあらゆる正数にわたって動かして得られる）ε 近傍の全体を

$$\mathcal{U}(x) = \{U(x\,;\,\varepsilon) \mid \varepsilon \in \boldsymbol{R},\ \varepsilon > 0\}$$

とすれば，補題7.1より，$\{\mathcal{U}(x) \mid x \in X\}$ は X の近傍系である．

定理 9.1 $\mathcal{U}=\{\mathcal{U}(x) \mid x \in X\}$ を X の近傍系とする．X の部分集合 A に対し，$x \in A$ であれば，$U \subset A$ を満たす $U \in \mathcal{U}(x)$ が存在するとき，A を開集合と呼ぶ．このとき，このような開集合の全体は X の位相となる．

証明 ϕ, X が開集合になることは明らか．有限個の開集合 $G_1, \cdots, G_n$ の共通部分を G とすれば，$x \in G$ とするとき，各 i $(1 \leqq i \leqq n)$ に対し，$U_i \subset G_i$ を満たす $U_i \in \mathcal{U}(x)$ があるが，N_2 を繰返し適用することにより，$U \subset \bigcap\{U_i \mid i=1, \cdots, n\}$ を満たす $U \in \mathcal{U}(x)$ が存在する．したがって

$$U \subset \bigcap\{U_i \mid i=1, \cdots, n\} \subset \bigcap\{G_i \mid i=1, \cdots, n\} = G.$$

よって G は開集合である．また，各 $\lambda \in \Lambda$ に対し G_λ が開集合であれば，$H=\bigcup\{G_\lambda \mid \lambda \in \Lambda\}$ は開集合である．何故ならば，$x \in H$ ならば，或る $\lambda \in \Lambda$ に対し $x \in G_\lambda$ となり，G_λ が開集合なることより $U \subset G_\lambda$ を満たす $U \in \mathcal{U}(x)$ が存在するが，このとき $U \subset G_\lambda \subset H$ となり，H は開集合であることが分かる．したがって，ここで定義した開集合全体の族は X の位相となる．∎

定義 9.2 定理9.1の位相を $\mathfrak{T}(\mathcal{U})$ で表わし，**近傍系 $\mathcal{U}$ の定める位相**という．

例 9.2 集合 X の各元 x に対し，部分集合 $\{x\}$ だけからなる集合族 $\mathcal{U}(x)$ をつくれば，$\{\mathcal{U}(x) \mid x \in X\}$ は，X の近傍系となるが，この近傍系の定める位相は離散位相である．

例 9.3 $I=[0,1]$ 上の(連続を仮定しない)実数値関数全体の集合を $F(I)$ とする．$f \in F(I)$ とし，$[0,1]$ に属する有限個の点 $x_1, \cdots, x_n$ と $\varepsilon>0$ に対し

$$U(f\,;\,x_1, \cdots, x_n\,;\,\varepsilon) = \{g \in F(I) \mid |g(x_i)-f(x_i)| < \varepsilon,\ i=1, \cdots, n\}$$

とおき，n と $x_1, \cdots, x_n$ および $\varepsilon>0$ をいろいろ変えて得られる，このような集合全体の族を $\mathcal{U}(f)$ とする．このとき，$\mathcal{U}=\{\mathcal{U}(f) \mid f \in F(I)\}$ は $F(I)$ の近傍系となることが容易に確かめられる．このとき，位相 $\mathfrak{T}(\mathcal{U})$ により $F(I)$ は位相空間となる．

例 9.4 Sorgenfrey 直線．実数全体の集合 $\boldsymbol{R}$ に対し，$a \in \boldsymbol{R}$ の近傍系として，

$$\mathcal{U}(a) = \{[a, b) \mid b \in \boldsymbol{R},\ a<b\}$$

をとれば，$\mathcal{U}=\{\mathcal{U}(a) \mid a \in \boldsymbol{R}\}$ は $\boldsymbol{R}$ の近傍系をなす．このとき，位相 $\mathfrak{T}(\mathcal{U})$ を $\boldsymbol{R}$ の**右半開区間位相**といい，位相空間 $(\boldsymbol{R}, \mathfrak{T}(\mathcal{U}))$ を $\boldsymbol{S}$ で表わし，これを **Sorgenfrey 直線**という．——

次に，位相はすべて適当な近傍系によって定められることを証明しよう．

定義 9.3 位相空間 $(X, \mathfrak{T})$ において点 x を含む開集合を x の**近傍**または**開近傍**[1]という．x のいくつかの近傍からなる集合族 $\mathcal{V}$ が，x の任意の近傍 U に対し，$V \subset U$ となる近傍 V を含むとき，$\mathcal{V}$ を点 x の**近傍基**という．——

定理 9.1 の証明によれば，近傍系 $\mathcal{U}$ に属する各集合は，近傍系の条件 N_3 により位相空間 $(X, \mathfrak{T}(\mathcal{U}))$ の開集合である．よって

定理 9.2 $\mathcal{U}=\{\mathcal{U}(x) \mid x \in X\}$ を集合 X の近傍系とすれば，$\mathcal{U}(x)$ は位相空間 $(X, \mathfrak{T}(\mathcal{U}))$ において点 x の近傍基となる．——

逆に次の定理が成り立つ．

定理 9.3 $(X, \mathfrak{T})$ を位相空間とする．X の各点 x に対し $\mathcal{V}(x)$ を x の近傍基とすれば，$\mathcal{V}=\{\mathcal{V}(x) \mid x \in X\}$ は集合 X の近傍系をなし，その定める位相 $\mathfrak{T}(\mathcal{V})$ は $\mathfrak{T}$ と一致する．——

x の近傍全体は x の 1 つの近傍基となるから，この定理から次の

---

1) x の開近傍を含む集合を，すべて近傍ということがあり，これと区別するため，このようにいう．

系が成り立つ.

系 9.4　集合 X の位相はすべて近傍系によって定められる.

定理 9.3 の証明　$V_1, V_2 \in \mathcal{V}(x)$ とすれば, $V_1 \cap V_2$ は x を含む開集合. $\mathcal{V}(x)$ は x の近傍基だから, $V_3 \subset V_1 \cap V_2$ を満たす $V_3 \in \mathcal{V}(x)$ が存在する. よって近傍系の条件 N_2 が成り立つ. また, $y \in V, V \in \mathcal{V}(x)$ とすれば, V は y を含む開集合であり, $\mathcal{V}(y)$ は y の近傍基だから, $W \subset V$ を満たす $W \in \mathcal{V}(y)$ が存在する. よって近傍系の条件 N_3 が満たされ, $\mathcal{V}$ は X の近傍系である.

次に, A が位相空間 $(X, \mathfrak{T})$ の開集合ならば, $x \in A$ とするとき, $\mathcal{V}(x)$ は近傍基なる故 $V \subset A$ を満たす $V \in \mathcal{V}(x)$ が存在する. すなわち, A は位相空間 $(X, \mathfrak{T}(\mathcal{V}))$ の開集合である. 逆に, A を位相空間 $(X, \mathfrak{T}(\mathcal{V}))$ の開集合とする. 任意の $x \in A$ に対し $V \subset A$ を満たす $V \in \mathcal{V}(x)$ が存在するが, このような V を1つとり V_x で表わせば,

$$A = \bigcup \{V_x \mid x \in A\}$$

となる. V_x は位相空間 $(X, \mathfrak{T})$ の開集合であるから, 位相の条件 O_3 により, A は位相空間 $(X, \mathfrak{T})$ の開集合である. よって, $\mathfrak{T} = \mathfrak{T}(\mathcal{V})$ である. ▌

定理 9.5　$\mathcal{U} = \{\mathcal{U}(x) \mid x \in X\}, \mathcal{V} = \{\mathcal{V}(x) \mid x \in X\}$ を集合 X の2つの近傍系とするとき, $\mathfrak{T}(\mathcal{U})$ が $\mathfrak{T}(\mathcal{V})$ より強い位相であるためには, 各点 $x \in X$ において, 任意の $V \in \mathcal{V}(x)$ に対し $U \subset V$ を満たす $U \in \mathcal{U}(x)$ が存在することが必要十分である.

証明　$\mathfrak{T}(\mathcal{U})$ が $\mathfrak{T}(\mathcal{V})$ より強いとする. $V \in \mathcal{V}(x)$ ならば, V は $(X, \mathfrak{T}(\mathcal{V}))$ の開集合であり, $\mathfrak{T}(\mathcal{V}) \subset \mathfrak{T}(\mathcal{U})$ より, V は $(X, \mathfrak{T}(\mathcal{U}))$ の開集合となる. よって, $U \subset V$ を満たす $U \in \mathcal{U}(x)$ が存在する. 故に定理の条件は必要である. 逆に, 定理の条件を仮定し, A を $(X, \mathfrak{T}(\mathcal{V}))$ の開集合とする. $x \in A$ とすれば, $V \subset A$ となる $V \in \mathcal{V}(x)$ があるが, 仮定より, $U \subset V$ となる $U \in \mathcal{U}(x)$ があり, $U \subset V \subset A$ と

なって，A は $(X, \mathfrak{T}(\mathcal{U}))$ の開集合となる．よって，$\mathfrak{T}(\mathcal{V}) \subset \mathfrak{T}(\mathcal{U})$． ▮

系 9.6 定理9.5の $\mathcal{U}, \mathcal{V}$ が同一の位相を定めるためには，各点 $x \in X$ において

(i) 任意の $V \in \mathcal{V}(x)$ に対し $U \subset V$ となる $U \in \mathcal{U}(x)$ が存在し，

(ii) 任意の $U \in \mathcal{U}(x)$ に対し $V \subset U$ となる $V \in \mathcal{V}(x)$ が存在することが必要十分である．

例 9.5 n 次元 Euclid 空間 $(\boldsymbol{R}^n, d_n)$ の位相は，例7.3の距離空間 $(\boldsymbol{R}^n, d_n^*)$ の定めるものと一致する．(証明．点 x の d_n による ε 近傍 $U(x;\varepsilon)$ と d_n^* による ε 近傍 $U^*(x;\varepsilon)$ の間には

$$U^*\left(x;\frac{\varepsilon}{\sqrt{n}}\right) \subset U(x;\varepsilon), \qquad U(x;\varepsilon) \subset U^*(x;\varepsilon)$$

が成り立つから，系9.6が適用できて $\mathfrak{T}(d_n)=\mathfrak{T}(d_n^*)$． ▮)

問1 §7，問3で定めた d_n' について，$(\boldsymbol{R}^n, d_n)$ と $(\boldsymbol{R}^n, d_n')$ の位相は一致することを示せ．

問2 例9.4の空間 $\boldsymbol{S}$ の位相は実数空間 $\boldsymbol{R}$ の位相($\boldsymbol{R}$ の Euclid 位相)より強く，また一致しないことを証明せよ．

さて，位相導入のもう1つの方法を述べよう．まず，次の定義から始める．

定義 9.4 $\mathcal{B}$ が位相空間 $(X, \mathfrak{T})$ のいくつかの開集合からなる集合族であって，$(X, \mathfrak{T})$ の任意の開集合が $\mathcal{B}$ に属する集合の和として表わされるとき[1]，$\mathcal{B}$ を位相空間 $(X, \mathfrak{T})$ の**開基**という．$\mathcal{B}$ が可算個の開集合からなるとき，$\mathcal{B}$ を**可算開基**という．

例 9.6 位相空間 $(X, \mathfrak{T})$ において，各点 x に対し，x の近傍基 $\mathcal{U}(x)$ を1つずつとれば，$\{U \mid U \in \mathcal{U}(x), x \in X\}$ は開基をなす．

定理 9.7 位相空間 $(X, \mathfrak{T})$ のいくつかの開集合からなる集合族

1) §2の終りの規約により，空集合は任意の集合族 $\mathcal{B}$ に対しても，$\mathcal{B}$ に属する集合の和として表わされる．

$\mathcal{B}$ が $(X, \mathfrak{T})$ の開基となるためには，任意の開集合 G と任意の点 $x \in G$ に対し，$x \in W \subset G$ を満たす $W \in \mathcal{B}$ が存在することが必要十分である．

証明　$\mathcal{B}$ を開基と仮定する．任意の開集合 G に対し

$$G = \bigcup\{W_\lambda \mid \lambda \in \Lambda\} \qquad (\text{ただし，} W_\lambda \in \mathcal{B})$$

を満たす集合族 $\{W_\lambda \mid \lambda \in \Lambda\}$ があるから，$x \in G$ ならば，$x \in W_\lambda$ となる W_λ がある．このとき $x \in W_\lambda \subset G$ となるから，定理の条件は必要である．逆に，定理の条件が満たされたとしよう．G を任意の開集合とするとき，G の各点 x には，$x \in W \subset G$ を満たす $W \in \mathcal{B}$ が存在するが，このような W を1つとり W_x で表わすことにする．そうすると

$$G = \bigcup\{W_x \mid x \in G\} \qquad (W_x \in \mathcal{B})$$

となる．よって $\mathcal{B}$ は $(X, \mathfrak{T})$ の開基である．∎

例 9.7　n 次元 Euclid 空間 $\boldsymbol{R}^n$ において，有理点(座標がすべて有理数となる点)の $1/m$ 近傍の全体

$$\mathcal{B} = \{U((r_1, \cdots, r_n)\,;1/m) \mid r_i \in \boldsymbol{Q},\ i=1, \cdots, n;\ m \in \boldsymbol{N}\}$$

は，$\boldsymbol{R}^n$ の開基である．(証明．G を $\boldsymbol{R}^n$ の任意の開集合，点 $x=(x_1, \cdots, x_n)$ を G の任意の点とすると，$U(x\,;\varepsilon) \subset G$ となる $\varepsilon>0$ が存在する．$1/m<\varepsilon/2$ となる $m \in \boldsymbol{N}$ をとり，各 i について $(1 \leqq i \leqq n)$

$$x_i < r_i < x_i + 1/m\sqrt{n}$$

となるように有理数 r_i をとれば，点 $r=(r_1, \cdots, r_n) \in \boldsymbol{R}^n$ について，$x \in U(r\,;1/m)$ であって，

$$\begin{aligned} y \in U(r\,;1/m) &\Longrightarrow d_n(x, y) \leqq d_n(x, r) + d_n(r, y) \\ &\qquad < \frac{1}{m} + \frac{1}{m} = \frac{2}{m} < \varepsilon \\ &\Longrightarrow y \in U(x\,;\varepsilon). \end{aligned}$$

よって，$U(r\,;1/m) \subset U(x\,;\varepsilon)$．したがって，$U(x\,;\varepsilon) \subset G$ より，x

$\in U(r;1/m)\subset G$ となるから，定理 9.7 より $\mathcal{B}$ は $\boldsymbol{R}^n$ の開基である．$\boldsymbol{R}^n$ の有理点全体および $\boldsymbol{N}$ は可算集合であるから，$\mathcal{B}$ は可算個の集合より成る(定理 4.6′)，すなわち可算開基である．▮)

位相を導入するには，位相の条件を満たすように開集合を指定すればよいが，そのためには開集合となるものをすべて指定しなくても，そのもとになるもの，すなわち，開集合の基となるものを指定しておけばよい．これを示すのが次の定理である．

定理 9.8 $\mathcal{B}$ が集合 X の部分集合からなる集合族で，

B_1 X は $\mathcal{B}$ に属する集合の和となる．

B_2 $\mathcal{B}$ に属する任意の2つの集合の共通部分は，$\mathcal{B}$ に属する集合の和となる．

という2条件を満たすならば，$\mathcal{B}$ に属する集合の和として表わされる X の部分集合全体の族を $\mathfrak{T}(\mathcal{B})$ で表わすとき，$\mathfrak{T}(\mathcal{B})$ は X の位相となり，$\mathcal{B}$ は位相空間 $(X,\mathfrak{T}(\mathcal{B}))$ の開基となる．逆に，$\mathcal{B}$ を位相空間 $(X,\mathfrak{T})$ の開基とすれば，$\mathcal{B}$ は条件 B_1, B_2 を満たし，位相 $\mathfrak{T}(\mathcal{B})$ は $\mathfrak{T}$ と一致する．

証明 $\mathcal{B}$ は上の2条件を満たすとする．§2の終りの規約により，$\phi\in\mathfrak{T}(\mathcal{B})$ となるから，位相の条件 O_1 が成り立つ．条件 B_2 により，条件 O_2 も成り立つ．O_3 は明らかに成り立つから，$\mathfrak{T}(\mathcal{B})$ は X の位相となる．また，$\mathfrak{T}(\mathcal{B})$ の定義から，$\mathcal{B}$ は $(X,\mathfrak{T}(\mathcal{B}))$ の開基である．

逆に，$\mathcal{B}$ が位相空間 $(X,\mathfrak{T})$ の開基であれば，B_1 は明らかであるが，位相の条件 O_2 から条件 B_2 も成り立つ．$\mathcal{B}$ は $(X,\mathfrak{T})$, $(X,\mathfrak{T}(\mathcal{B}))$ 双方の開基となるから，$\mathfrak{T}=\mathfrak{T}(\mathcal{B})$．▮

さて，$\mathcal{L}$ を集合 X の部分集合の族とし，$\mathcal{L}$ に属する有限個の集合の共通部分をとり，このような共通部分全体の族を $\mathcal{L}^*$ で表わす．§2の終りの規約により，$X\in\mathcal{L}^*$ となる．したがって，$\mathcal{L}^*$ は定理 9.8 の条件 B_1, B_2 を満たすから，$\mathfrak{T}(\mathcal{L}^*)$ は X の位相となり，$\mathcal{L}^*$ は

位相空間 $(X, \mathfrak{T}(\mathscr{L}^*))$ の開基となる.

定義 9.5 $\mathscr{L}^*$ が位相空間 $(X, \mathfrak{T})$ の開基となるとき，$\mathscr{L}$ は，位相空間 $(X, \mathfrak{T})$ の**部分開基**，または**位相** $\mathfrak{T}$ **を生成する**という. ——

この定義によれば，上の結果は次のように述べることができる.

定理 9.9 $\mathscr{L}$ を集合 X の部分集合の族とすれば，X に $\mathscr{L}$ が生成する位相 $\mathfrak{T}$ をいれることができる. $\mathfrak{T}=\mathfrak{T}(\mathscr{L}^*)$ であって，$\mathfrak{T}$ は $\mathscr{L}$ に属する各集合が開集合となるような X の位相のうち，最も弱い位相である.

例 9.8 実数直線 $\boldsymbol{R}$ において，部分集合の族

$$\mathscr{L} = \{(a, \infty), (-\infty, b) \mid a, b \text{ は有理数}\}$$

は，$\boldsymbol{R}$ の Euclid 位相を生成する.

例 9.9 Sorgenfrey 直線 $\boldsymbol{S}$(例 9.4) において，

$$\{[a, \infty), (-\infty, b) \mid a, b \in \boldsymbol{R}\}$$

は，$\boldsymbol{S}$ の位相を生成する.

§10 集積点，閉集合，閉包，開核

本節では，$(X, \mathfrak{T})$ を1つの位相空間とし，X の各種の部分集合について論ずることにしよう.

X の各点 x に対し，近傍基 $\mathscr{U}(x)$ を1つずつ定めておき，$\mathscr{U}(x)$ に属する各集合を，単に x の近傍といい，$U(x), U_\lambda(x), V(x)$,

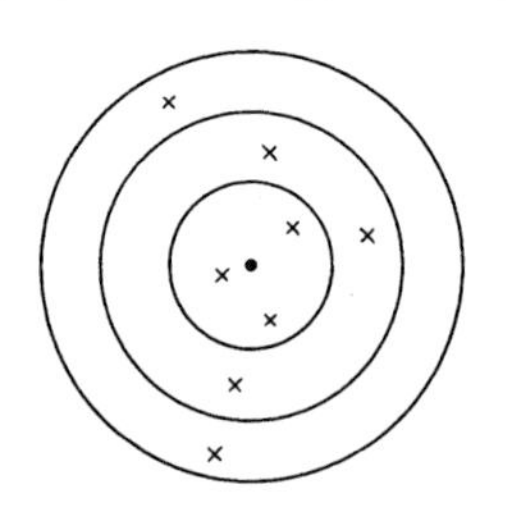

図 6

$W(x)$ 等で表わすことにする.

定義 10.1 $x \in X$, $A \subset X$ とする. x の任意の近傍 $U(x)$ に対し,

$$U(x) \cap (A - \{x\}) \neq \phi$$

となるとき，すなわち，x の任意の近傍が x と異なる A の点を含むとき，点 x を A の**集積点**(accumulation point)という. ——

X が距離空間 (X, ρ) の場合について考えよう. この場合, $\mathcal{U}(x)$ として ρ による点 x の ε 近傍全体をとることにする. $\varepsilon > 0$ が与えられたとき, x が A の集積点であれば,

$$U(x; \varepsilon) \cap (A - \{x\}) \neq \phi$$

であるから，この共通集合から1点 a_1 をとる. $a_1 \neq x$ より, $\rho(a_1, x) > 0$. そこで, $\varepsilon_1 = \min(\rho(a_1, x), 1)$ とおけば, $\varepsilon_1 > 0$ で

$$U(x; \varepsilon_1) \cap (A - \{x\}) \neq \phi$$

である. 次に点 a_2 をこの共通集合からとる. 以下同様にして, $n = 2, 3, \cdots$ に対し

$$\varepsilon_n = \min(\rho(a_n, x), 1/n),$$
$$a_{n+1} \in U(x; \varepsilon_n) \cap (A - \{x\})$$

を満たすように，順次に $\varepsilon_n > 0$, 点 a_{n+1} を定めることができる. そうすると,

$$0 < \rho(x, a_{n+1}) < \varepsilon_n \leqq \rho(x, a_n), \quad n = 1, 2, \cdots,$$
$$a_n \in A \cap U(x; \varepsilon), \quad n = 1, 2, \cdots$$

となるから, $U(x; \varepsilon)$ は A に属する点を無限個含む. すなわち，距離空間の場合，点 x が A の集積点であるとは，点 x のまわりに A の点が無数に密集していることであり，密集の中心点というのがより適切な表現であろう.

注意 位相空間 X の点 x は, X の集積点でないとき, X の**孤立点**であるという.

問 1 点 x が X の孤立点 $\Longleftrightarrow$ $\{x\}$ は x の近傍

を証明せよ．すべての点が孤立点となる空間はどのような空間か．

定義 10.2　位相空間 $(X, \mathfrak{T})$ において，X に属する点からなる点列 $\{x_n\}$[1] が X の点 x に**収束**するとは，x の任意の近傍 $U(x)$ に対し

$$n > n_0 \Longrightarrow x_n \in U(x)$$

が成り立つような自然数 n_0 を定め得ることをいう．このとき，x を点列 $\{x_n\}$ の**極限**という．また，$\{x_n\}$ が x に収束することを

$$x_n \longrightarrow x$$

で表わす．——

X が距離空間の場合は，任意の $\varepsilon>0$ に対し

$$n > n_0 \Longrightarrow x_n \in U(x\,;\varepsilon) \qquad (\text{すなわち，} \rho(x_n, x) < \varepsilon)$$

となるように n_0 を定め得ることを意味する．よって，点列 $\{x_n\}$ が点 x に収束することは，実数列 $\{\rho(x, x_n) \mid n \in \boldsymbol{N}\}$ が

$$\lim_{n\to\infty} \rho(x, x_n) = 0$$

となることである．

例 10.1　例 7.2 で定めた $I=[0,1]$ 上の実数値連続関数全体のつくる距離空間 $(C(I), d)$ において，点列として $\{f_n\}$ が f に収束することは，関数列として $\{f_n\}$ が f に一様収束することを意味する（一様収束については，§12 参照）．

例 10.2　例 9.3 で定義された，I 上の実数値関数全体のつくる位相空間 $F(I)$ において，点列 $\{f_n\}$ が点 f に収束するためには，$[0,1]$ 上の各点 x ごとに，数列 $\{f_n(x)\}$ が $f(x)$ に収束すること（このとき，関数列 $\{f_n\}$ は f に**各点収束**するという）が必要十分である．

問 2　例 10.2 で述べた事実を証明せよ．

定理 10.1　X が距離空間の場合は，点 x が X の部分集合 A の集

---

1)　点列とは，正確には $\boldsymbol{N}$ から X への写像のことである（写像 $g: \boldsymbol{N}\to X$ に対し，$x_n=g(n)$ とおくわけである）．

積点であるためには，A の異なる点よりなる点列で，x に収束するものが存在することが必要十分である．

証明　定理の条件が必要であることは既に p. 49 に述べたことから明らかである．逆に，$\{a_n\}$ は A の異なる点よりなる点列で，x に収束すると仮定しよう．そうすると，任意の $\varepsilon>0$ に対し，自然数 n_0 を 1 つ定めて

$$n > n_0 \Longrightarrow a_n \in U(x\,;\varepsilon)$$

となるようにできる．したがって，$U(x\,;\varepsilon)$ は A の異なる点 a_n $(n>n_0)$ を含むから，その中にはもちろん x と異なるものがある．したがって

$$U(x\,;\varepsilon)\cap(A-\{x\})\neq\phi.$$

よって，x は A の集積点である．▮

例 10.3　Euclid 平面 $\boldsymbol{R}^2$ において，集合

$$A=\left\{\left(\frac{1}{m},\frac{1}{n}\right)\middle|\, m,n\in\boldsymbol{N}\right\}$$

の集積点は，$\left(0,\dfrac{1}{n}\right)$，$\left(\dfrac{1}{m},0\right)$ $(m,n\in\boldsymbol{N})$，および $(0,0)$ である．一方 $\{(m,n)\mid m,n\in\boldsymbol{N}\}$ は集積点をもたない．

注意　定理 10.1 は X が距離空間でない場合は，一般に成立しないから注意を要する．次の例 10.4 参照．

例 10.4　X を非可算集合とし，X の 1 点 x_0 をとり，x_0 における近傍としては，$x_0\in U$ で，$X-U$ が可算集合となるような X の部分集合 U だけをとり，$x\neq x_0$ となる x に対しては，$\{x\}$ だけを近傍にとることにすれば，X は位相空間になる．$A=X-\{x_0\}$ とおけば，x_0 は A の集積点である．しかし，A の異なる点よりなる点列 $\{a_n\}$ は，決して x_0 には収束しない．何故なら，$X-\{a_n\mid n\in\boldsymbol{N}\}=U$ は x_0 の近傍であるが，点列 $\{a_n\}$ の点を含まないからである．——

さて，例 10.3 から分かるように，集合 A の集積点は必ずしも A

には属しない.

定義 10.3 A の集積点全体の集合と A との和集合を A の**閉包** (closure) といい, $\mathrm{Cl}\,A$ (または $\bar{A}$) で表わす.

定理 10.2 $x\in X$, $A\subset X$ とするとき,

$$x\in \mathrm{Cl}\,A \Longleftrightarrow x \text{ の任意の近傍 } U(x) \text{ に対し } U(x)\cap A\neq\phi.$$

証明 $x\in\mathrm{Cl}\,A$, $U(x)$ を x の任意の近傍とする. $x\in A$ ならば $x\in U(x)\cap A$, よって $U(x)\cap A\neq\phi$. x が A の集積点ならば $U(x)\cap(A-\{x\})\neq\phi$, よってなおさら $U(x)\cap A\neq\phi$. 逆に, $x\notin A$ で x の任意の近傍 $U(x)$ に対し $U(x)\cap A\neq\phi$ ならば, $A=A-\{x\}$ なる故, $U(x)\cap(A-\{x\})\neq\phi$, すなわち, x は A の集積点である. ▌

系 10.3 (X,ρ) を距離空間, $x\in X$, $A\subset X$ とするとき,

$$x\in\mathrm{Cl}\,A \Longleftrightarrow \rho(x,A)=0.$$

証明 $x\in\mathrm{Cl}\,A \Longleftrightarrow$ 任意の $\varepsilon>0$ に対し $U(x;\varepsilon)\cap A\neq\phi \Longleftrightarrow$ 任意の $\varepsilon>0$ に対し $\rho(x,a)<\varepsilon$ となる $a\in A$ がある $\Longleftrightarrow$ 任意の $\varepsilon>0$ に対し $\rho(x,A)<\varepsilon \Longleftrightarrow \rho(x,A)=0$. ▌

問 3 X を距離空間, $x\in X$, $A\subset X$ とするとき,

$x\in\mathrm{Cl}\,A \Longleftrightarrow A$ の点よりなる点列で x に収束するものがある

を証明せよ.

定義 10.4 A を位相空間 X の部分集合とする. X の各点の任意の近傍が A の点を含むとき, すなわち, $X=\mathrm{Cl}\,A$ となるとき, A は X において**稠密** (dense) であるという.

例 10.5 n 次元 Euclid 空間 $\boldsymbol{R}^n$ において, 有理点全体の集合は稠密である.

例 10.6 例 9.3 の位相空間 $F(I)$ において, I 上の実数値連続関数全体の集合 $C(I)$ は稠密である. (証明. $f\in F(I)$ とし, f の任意の近傍

$$U(f;x_1,\cdots,x_n;\varepsilon)=\{g\in F(I)\mid |f(x_i)-g(x_i)|<\varepsilon,\ i=1,\cdots,n\}$$

に対し，

$$h(x)=\sum_{i=1}^{n} f(x_i) \prod_{j=1, j \neq i}^{n} (x_i-x_j)^{-1}(x-x_j)$$

とおけば，$h(x)$ は $n-1$ 次の多項式で $h(x_i)=f(x_i)\ (1\leqq i\leqq n)$．よって，$h \in U(f; x_1, \cdots, x_n; \varepsilon) \cap C(I)$．▮)

さて，X の点 x と X の部分集合 A との関係は起りうる場合として次の3つがある．

(i)　$U(x) \subset A$ となる x の近傍 $U(x)$ が存在する．

(ii)　$U(x) \subset X-A$ となる x の近傍 $U(x)$ が存在する．

(iii)　x の任意の近傍 $U(x)$ に対し，$U(x) \cap A \neq \phi$，かつ $U(x) \cap (X-A) \neq \phi$.

何故ならば，(i)（または(ii)）の否定は，x の任意の近傍 $U(x)$ に対し，$U(x) \cap (X-A) \neq \phi$（または $U(x) \cap A \neq \phi$）となるからである．

定義 10.5　(i), (ii), (iii) が成り立つに従って，それぞれ x を A の**内点**，A の**外点**，A の**境界点**という．A の内点全体の集合を A の**内部**(interior)または**開核**といい，Int A で表わす．A の境界点全体の集合を A の**境界**(boundary)といい，Bd A（または Fr A, ∂A）で表わす．A の外点全体の集合を A の**外部**(exterior)という．——

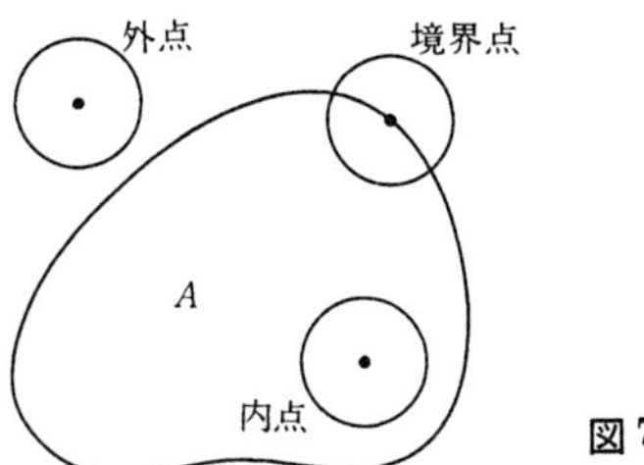

図 7

A の外部は Int$(X-A)$ に等しいから，外部を表わす記号は使われていない．上の定義とその前の注意により次の定理が成り立つ．

定理 10.4 X は，A の内部，A の外部，A の境界の直和となる．

定理 10.5

$$\mathrm{Cl}\,A = \mathrm{Int}\,A \cup \mathrm{Bd}\,A,$$
$$\mathrm{Cl}\,A = X - \mathrm{Int}(X-A),$$
$$\mathrm{Bd}\,A = \mathrm{Cl}\,A \cap \mathrm{Cl}(X-A).$$

証明 定理 10.2 により $\mathrm{Bd}\,A \subset \mathrm{Cl}\,A$. 一方，$\mathrm{Int}\,A \subset A$. よって，$\mathrm{Int}\,A \cup \mathrm{Bd}\,A \subset \mathrm{Cl}\,A$. ところで $x \in \mathrm{Cl}\,A - \mathrm{Int}\,A$ とし，$U(x)$ を x の任意の近傍とすれば，$x \notin \mathrm{Int}\,A$ より $U(x) \cap (X-A) \neq \phi$. 他方，$x \in \mathrm{Cl}\,A$ と定理 10.2 により $U(x) \cap A \neq \phi$，したがって $x \in \mathrm{Bd}\,A$. よって，$\mathrm{Cl}\,A - \mathrm{Int}\,A \subset \mathrm{Bd}\,A$. 故に，$\mathrm{Cl}\,A \subset \mathrm{Int}\,A \cup \mathrm{Bd}\,A$ となり，定理の第 1 の等式が成り立つ．

第 2 の等式は，第 1 の等式と定理 10.4 から，第 3 の等式は，境界の定義と定理 10.2 から，すぐ出る．▌

例 10.7 Euclid 平面 $\boldsymbol{R}^2$ において，円板

$$A = \{(x, y) \in \boldsymbol{R}^2 \mid x^2+y^2 \leqq 1\}$$

については

$$\mathrm{Int}\,A = \{(x, y) \in \boldsymbol{R}^2 \mid x^2+y^2 < 1\},$$
$$\mathrm{Bd}\,A = \{(x, y) \in \boldsymbol{R}^2 \mid x^2+y^2 = 1\},$$
$$\mathrm{Int}(\boldsymbol{R}^2 - A) = \{(x, y) \in \boldsymbol{R}^2 \mid x^2+y^2 > 1\}$$

となり，内部，境界，外部は我々が直観的に抱いているものと一致する．また，a, b を実数，$a<b$ とし

$$B = \{(x, 0) \in \boldsymbol{R}^2 \mid a \leqq x \leqq b\}$$

とすれば，

$$\mathrm{Int}\,B = \phi, \qquad \mathrm{Bd}\,B = B, \qquad \mathrm{Int}(\boldsymbol{R}^2 - B) = \boldsymbol{R}^2 - B.$$

例 10.8 実数直線 $\boldsymbol{R}$ において，a, b を実数，$a<b$ とし，$C=[a, b]$ とおけば，$\mathrm{Int}\,C=(a, b)$，$\mathrm{Bd}\,C=\{a, b\}$ となる．また，$(a, b]$，(a, b) の内部，境界は C のそれと同じである．——

以上の定義および定理の証明は，近傍基の定義より，与えられた

近傍基 $\mathcal{U}(x)$ のとり方に依存しない．例えば，$\mathcal{U}(x)$ として x を含む開集合（$=x$ の近傍）全体をとってもよく（定理 10.2 の近傍もこの意味の近傍としてよい），このことは後にもしばしば用いられる．次の定理は，位相を規定する開集合だけを用いており，近傍基のとり方によらないことを端的に示している．

定理 10.6　$\mathrm{Int}\,A$ は A に含まれる最大の開集合であり，A に含まれるすべての開集合の和に等しい．

証明　$x\in\mathrm{Int}\,A$ ならば，$U(x)\subset A$ となる x の近傍 $U(x)$ がある．$y\in U(x)$ とすれば，$V(y)\subset U(x)$ となる y の近傍 $V(y)$ があるから，$V(y)\subset U(x)\subset A$，よって $y\in\mathrm{Int}\,A$．したがって，$U(x)\subset\mathrm{Int}\,A$．よって，$\mathrm{Int}\,A$ は X の開集合である．

また，G を開集合で $G\subset A$ とすれば，$x\in G$ とするとき，G が開集合なることより，$U(x)\subset G$ を満たす x の近傍 $U(x)$ が存在し，したがって $U(x)\subset G\subset A$ となるから，$x\in\mathrm{Int}\,A$ となる．すなわち，$G\subset\mathrm{Int}\,A$．よって，$\mathrm{Int}\,A$ は A に含まれる最大の開集合である．▌

定理 10.5，10.6 により，$\mathrm{Int}\,A$, $\mathrm{Cl}\,A$, $\mathrm{Bd}\,A$ はすべて開集合だけを用いて定義できる．次の定理は定理 10.6 だけから証明される．

定理 10.7　A, B を X の部分集合とするとき次のことが成り立つ．

(i)　$\mathrm{Int}\,A\subset A$.

(ii)　$\mathrm{Int}(\mathrm{Int}\,A)=\mathrm{Int}\,A$.

(iii)　$\mathrm{Int}(A\cap B)=\mathrm{Int}\,A\cap\mathrm{Int}\,B$.

(iv)　$\mathrm{Int}\,X=X$.

(v)　$A\subset B\Longrightarrow\mathrm{Int}\,A\subset\mathrm{Int}\,B$.

証明　定理 10.6 より，(i)，(iv)，(v) は明らか．ところで，$\mathrm{Int}\,A$ は開集合で，$\mathrm{Int}\,A\subset\mathrm{Int}\,A$ であるから，定理 10.6 により，$\mathrm{Int}\,A\subset\mathrm{Int}(\mathrm{Int}\,A)$．一方 (i) より，$\mathrm{Int}(\mathrm{Int}\,A)\subset\mathrm{Int}\,A$．したがって，(ii) が成り立つ．次に，$\mathrm{Int}\,A\cap\mathrm{Int}\,B$ は $A\cap B$ に含まれる開集合だから，

$\mathrm{Int}\,A\cap\mathrm{Int}\,B\subset\mathrm{Int}(A\cap B)$. 他方, $A\cap B\subset A$ なる故, $\mathrm{Int}(A\cap B)\subset\mathrm{Int}\,A$. 同様にして, $\mathrm{Int}(A\cap B)\subset\mathrm{Int}\,B$. したがって, $\mathrm{Int}(A\cap B)\subset\mathrm{Int}\,A\cap\mathrm{Int}\,B$. よって, (iii)が成り立つ. ▌

問4　定理10.7の(v)は, (iii)から直接得られることを証明せよ.

定義 10.6　A を位相空間 X の部分集合とするとき, $X-A$ が開集合であれば, A を X の**閉集合**(closed set)という.

定理 10.8　A が閉集合であるためには, $A=\mathrm{Cl}\,A$, すなわち, A の集積点がすべて A に属することが必要十分である.

証明　定理10.6により, X の部分集合 B に対し

$$B\text{は開集合}\Leftrightarrow B=\mathrm{Int}\,B.$$

したがって, このことと定理10.5を組み合わせれば,

$$A\text{は閉集合}\Leftrightarrow X-A=\mathrm{Int}(X-A)\Leftrightarrow A=\mathrm{Cl}\,A.$$ ▌

系 10.9　(X,ρ) を距離空間, A を閉集合, $x\in X$ とするとき,

$$x\in A\Leftrightarrow\rho(x,A)=0.$$

系10.3により系10.9は明らか. ところで, A,B が距離空間 (X,ρ) の閉集合であって, $A\cap B=\phi$ でも $\rho(A,B)>0$ となるとは限らないから, 注意を要する.

例 10.9　$\boldsymbol{R}^2$ において, $A=\{(x,1/x)\mid x>0\}$, $B=\{(-x,1/x)\mid x>0\}$ とおけば, A,B は互いに素な閉集合で, $\rho(A,B)=0$. ——

ところで, De Morgan の法則(§1, (1.6)′)によれば, X の部分集合の任意の族 $\{A_\lambda\mid\lambda\in\Lambda\}$ に対し

$$X-\bigcap A_\lambda=\bigcup(X-A_\lambda),\qquad X-\bigcup A_\lambda=\bigcap(X-A_\lambda)$$

となるから, 各 $X-A_\lambda$ が開集合ならば, $X-\bigcap A_\lambda$ が開集合, Λ が有限集合ならば, $X-\bigcup A_\lambda$ も開集合となる. したがって, 次の定理が得られる.

定理 10.10　X を位相空間とするとき次のことが成り立つ.

C_1　X および空集合 ϕ は閉集合である.

C_2　有限個の閉集合の和は閉集合である．

C_3　有限個または無限個の閉集合の共通部分は閉集合である．

定理 10.6, 10.7 に対応して次の定理が成り立つ．

定理 10.11　$\mathrm{Cl}\,A$ は A を含む最小の閉集合であり，したがって，A を含むすべての閉集合の共通部分に等しい．

証明　定理 10.5 によれば，$\mathrm{Cl}\,A = X - \mathrm{Int}(X-A)$．したがって，$\mathrm{Cl}\,A$ は A を含む閉集合である．F が閉集合で $A \subset F$ ならば，$X-F$ は開集合で，$X-F \subset X-A$．よって，定理 10.6 により，$X-F \subset \mathrm{Int}(X-A)$，したがって，$F \supset X - \mathrm{Int}(X-A) = \mathrm{Cl}\,A$． ▮

定理 10.12　A, B を位相空間 X の部分集合とするとき次のことが成り立つ．

(i)　$A \subset \mathrm{Cl}\,A$.

(ii)　$\mathrm{Cl}(\mathrm{Cl}\,A) = \mathrm{Cl}\,A$.

(iii)　$\mathrm{Cl}(A \cup B) = \mathrm{Cl}\,A \cup \mathrm{Cl}\,B$.

(iv)　$\mathrm{Cl}\,\phi = \phi$.

(v)　$A \subset B \Longrightarrow \mathrm{Cl}\,A \subset \mathrm{Cl}\,B$.

証明　定理 10.6 から定理 10.7 を証明したのと同様な議論により（ただし，‘開集合’は‘閉集合’に，‘含まれる’は‘含む’に変えて），定理 10.10, 10.11 から証明できる．別の方法としては，$\mathrm{Cl}\,A = X - \mathrm{Int}(X-A)$ と，De Morgan の法則により，定理 10.7 から証明することもできる．例えば，定理 10.7 の (ii), (iii) からは，

$$\begin{aligned}\mathrm{Cl}\,A &= X - \mathrm{Int}(X-A) = X - \mathrm{Int}(\mathrm{Int}(X-A)) \\ &= \mathrm{Cl}(X - \mathrm{Int}(X-A)) = \mathrm{Cl}(\mathrm{Cl}\,A),\end{aligned}$$

$$\begin{aligned}\mathrm{Cl}(A \cup B) &= X - \mathrm{Int}(X-(A \cup B)) = X - \mathrm{Int}((X-A) \cap (X-B)) \\ &= X - \mathrm{Int}(X-A) \cap \mathrm{Int}(X-B) \\ &= (X - \mathrm{Int}(X-A)) \cup (X - \mathrm{Int}(X-B)) = \mathrm{Cl}\,A \cup \mathrm{Cl}\,B.\end{aligned}$$ ▮

さて，位相を導入するには開集合を指定すればよいが，開集合の

代りに閉集合を指定しても位相を定めることができる.

定理 10.13 集合 X において, X の部分集合の族 $\mathcal{F}$ があって, $\mathcal{F}$ に属する集合を閉集合とよぶとき, 定理 10.10 の 3 条件 C_1, C_2, C_3 を満たすとする. $X-A$ が閉集合となる X の部分集合 A 全体の族を $\mathfrak{T}$ とするとき, $\mathfrak{T}$ は X の 1 つの位相となり, この位相空間 $(X, \mathfrak{T})$ における閉集合全体の族は $\mathcal{F}$ と一致する.

証明 $\mathfrak{T}$ が X の位相となること, すなわち, $\mathfrak{T}$ が §8 の位相の条件 O_1, O_2, O_3 を満たすことは, 定理 10.10 の証明と同様にして分かる. ▌

定理 10.12 は位相導入の新しい方法を与える. C. Kuratowski は, 集合 X の各部分集合 A に対し, A の閉包と称する部分集合が何らかの方法で定められ, それが定理 10.12 の条件を満たすならば, これによって X の位相が定められると考え, 次の定理を証明した.

定理 10.14 X を集合とし, X の各部分集合 A に対し X の部分集合 $u(A)$ を対応させる写像 $u: \mathcal{P}(X) \to \mathcal{P}(X)$ ($\mathcal{P}(X)$ は X の巾集合(§4 参照))があって, A, B を X の任意の部分集合とするとき, 次の 4 条件を満たすものとする.

(i) $A \subset u(A)$.

(ii) $u(u(A)) = u(A)$.

(iii) $u(A \cup B) = u(A) \cup u(B)$.

(iv) $u(\phi) = \phi$.

このとき, $\mathfrak{T} = \{X-A \mid A \in \mathcal{P}(X), u(A)=A\}$ は X の 1 つの位相となり, この位相空間 $(X, \mathfrak{T})$ における閉包 $\mathrm{Cl}\, A$ は $u(A)$ と一致する.

証明 $\mathcal{F} = \{A \in \mathcal{P}(X) \mid u(A)=A\}$ とおき, $\mathcal{F}$ に属する集合を閉集合と呼べば, $\mathcal{F}$ は定理 10.10 の条件 C_1, C_2, C_3 を満たすことを証明しよう. まず, (iii) から $A \subset B \Rightarrow u(A) \subset u(A) \cup u(B) = u(A \cup B) = u(B)$, すなわち

(v)　$A \subset B \Longrightarrow u(A) \subset u(B)$

が成り立つことを注意しよう.

$\mathscr{F}$ が C_1 を満たすことは(i), (iv)より明らか. $A, B \in \mathscr{F}$ とすれば, $u(A \cup B) = u(A) \cup u(B) = A \cup B$, よって $A \cup B \in \mathscr{F}$. したがって C_2 が成り立つ.

次に $\{A_\lambda \mid \lambda \in \Lambda\}$ を各 $\lambda \in \Lambda$ に対し $A_\lambda \in \mathscr{F}$ を満たす集合族とする.

$$A = \bigcap \{A_\lambda \mid \lambda \in \Lambda\}$$

とおくとき, $A \subset A_\lambda$ となるから(v)より $u(A) \subset u(A_\lambda) = A_\lambda$, したがって

$$u(A) \subset \bigcap \{A_\lambda \mid \lambda \in \Lambda\} = A.$$

(i)と合わせて $u(A) = A$. よって C_3 が成り立つ.

よって, 定理 10.13 により $\mathfrak{T}$ は X の位相となり, この位相空間 $(X, \mathfrak{T})$ における閉集合全体の族は $\mathscr{F}$ と一致する.

次に A を X の部分集合とし, 位相空間 $(X, \mathfrak{T})$ における A の閉包を $\mathrm{Cl}\, A$ で表わすことにすれば, $\mathrm{Cl}\, A = u(A)$ が成り立つ.

何故ならば, $A \subset \mathrm{Cl}\, A$ で, $\mathrm{Cl}\, A$ は $(X, \mathfrak{T})$ の閉集合なる故, (v)より, $u(A) \subset u(\mathrm{Cl}\, A) = \mathrm{Cl}\, A$. 一方定理 10.11 により, $\mathrm{Cl}\, A$ は A を含む最小の閉集合であり, (ii)より $u(A)$ は閉集合なる故, $\mathrm{Cl}\, A \subset u(A)$. したがって, $\mathrm{Cl}\, A = u(A)$. ▌

定理 10.14 から, 位相空間における諸概念は原理的に, すべて閉包によって表わされることが分かる. 例えば

定理 10.15　X を位相空間, $x \in X$, $A \subset X$ とするとき

$$x \text{ は } A \text{ の集積点} \Longleftrightarrow x \in \mathrm{Cl}(A - \{x\}).$$

証明　定義 10.1 と定理 10.2 より明らか. ▌

次の定理は有用であり, 特に引用されることなくしばしば用いられる.

定理 10.16　X を位相空間, $A \subset X$, G は X の開集合とする. こ

のとき

$$\mathrm{Cl}(A\cap G)\supset \mathrm{Cl}\,A\cap G.$$

特に,

$$A\cap G=\phi \Longrightarrow \mathrm{Cl}\,A\cap G=\phi.$$

証明 $x\in \mathrm{Cl}\,A\cap G$, $U(x)$をxの任意の近傍とすれば, $U(x)\cap G$は, xを含む開集合であるから, $x\in \mathrm{Cl}\,A$より, $(U(x)\cap G)\cap A\neq\phi$. よって, $U(x)\cap(G\cap A)\neq\phi$. したがって, $x\in\mathrm{Cl}(A\cap G)$. ▮

問5 定理10.16はGが開集合でなければ一般に成立しない. このような例を挙げよ.

閉集合の性質として, 有限個の閉集合の和は閉集合となるが(定理10.10), 無限個, 特に可算個の閉集合の和であっても一般に閉集合とはならない.

例 10.10 実数直線$\boldsymbol{R}$において,

$$A=(-1,1)\,;\qquad F_n=\left[-1+\frac{1}{n},1-\frac{1}{n}\right]\qquad (n\in \boldsymbol{N})$$

とおけば

$$A=\bigcup\{F_n\mid n\in\boldsymbol{N}\}$$

で, 各F_nは閉集合であるが, Aは閉集合ではない.

定義 10.7 位相空間Xにおいて, Xの部分集合であって可算個の閉集合の和となるものを$\boldsymbol{F_\sigma}$**集合**といい, 可算個の開集合の共通部分となるものを$\boldsymbol{G_\delta}$**集合**という.

注意 閉集合を ensemble fermé (仏語) といい, 開集合を古くは Gebiete (独語) と言ったことから, Fで閉集合を, Gで開集合を示唆するのである. また, σは sum (和), δは Durchschnitt (共通部分) の最初の文字に対応するギリシア文字で, 可算個の和, 可算個の共通部分を示すのによく用いる.

§11　部分空間

$(X, \mathfrak{T})$を位相空間とし，$Y \subset X$とする．$\mathfrak{T}$に属する集合とYとの共通部分全体の族を$\mathfrak{T} \cap Y$で表わせば，すなわち，

$$\mathfrak{T} \cap Y = \{G \cap Y \mid G \in \mathfrak{T}\}$$

とすれば，$\mathfrak{T} \cap Y$は集合Yの位相となる．何故なら，

$$\phi = \phi \cap Y, \qquad Y = X \cap Y,$$
$$\bigcup\{G_\lambda \cap Y \mid \lambda \in \Lambda\} = (\bigcup\{G_\lambda \mid \lambda \in \Lambda\}) \cap Y,$$
$$\bigcap\{G_i \cap Y \mid i=1, \cdots, n\} = (\bigcap\{G_i \mid i=1, \cdots, n\}) \cap Y$$

が成り立つからである．

定義 11.1　位相空間$(Y, \mathfrak{T} \cap Y)$を位相空間$(X, \mathfrak{T})$の**部分位相空間**，または**部分空間**といい，$\mathfrak{T} \cap Y$を($\mathfrak{T}$によって定まる(誘導された))Yの**相対位相**という．$(Y, \mathfrak{T} \cap Y)$を略して，Yとも書く．

例 11.1　Euclid 平面$\boldsymbol{R}^2$において，$\boldsymbol{R}^2$の部分空間

$$S^1 = \{(x, y) \in \boldsymbol{R}^2 \mid x^2+y^2=1\}$$

は，原点を中心とする単位円の円周を1つの位相空間として考えたものである．——

位相を導入する方法を前にいくつか述べたが，それらは相対位相を定めるのにも役立つ．

定理 11.1　Xの位相$\mathfrak{T}$が，Xの近傍系$\mathcal{U}=\{\mathcal{U}(x) \mid x \in X\}$によって定められている場合，$y \in Y$に対し，

$$\mathcal{U}(y) \cap Y = \{U \cap Y \mid U \in \mathcal{U}(y)\}$$

とおけば，

$$\mathcal{V} = \{\mathcal{U}(y) \cap Y \mid y \in Y\}$$

は，Yの近傍系となり，この近傍系の定めるYの位相は$\mathfrak{T}$によって定められるYの上の相対位相と一致する．

証明　$\mathcal{V}$がYの近傍系となることは容易に確かめられる．次に，Gを部分空間$(Y, \mathfrak{T} \cap Y)$の開集合とすれば，定義によって，$G=H$

$\cap Y$ を満たす $(X, \mathfrak{T})$ の開集合 H が存在する．$y \in G$ とすれば，$y \in H$ となり，$\mathfrak{T}$ が近傍系 $\mathcal{U}$ によって定まるから，$U \subset H$ を満たす $U \in \mathcal{U}(y)$ がある．したがって，$U \cap Y \subset H \cap Y = G$ となるから，G は近傍系 $\mathcal{V}$ によって定まる位相空間 $(Y, \mathfrak{T}(\mathcal{V}))$ の開集合である．

逆に，A が $(Y, \mathfrak{T}(\mathcal{V}))$ の開集合ならば，A の各点 a に対し

$$U_a \cap Y \subset A, \qquad U_a \in \mathcal{U}(a)$$

を満たす U_a がある．よって

$$B = \bigcup \{U_a \mid a \in A\}$$

とおけば，B は位相空間 $(X, \mathfrak{T}(\mathcal{U}))$，すなわち $(X, \mathfrak{T})$ の開集合となる．$A = B \cap Y$ となるから，A は部分空間 $(Y, \mathfrak{T} \cap Y)$ の開集合である．▌

距離位相の場合も同様に次の定理が成り立つ．

定理 11.2 ρ を集合 X の距離関数とし，$Y \subset X$ とする．

$$y, y' \in Y \quad \text{に対し} \quad \rho'(y, y') = \rho(y, y')$$

とおけば，ρ' は Y の距離関数であって，(Y, ρ') を (X, ρ) の**部分距離空間**という．ρ' の定める Y の位相 $\mathfrak{T}(\rho')$ は，相対位相 $\mathfrak{T}(\rho) \cap Y$ と一致する．

証明 Y の点 y の X における ε 近傍を $U(y\,;\varepsilon)$，(Y, ρ') における ε 近傍を $V(y\,;\varepsilon)$ で表わせば，

$$\begin{aligned} V(y\,;\varepsilon) &= \{y' \in Y \mid \rho'(y, y') < \varepsilon\} \\ &= \{x \in X \mid \rho(y, x) < \varepsilon\} \cap Y = U(y\,;\varepsilon) \cap Y \end{aligned}$$

となる．距離関数の定める位相は，ε 近傍による近傍系の定める位相と一致するから，定理 11.2 は定理 11.1 の系として得られる．▌

系 11.3 位相空間 X が距離化可能ならば，X の任意の部分空間も距離化可能である．

問 1 $\mathcal{B}$ を位相空間 $(X, \mathfrak{T})$ の開基とすれば，$\mathcal{B} \cap Y = \{B \cap Y \mid B \in \mathcal{B}\}$ は部分空間 $(Y, \mathfrak{T} \cap Y)$ の開基となることを証明せよ．

さて，$(X, \mathfrak{T})$を位相空間とし，$Y \subset X$とする．以下では，位相$\mathfrak{T}$，$\mathfrak{T} \cap Y$を書くのを省略し，単に位相空間X，部分空間Yということにする．$A \subset Y$に対し，部分空間Yにおける閉包，内部，境界を，それぞれ

$$\mathrm{Cl}_Y A, \qquad \mathrm{Int}_Y A, \qquad \mathrm{Bd}_Y A$$

で表わすことにしよう．

定理 11.4 $A \subset Y$に対し，

$$\mathrm{Cl}_Y A = Y \cap \mathrm{Cl}\, A.$$

証明 $y \in Y$，$U(y)$をXにおけるyの任意の近傍とすれば，$A = Y \cap A$なる故

$$y \in Y \cap \mathrm{Cl}\, A \Longrightarrow U(y) \cap A \neq \phi \Longleftrightarrow (U(y) \cap Y) \cap A \neq \phi$$

となる．したがって，$y \in Y \cap \mathrm{Cl}\, A \Rightarrow y \in \mathrm{Cl}_Y A$．逆に，

$$y \in \mathrm{Cl}_Y A \Longrightarrow (U(y) \cap Y) \cap A \neq \phi \Longrightarrow U(y) \cap A \neq \phi$$

となるから，$y \in \mathrm{Cl}_Y A \Rightarrow y \in Y \cap \mathrm{Cl}\, A$．▌

定理 11.5 $A \subset Y$とする．Aが部分空間Yの閉集合であるためには，Xのある閉集合Fにより$A = Y \cap F$となることが必要十分である．

証明 $A = \mathrm{Cl}_Y A$ならば，定理 11.4 より$A = Y \cap \mathrm{Cl}\, A$であるから，定理の条件が成り立つ．逆に，$F$は$X$の閉集合で，$A = Y \cap F$とすれば，

$$\mathrm{Cl}_Y A = Y \cap \mathrm{Cl}\, A \subset Y \cap \mathrm{Cl}\, F = Y \cap F = A$$

より，$\mathrm{Cl}_Y A = A$となる(閉集合の定義 10.6 を利用して直接証明してもよい)．▌

注意 1 $A \subset Y$に対し

$$\mathrm{Int}_Y A = Y \cap \mathrm{Int}\, A, \qquad \mathrm{Bd}_Y A = Y \cap \mathrm{Bd}\, A$$

は必ずしも成り立たない．例えば，$X = \boldsymbol{R}^2$，$Y = \{(x, 0) \mid x \in \boldsymbol{R}\}$，$A = \{(x, 0) \mid a \leqq x < b\}$ (ただし，$a, b \in \boldsymbol{R}$，$a < b$)とすれば，

$$\operatorname{Int} A=\phi, \quad \operatorname{Int}_Y A=\{(x,0)\mid a<x<b\},$$
$$\operatorname{Bd} A=A\cup\{(b,0)\}, \quad \operatorname{Bd}_Y A=\{(a,0),(b,0)\}$$

となるからである.

注意2 位相空間 X の部分空間 Y において，Y の部分集合 B が Y の開集合であるか，閉集合であるかは，$B=A\cap Y$ となる X の開集合 A があるか，X の閉集合 A があるかによってきまるが，Y の開集合や閉集合が，そのまま全空間 X の開集合や閉集合となるわけではない(Y 自身は部分空間 Y では常に開集合であり閉集合である). これについて，次のことは明らかであるが，よく使われる.

(i) Y が X の開集合ならば，部分空間 Y の開集合は，同時に全空間 X の開集合である.

(ii) Y が X の閉集合ならば，部分空間 Y の閉集合は，同時に全空間 X の閉集合である.

定理 11.4 は，X の位相が定理 10.12 で示されたように閉包作用素で定められている場合の相対位相の定め方を与えている. 内部をとる作用素 $v:\mathcal{P}(X)\to\mathcal{P}(X)$，$v(A)=\operatorname{Int} A$ によっても，定理 10.7 の条件を満たすようにとれば，閉包の場合と同様の論法によって X の位相を定めることができる.

問2 このことを証明せよ.

しかし，上に注意したように，$Y\supset A$ に対し

$$\operatorname{Int}_Y A=Y\cap\operatorname{Int} A$$

として Y の相対位相を定めることはできない.

$$\operatorname{Int}_Y A=Y\cap\operatorname{Int}(X-(Y-A))$$

とすればよいが，これでは美しさに欠けることになろう.

練 習 問 題 1

1 集合 X の任意の2元 x,y に対し，実数 $\rho(x,y)\geqq 0$ が定められ，(i) $\rho(x,y)=0 \Leftrightarrow x=y$，(ii) 任意の3元 x,y,z に対し，$\rho(x,y)\leqq\rho(z,x)$

$+\rho(z,y)$ が成り立つとき，ρ は距離関数となることを示せ．

2　距離空間 (X,ρ) において，$A,B\subset X$ とするとき，

(i)　$\delta(A\cup B)\leqq\delta(A)+\rho(A,B)+\delta(B)$,

(ii)　$\delta(\mathrm{Cl}\,A)=\delta(A)$

を証明せよ．

3　距離空間 (X,ρ) において，

$$\mathrm{Cl}\,U(x\,;\varepsilon)\subset\{y\in X\mid\rho(x,y)\leqq\varepsilon\}$$

を示し，等号が成立しない例をあげよ．

4　ρ が X 上の非 Archimedes 距離関数ならば，$U(x\,;\varepsilon)$ は (X,ρ) の閉集合となることを示せ．（よって，$\{U(x\,;\varepsilon)\mid x\in X,\ \varepsilon>0\}$ は (X,ρ) の開基で，各 $U(x\,;\varepsilon)$ は閉集合でもある．このような開基をもつ位相空間を **0 次元空間**という．）

5　各 $\mathfrak{T}_\alpha\ (\alpha\in\Omega)$ を集合 X の位相とするとき，$\bigcap_\alpha\mathfrak{T}_\alpha$ も X の位相となることを証明せよ．$\bigcup_\alpha\mathfrak{T}_\alpha$ についてはどうか．

6　X を位相空間，$A,B\subset X$ とするとき，次を証明せよ．

(i)　$\mathrm{Cl}(A\cap B)\subset\mathrm{Cl}\,A\cap\mathrm{Cl}\,B,\qquad\mathrm{Cl}\,A-\mathrm{Cl}\,B\subset\mathrm{Cl}(A-B)$,

(ii)　$\mathrm{Bd}\,A\cap\mathrm{Bd}\,B=\phi\Longrightarrow\mathrm{Cl}(A\cap B)=\mathrm{Cl}\,A\cap\mathrm{Cl}\,B$.

7　位相空間 X の開集合 G は，$G=\mathrm{Int}(\mathrm{Cl}\,G)$ となるとき，**正則**という．次の(i), (ii)を証明せよ．

(i)　A が閉集合なら，$\mathrm{Int}\,A$ は正則である．

(ii)　U,V が正則なら，$U\cap V$ も正則である．

8　位相空間 X の部分集合 A の集積点全体の集合を，A の**導集合**といい，A^d で表わす．X が距離空間のとき，A^d は閉集合であることを示し，また，A, A^d, $(A^d)^d$ がいずれも異なるような例をつくれ．

9　X を位相空間，$A\subset X$ とするとき，$\mathrm{Cl}\,A-A$ が閉集合となるためには，$A=G\cap F$ となる開集合 G と閉集合 F が存在することが必要十分であることを証明せよ．

10　$A_i\ (i=1,\cdots,n)$ は位相空間 X の閉集合で，$X=\bigcup_i A_i$ とする．

$$G\text{ は }X\text{ の開集合}\Longleftrightarrow G\cap A_i\text{ が部分空間 }A_i\text{ の開集合}\ (1\leqq i\leqq n)$$

を証明せよ．

11　X を位相空間，A を X の閉集合とする．U を部分空間 A の開集合，

V を，$U\subset V$ を満たす X の開集合とすると，$U\cup(V-A)$ は X の開集合となることを証明せよ．

12 $A=\{0\}\cup\{x\in \boldsymbol{R} \mid |x|>1\}$ とし，$A\ni x$ に対し，

$$A\cap(a,b) \qquad (a<x<b;\ a,b\in A)$$

を x の近傍として定まる A の位相は，実数空間 $\boldsymbol{R}$ の部分空間としての A の相対位相と異なることを証明せよ．

第2章　連続写像

集合の研究において，集合とともに，集合から集合への写像の研究が欠かせないのと同じように，位相空間の研究には，位相空間から位相空間への，空間の位相構造を変えないような写像，すなわち連続写像の研究が不可欠である．本章ではこれについて述べる．また，後半では位相写像について論じる．これは，2つの位相空間がどのような場合位相的に同じとみなしてよいか，を定めるものである．

§12　連続写像

実数の閉区間 $[a, b]$ 上の実数値関数 f が，区間の1点 x_0 で連続であるとは，任意の $\varepsilon>0$ に対し

$$|x-x_0|<\delta \Longrightarrow |f(x)-f(x_0)|<\varepsilon$$

が成り立つように，$\delta>0$ を定めることができることをいう．これは微積分でよく知られた定義で，ε, δ 論法といわれるものである．$|x-x_0|$ は実数直線における点 x と x_0 との間の距離であるから，この定義は距離空間の場合に拡張される．

定義 12.1　(X, ρ_X), (Y, ρ_Y) を距離空間とするとき，X から Y への写像 $f: X\to Y$ が X の点 x_0 で**連続**とは，任意の正数 ε に対し，正数 δ を定めて

(1)　$$\rho_X(x, x_0)<\delta \Longrightarrow \rho_Y(f(x), f(x_0))<\varepsilon$$

が成り立つようにできることをいう．——

ところで，距離空間における近傍の概念を用いて

$$U(x\,;\varepsilon)=\{x'\in X \mid \rho_X(x, x')<\varepsilon\},$$
$$V(y\,;\varepsilon)=\{y'\in Y \mid \rho_Y(y, y')<\varepsilon\}$$

により，上の条件(1)は

(2)　　$x \in U(x_0\,;\delta) \Longrightarrow f(x) \in V(f(x_0)\,;\varepsilon)$

となる．

εを与えて，δを定めることは，$f(x_0)$の近傍を与えてx_0の近傍を定めることであるから，次の定義が生ずる．

定義 12.2　$(X, \mathfrak{T}_X)$, $(Y, \mathfrak{T}_Y)$を位相空間とし，$\mathcal{U}(x)$をXの点xの近傍基，$\mathcal{V}(y)$をYの点yの近傍基とする．写像$f: X \to Y$が，(位相$\mathfrak{T}_X$, $\mathfrak{T}_Y$に関して)Xの点x_0で**連続**とは，$y_0 = f(x_0)$の任意の近傍$V(y_0) \in \mathcal{V}(y_0)$に対し

(3)　　$x \in U(x_0) \Longrightarrow f(x) \in V(y_0)$

が成り立つように，x_0の近傍$U(x_0) \in \mathcal{U}(x_0)$を定め得ることをいう．$X$の各点で連続となる写像$f: X \to Y$を，位相空間$(X, \mathfrak{T}_X)$から位相空間$(Y, \mathfrak{T}_Y)$への**連続写像**という．——

$f: X \to Y$がXの点x_0で連続というのは，直観的には，xがx_0に近くなれば，$f(x)$がy_0にいくらでも近くなることである．

これは，"y_0への近さを指定すれば，すなわち，y_0の近傍$V(y_0)$を指定すれば，それに応じて，x_0の近傍$U(x_0)$を定めて，$U(x_0)$の点はすべて$V(y_0)$に写されるようにできる"ことであると考えたのが，上述の定義である．

定義 12.2は，x, yの近傍基のとり方に依存しないことが，近傍基の定義(定義 9.3)から容易に証明できる．

連続写像について，次の定理は基本的である．

定理 12.1　$(X, \mathfrak{T}_X)$, $(Y, \mathfrak{T}_Y)$を位相空間，$f: X \to Y$を写像とするとき，次の5条件は同値である．

(i)　fは$(X, \mathfrak{T}_X)$から$(Y, \mathfrak{T}_Y)$への連続写像である．

(ii)　Yの任意の開集合Hに対し$f^{-1}(H)$はXの開集合である．

(iii)　Yの任意の閉集合Kに対し$f^{-1}(K)$はXの閉集合である．

(iv)　$A \subset X$ に対し，$f(\mathrm{Cl}\, A) \subset \mathrm{Cl}\, f(A)$（ここで，Cl はそれぞれの位相空間における閉包を表わす）.

（v）　Y の1つの開基 $\mathcal{B}$ に属する各開集合 W に対し，$f^{-1}(W)$ は X の開集合である.

証明　(i)⇒(ii)　$\mathcal{U}(x)$, $\mathcal{V}(y)$ をそれぞれ X, Y における x および y の近傍基とする．Y の開集合 H に対し，$G=f^{-1}(H)$ とおく．$x_0 \in G$, $y_0=f(x_0)$ とすれば，$y_0 \in H$ で H は Y の開集合だから，開集合の定義より

$$V(y_0) \subset H, \qquad V(y_0) \in \mathcal{V}(y_0)$$

を満たす y_0 の近傍 $V(y_0)$ がある．この $V(y_0)$ に対し，(i)により，

$$x \in U(x_0) \Longrightarrow f(x) \in V(y_0)$$

が成り立つように，x_0 の近傍 $U(x_0) \in \mathcal{U}(x_0)$ を定めることができる．したがって

$$x \in U(x_0) \Longrightarrow f(x) \in V(y_0) \subset H.$$

すなわち，$U(x_0) \subset f^{-1}(H)=G$．よって，$G$ は X の開集合である.

(ii)⇒(i)　$V(y_0) \in \mathcal{V}(y_0)$ は Y の開集合だから，(ii)により，$f^{-1}(V(y_0))$ は X の開集合である．$x_0 \in f^{-1}(V(y_0))$ なる故

$$U(x_0) \subset f^{-1}(V(y_0)), \qquad U(x_0) \in \mathcal{U}(x_0)$$

を満たす $U(x_0)$ がある．よって，(3)が成り立つ.

(ii) ⟺ (iii)　$B \subset Y$ に対し，$X-f^{-1}(B)=f^{-1}(Y-B)$ となる．したがって，(ii)を仮定し，B を Y の閉集合とすれば，$Y-B$ は Y の開集合であるから，$X-f^{-1}(B)$ は X の開集合．よって，$f^{-1}(B)$ は X の閉集合となり，(iii)が成り立つ．同様に，(iii)⇒(ii) が証明される.

(iii)⇒(iv)　$A \subset X$, $B=\mathrm{Cl}\, f(A)$ とおけば，B は Y の閉集合．(iii)により，$f^{-1}(B)$ は X の閉集合で，$A \subset f^{-1}(B)$ だから，$\mathrm{Cl}\, A \subset f^{-1}(B)$．よって，$f(\mathrm{Cl}\, A) \subset f(f^{-1}(B)) \subset B=\mathrm{Cl}\, f(A)$.

(iv)⇒(iii)　B を Y の閉集合とし，$A=f^{-1}(B)$ とおけば，(iv) より，$f(\mathrm{Cl}\,A)\subset\mathrm{Cl}\,f(A)\subset\mathrm{Cl}\,B=B$. よって，$\mathrm{Cl}\,A\subset f^{-1}(B)=A$，すなわち，$A$ は X の閉集合である.

(v)⇒(ii)　H を Y の任意の開集合とすれば，$H=\bigcup\{W_\lambda\mid\lambda\in\Lambda\}$ となる $W_\lambda\in\mathcal{B}$ $(\lambda\in\Lambda)$ が存在する. 各 $f^{-1}(W_\lambda)$ は X の開集合であるから，$f^{-1}(H)=\bigcup f^{-1}(W_\lambda)$ も X の開集合である.

(ii)⇒(v)　明らか. ▌

例 12.1　$\mathfrak{T}_1, \mathfrak{T}_2$ は集合 X の2つの位相で，$\mathfrak{T}_1$ は $\mathfrak{T}_2$ より強い(定義 8.4)とすれば，$(X, \mathfrak{T}_2)$ の開集合はすべて $(X, \mathfrak{T}_1)$ の開集合であるから，恒等写像 $1_X: X\to X$ は，位相空間 $(X, \mathfrak{T}_1)$ から位相空間 $(X, \mathfrak{T}_2)$ への連続写像である.

定理 12.2　$(X, \mathfrak{T})$ は位相空間で $Y\subset X$ とする. このとき，包含写像 $i: Y\to X$(§2 参照)は，部分空間 $(Y, \mathfrak{T}\cap Y)$ から $(X, \mathfrak{T})$ への連続写像となる. 特に，相対位相は，包含写像が $(Y, \mathfrak{T}')$ から $(X, \mathfrak{T})$ への連続写像となるような最も弱い Y の位相 $\mathfrak{T}'$ と一致する.

証明　X の開集合 G に対し $i^{-1}(G)=Y\cap G$ となり，これは部分空間 Y の開集合である. 後半は明らかである. ▌

例 12.1 および定理 12.2 からも分かるように，連続写像であることを確かめるためには，定理 12.1 の条件(ii)が便利であり，むしろこれを定義にとるのがよいが，直観的に分かり易いのは定義 12.2 である. 次の定理も，定理 12.1 の条件(ii)を用いれば，容易に証明される. また，今後は，f が位相空間 X から位相空間 Y への連続写像であることを，$f: X\to Y$ が連続(または連続写像)ということにする.

定理 12.3　$f: X\to Y$, $g: Y\to Z$ が連続ならば，f と g の合成写像 $g\circ f: X\to Z$ も連続である.

証明　H を Z の開集合とすれば，g が連続だから，$g^{-1}(H)$ は Y

の開集合，したがって，$(g\circ f)^{-1}(H)=f^{-1}(g^{-1}(H))$ は f の連続性から，X の開集合である．よって，$g\circ f$ は連続である．∎

定理 12.4 $f:X\to Y$ が連続で $A\subset X$ ならば，f を A に制限した写像(§2 参照) $f|A:A\to Y$ も連続である．

定理 12.5 $f:X\to Y$ が連続ならば，$g:X\to f(X)$ を，$X\ni x$ に対し $g(x)=f(x)$ により定めるとき，g は連続である．また，$f=j\circ g$，ただし $j:f(X)\to Y$ は包含写像とする．——

これらの定理においては，A や $f(X)$ はもちろん部分空間として考えているわけである．

定理 12.4, 12.5 の証明 H を Y の開集合とすれば $(f|A)^{-1}(H)=A\cap f^{-1}(H)$ であり，これは部分空間 A の開集合である．また，

$$g^{-1}(H\cap f(X))=f^{-1}(H\cap f(X))=f^{-1}(H)\cap f^{-1}f(X)=f^{-1}(H)$$

となるから，定理 12.1 より，g も連続写像である．∎

次の定理は連続写像の構成にしばしば用いられる．

定理 12.6 X, Y を位相空間，$f:X\to Y$ を写像とするとき，X の閉集合 A, B が存在して，$X=A\cup B$ かつ

$$f|A:A\longrightarrow Y,\qquad f|B:B\longrightarrow Y$$

が共に連続となるならば，$f:X\to Y$ も連続である．

証明 $f_1=f|A$, $f_2=f|B$ とおく．K を Y の任意の閉集合とすれば，$X=A\cup B$ より

$$\begin{aligned}f^{-1}(K)&=f^{-1}(K)\cap(A\cup B)=(f^{-1}(K)\cap A)\cup(f^{-1}(K)\cap B)\\&=f_1^{-1}(K)\cup f_2^{-1}(K)\end{aligned}$$

となる．f_1 は連続だから，定理 12.1 の (iii) より，$f_1^{-1}(K)$ は A の閉集合，A は X の閉集合なるゆえ，定理 11.5 の後の注意より，$f_1^{-1}(K)$ は X の閉集合となる．同様に，$f_2^{-1}(K)$ も X の閉集合である．よって，$f^{-1}(K)$ は X の閉集合となるから，再び定理 12.1 の (iii) より，f は連続である．∎

問1 定理12.6において，A, Bを共に開集合としても同様の結論が得られることを示せ.

$f: X \to Y$が連続となるための定理12.1の条件(ii)，(iii)において，逆像の代りにfによる像を考えれば，次の定義が生ずる.

定義 12.3 X, Yを位相空間とし，$f: X \to Y$を写像とする．Xの任意の開集合Gの像$f(G)$がYの開集合となるとき，fを**開写像**といい，Xの任意の閉集合Fの像$f(F)$がYの閉集合となるとき，fを**閉写像**という.——

連続写像と開写像，閉写像とは混同しないよう注意する必要がある．連続写像は必ずしも開写像にも閉写像にもならず，また，開写像，閉写像は連続とは限らない.

例 12.2 例12.1において，$\mathfrak{T}_1 \neq \mathfrak{T}_2$で$\mathfrak{T}_1$が$\mathfrak{T}_2$より強いとする．したがって，$\mathfrak{T}_1$に属し，$\mathfrak{T}_2$に属さない集合$G$がある．恒等写像$1_X: X \to X$を$(X, \mathfrak{T}_1)$から$(X, \mathfrak{T}_2)$への写像$f$とみれば，$f$は連続であるが，開写像でも閉写像でもない($f(G)$は$(X, \mathfrak{T}_2)$の開集合でないから)．逆に，$1_X$を$(X, \mathfrak{T}_2)$から$(X, \mathfrak{T}_1)$への写像$g$とみれば，$g$は開写像でもあり閉写像でもあるが，連続ではない($g^{-1}(G)$は$(X, \mathfrak{T}_2)$の開集合でないから)．——

次の定理は距離空間に特有なものである.

定理 12.7 (X, ρ_1)，(Y, ρ_2)を距離空間とし，$f: X \to Y$を写像とするとき，次の条件は同値である.

(i) fは連続である.

(ii) Xの点列$\{x_n\}$がXの点xに収束すれば，Yの点列$\{f(x_n)\}$はYの点$f(x)$に収束する.

証明 (i)$\Rightarrow$(ii) $\varepsilon>0$に対し，fの連続性より，

$$\rho_1(x, x') < \delta \Longrightarrow \rho_2(f(x), f(x')) < \varepsilon \tag{4}$$

となる$\delta>0$が存在する．$x_n \to x$より

(5) $$n > n_0 \Longrightarrow \rho_1(x, x_n) < \delta$$

となる $n_0 \in \boldsymbol{N}$ がある. (4)と(5)より

$$n > n_0 \Longrightarrow \rho_2(f(x), f(x_n)) < \varepsilon.$$

よって, $f(x_n) \to f(x)$, すなわち, (ii)が成り立つ.

(ii)⇒(i) f が X の点 x_0 で連続でなければ, どのような $\delta>0$ をとっても, $\rho_1(x_0, x)<\delta \Rightarrow \rho_2(f(x_0), f(x))<\varepsilon_0$ が成立しないような $\varepsilon_0>0$ が存在する. そこで, $\delta=1/n$ の場合を考えると

$$\rho_1(x_0, x_n) < 1/n, \qquad \rho_2(f(x_0), f(x_n)) \geqq \varepsilon_0$$

を満たす X の点 x_n が存在することになる. ここで点列 $\{x_n\}$ を考えれば

$$\rho_1(x_0, x_n) \longrightarrow 0 \quad \text{すなわち} \quad x_n \longrightarrow x,$$
$$\rho_2(f(x_0), f(x_n)) \geqq \varepsilon_0$$

となり, (ii)が成立しない. ▌

距離空間については, 更に次の定理が有用である.

定理 12.8 (X, ρ) を距離空間, $X \supset A$ のとき, 写像

$$X \ni x \longmapsto \rho(x, A) \in \boldsymbol{R}$$

は連続である. ただし, $\rho(x, A) = \inf\{\rho(x, y) \mid y \in A\}$ (定義 7.3).

証明 $x, x' \in X$ とする. $a \in A$ とすれば,

$$\rho(x, A) \leqq \rho(x, a) \leqq \rho(x, x') + \rho(x', a).$$

すなわち,

$$\rho(x, A) - \rho(x, x') \leqq \rho(x', a) \qquad (a \in A).$$

よって, 右辺の下限をとって, 再び移項すれば,

(6) $$\rho(x, A) \leqq \rho(x, x') + \rho(x', A).$$

x と x' の立場をいれ換えれば,

(7) $$\rho(x', A) \leqq \rho(x', x) + \rho(x, A).$$

(6), (7)より

$$|\rho(x, A) - \rho(x', A)| \leqq \rho(x, x').$$

したがって，任意の $\varepsilon>0$ に対し

$$\rho(x, x')<\varepsilon \Longrightarrow |\rho(x, A)-\rho(x', A)|<\varepsilon.$$

よって，$\rho(x, A)$ は連続な関数である．▌

ここで，位相空間で定義された連続関数について，基本的な性質をいくつか述べよう．

f, g を位相空間 X で定義された連続関数とするとき，$x \in X$ に対し，

$$f(x)+g(x), \quad f(x)g(x), \quad |f(x)|, \quad 1/f(x)$$

を対応させる関数を，それぞれ

$$f+g, \quad f\cdot g, \quad |f|, \quad 1/f$$

で表わす(ただし，$1/f$ の場合は，$f(x) \neq 0$ $(x \in X)$ とする)．

このとき，微積分での ε, δ 論法と全く同様な証明により，次の定理を得る(証明省略)．

定理 12.9 $f+g$, $f\cdot g$, $|f|$, $1/f$ は連続関数である．——

更に，対応

$$X \ni x \longmapsto \sup(f(x), g(x)), \qquad X \ni x \longmapsto \inf(f(x), g(x))$$

を表わす写像をそれぞれ，

$$\sup(f, g), \quad \inf(f, g)$$

とすれば，等式

$$\sup(f, g)=\frac{1}{2}(f+g+|f-g|),$$

$$\inf(f, g)=\frac{1}{2}(f+g-|f-g|)$$

により，$\sup(f, g)$，$\inf(f, g)$ は連続であることがわかる．

問 2 位相空間 X で定義された関数 f が連続となるためには，任意の実数 c に対し

$$\{x \in X \mid f(x)>c\} \quad \text{および} \quad \{x \in X \mid f(x)<c\}$$

が共に X の開集合となることが必要十分であることを証明せよ．

定理 12.10 f, g を位相空間 X 上の連続関数，D を X において稠密な集合とする．D の各点 x に対し，$f(x)=g(x)$ となるならば，X のすべての点 x に対し，$f(x)=g(x)$，すなわち $f=g$ となる．

証明 $f(x_0) \neq g(x_0)$ となる点 $x_0 \in X$ があれば，

$$\varepsilon_0 = |f(x_0)-g(x_0)|/2,$$
$$G = \{x \in X \mid |f(x)-f(x_0)|<\varepsilon_0\},$$
$$H = \{x \in X \mid |g(x)-g(x_0)|<\varepsilon_0\}$$

とおくと，G, H は開集合で，$x_0 \in G \cap H$．D は X で稠密だから，$D \cap G \cap H \neq \phi$，よって，$x \in D \cap G \cap H$ とすれば，

$$f(x) = g(x) \in U(f(x_0)\,;\varepsilon_0) \cap U(g(x_0)\,;\varepsilon_0).$$

ところで，ε_0 のきめ方より，右辺は空集合であり，矛盾が生じる．∎

特に，$X=\boldsymbol{R}$ で $D=\boldsymbol{Q}$ の場合，上の定理は微積分でよく知られた定理となるが，ここでは次の例に応用しよう．

例 12.3 $\boldsymbol{R}$ 上の連続関数全体の集合を $C(\boldsymbol{R})$ とおけば，card $C(\boldsymbol{R})=\mathfrak{c}$．（証明．$f \in C(\boldsymbol{R})$ に対し，写像

$$f|\boldsymbol{Q} : \boldsymbol{Q} \longrightarrow \boldsymbol{R}$$

を対応させれば，定理 12.10 より，この対応は単射である．よって，系 4.12 により，

$$\mathrm{card}\, C(\boldsymbol{R}) \leqq \mathrm{card}\, \boldsymbol{R}^{\boldsymbol{Q}} = \mathfrak{c}^{\aleph_0} = \mathfrak{c}.$$

一方，各実数 $a \in \boldsymbol{R}$ に対し，定値写像

$$f_a(x) = a \qquad (x \in \boldsymbol{R})$$

を考えると，$f_a \in C(\boldsymbol{R})$ で，対応 $a \mapsto f_a$ は単射となるから，

$$\mathfrak{c} = \mathrm{card}\, \boldsymbol{R} \leqq \mathrm{card}\, C(\boldsymbol{R}).$$

よって，card $C(\boldsymbol{R})=\mathfrak{c}$ となる．∎）

定義 12.4 g，g_n $(n \in \boldsymbol{N})$ は位相空間 X で定義された関数とする．関数列 $\{g_n\}$ が g に**一様収束**するとは，任意の正数 ε に対し，1つの自然数 $n_0(\varepsilon)$ を定めて

$$n > n_0(\varepsilon),\ x \in X \Longrightarrow |g(x) - g_n(x)| < \varepsilon$$

が成り立つようにできることをいう.

X の各点 x において, 数列 $\{g_n(x)\}$ が実数 $g(x)$ に収束することを, $\{g_n\}$ は g に**各点収束**するという. ——

$\{g_n\}$ が g に各点収束すれば, $\varepsilon>0$ が与えられたとき, X の点 x に応じて1つの自然数 $n_0(\varepsilon;x)$ を定めて

$$n > n_0(\varepsilon;x) \Longrightarrow |g(x) - g_n(x)| < \varepsilon$$

が成り立つようにできるが, 点 x が動けば, $n_0(\varepsilon;x)$ も動く. 点 x が動いても, $n_0(\varepsilon;x)$ を x に関係しない自然数 $n_0(\varepsilon)$ にとれるというのが, 一様収束のことである.

定理 12.11 g, g_n $(n \in \boldsymbol{N})$ は位相空間 X 上の関数で, $\{g_n\}$ は g に一様収束するものとする. 各 g_n $(n \in \boldsymbol{N})$ が連続ならば, g も連続である.

証明 ε を与えられた正数とする. 仮定により

$$(*) \qquad n > n_0(\varepsilon/3),\ x \in X \Longrightarrow |g(x) - g_n(x)| < \varepsilon/3$$

が成り立つように, 自然数 $n_0(\varepsilon/3)$ を定めることができる. $m > n_0(\varepsilon/3)$ を満たす m を1つとる. $x_0 \in X$ とすれば, g_m は x_0 で連続だから

$$x \in U(x_0) \Longrightarrow |g_m(x) - g_m(x_0)| < \varepsilon/3$$

を満たす x_0 の近傍 $U(x_0)$ が存在する. このとき, $x \in U(x_0)$ に対し, $m > n_0(\varepsilon/3)$ より $(*)$ を適用して

$$\begin{aligned}|g(x) - g(x_0)| &\leqq |g(x) - g_m(x)| + |g_m(x) - g_m(x_0)| \\ &\quad + |g_m(x_0) - g(x_0)| < \varepsilon/3 + \varepsilon/3 + \varepsilon/3 = \varepsilon\end{aligned}$$

が成り立つ. したがって, g は連続である. ▌

注意 $\{g_n\}$ が g に各点収束するだけでは, g_n $(n \in \boldsymbol{N})$ の連続性から g の連続性は結論できない.

次の定理は, **Weierstrass の M-判定法**としてよく利用される.

定理 12.12 各 $n \in \boldsymbol{N}$ に対し，f_n は位相空間 X で定義された連続関数であって，正数列 $\{M_n\}$ は

(i) X の各点 x に対し，$|f_n(x)| \leqq M_n\ (n \in \boldsymbol{N})$，

(ii) 無限級数 $\sum_{n=1}^{\infty} M_n$ は収束する，

を満たすと仮定する．このとき，級数

$$f(x) = \sum_{n=1}^{\infty} f_n(x)$$

は，各 $x \in X$ に対し収束し，f は連続関数となる．

証明は，微積分での証明と同様であるので省略する．

§13 位相写像

写像 $f: X \to Y$ が全単射であれば，逆写像 $f^{-1}: Y \to X$ が存在する．

定義 13.1 X, Y を位相空間とするとき，$f: X \to Y$ が全単射であって，$f: X \to Y$，$f^{-1}: Y \to X$ がいずれも連続である場合，f を**位相写像**または**同相写像**(homeomorphism)といい，$f: X \cong Y$ で表わす．位相空間 X, Y は，位相写像 $f: X \cong Y$ が存在するとき，**同位相**または**同相**(homeomorphic)といい，$X \cong Y$ で表わす．

例 13.1 $X = \boldsymbol{R}$，$Y = (-1, 1)$ (Y は $\boldsymbol{R}$ の部分空間) とし，$f(x) = x/(1+|x|)$ とおけば，$f: X \cong Y$ (なぜなら，$g(y) = y/(1-|y|)$ とすれば，$g = f^{-1}$ で，f, g は連続であるから)．

例 13.2 3 次元 Euclid 空間 $\boldsymbol{R}^3$ において

$$S^2 = \{(x_1, x_2, x_3) \mid {x_1}^2 + {x_2}^2 + {x_3}^2 = 1\}, \qquad q = (0, 0, 1)$$

とおき，点 q と $S^2 - \{q\}$ の点 (x_1, x_2, x_3) を結ぶ直線と平面 $x_3 = 0$ との交点をとって，

$$f((x_1, x_2, x_3)) = \left(\frac{x_1}{1-x_3}, \ \frac{x_2}{1-x_3}\right) \in \boldsymbol{R}^2$$

とおけば，$f: S^2 - \{q\} \cong \boldsymbol{R}^2$ となる．この写像は極射影と呼ばれ，複

素関数論で，複素平面$(=\boldsymbol{R}^2)$に無限遠点をつけ加えてS^2にする操作としてよく知られている．——

同相の関係は，位相空間の間の1つの同値関係である．これは，次のことからわかる．

(i) $1_X : X \cong X$.

(ii) $f : X \cong Y \Longrightarrow f^{-1} : Y \cong X$.

(iii) $f : X \cong Y,\ g : Y \cong Z \Longrightarrow g \circ f : X \cong Z$.

位相空間の1つの性質で，この位相空間と同相の空間には必ず現われるものを，**位相的性質**という．例えば，$f : X \cong Y$ならば，fはもちろん全単射であるから，$\mathrm{card}\, X = \mathrm{card}\, Y$．したがって，1つの位相空間の集合としての濃度は位相的性質である．幾何学を変換群の不変量の研究として捉えたF. Kleinにならって，トポロジーは位相的性質を研究する学問ということができる(もちろん，これに関連することの研究をも含めなければならない)．

補題 13.1 X, Yを位相空間，$f : X \to Y$が全単射で連続であるとき，fが位相写像となるためには，fが開写像(または閉写像)であることが必要十分である．

証明 $g = f^{-1} : Y \to X$とおけば，$A \subset X$に対し，$g^{-1}(A) = f(A)$だから

$$g \text{ は連続} \Longleftrightarrow f \text{ は開写像(または閉写像)}$$

が成り立つ．▌

例 13.3 $X = [0, 1)$, $Y = S^1 \subset \boldsymbol{R}^2$ (例 11.1)とし，

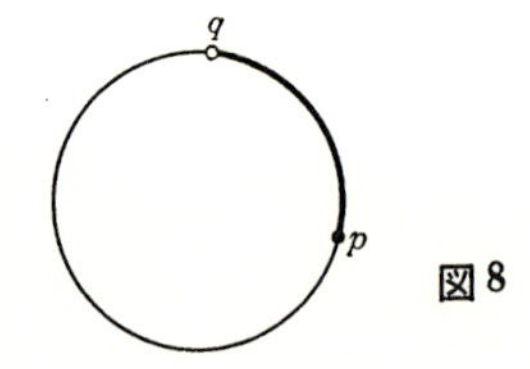

図8

$$f(x)=(\cos 2\pi x, \sin 2\pi x)$$

とおけば，$f:X\to Y$ は全単射で連続であるが，X の開集合 $A=[0, 1/4)$ の f による像は，円周 S^1 上の弧 $\widehat{pq}$ から q を除いたものとなり，S^1 の開集合とはならないから，f は位相写像ではない．

定理 13.2 $f:X\cong Y$ で，$A\subset X$，$f(A)=B$ とすれば

$$f|A:A\cong B, \qquad f|(X-A):X-A\cong Y-B.$$

ただし，ここでは，$f|A$，$f|(X-A)$ は終域をそれぞれ B, $Y-B$ に縮めたものを示す．

証明 $f|A$ は定理 12.4, 12.5 により連続である．同様に $f^{-1}|B: B\to A$ も連続で，$(f|A)^{-1}=f^{-1}|B$ より，$f|A:A\cong B$. ▮

補題 13.1 によれば，位相空間の性質で開集合だけを用いて表わされる性質はすべて位相的性質である．

$f:X\to Y$ が単射で連続のとき，f の終域を $f(X)$ に縮めた写像 $g:X\to f(X)$ により，$g:X\cong f(X)$ となる場合，f を**埋め込み**（または**埋蔵**）という．この場合に，$f(X)$ と X とを同一視して，X を Y の部分空間として取り扱うことができる．例えば，例 13.2 により，Euclid 平面 $\boldsymbol{R}^2$ は 2 次元球面 S^2 の部分空間とみなすことができる．

問 単射 $f:(X,\mathfrak{T})\to(Y,\mathfrak{T}')$ について，次を証明せよ．

$$f \text{ は埋蔵} \Longleftrightarrow \mathfrak{T}=\{f^{-1}(H)\mid H\in\mathfrak{T}'\}.$$

練 習 問 題 2

1 次の条件は同値であることを証明せよ．

(i) $f:X\to Y$ は連続である．

(ii) 任意の $B\subset Y$ に対し，$f^{-1}(\mathrm{Int}\, B)\subset \mathrm{Int}\, f^{-1}(B)$.

(iii) 任意の $B\subset Y$ に対し，$f^{-1}(\mathrm{Cl}\, B)\supset \mathrm{Cl}(f^{-1}(B))$.

(iv) 任意の $B\subset Y$ に対し，$\mathrm{Bd}(f^{-1}(B))\subset f^{-1}(\mathrm{Bd}\, B)$.

2 例 7.2 の距離空間 $(C(I), d)$ において，$f\in C(I)$ に対し，

$$\varphi(f)=\int_0^1 f(t)\,dt$$

とおけば，$\varphi: C(I) \to \boldsymbol{R}$ は連続写像であることを証明せよ．

3　(i)　$f: X \to Y$ が連続ならば，X の任意の収束点列 $\{x_n\}$ に対し，$\{f(x_n)\}$ は Y の収束点列となることを証明せよ．

(ii)　X は例 10.4 の位相空間，Y は集合 X に離散位相を与えた空間，$f: X \to Y$ は恒等写像とする．このとき，この f により，(i)の逆は成立しないことを証明せよ．

4　$f: X \to Y$ が開写像であるためには，任意の $B \subset Y$ に対し，$f^{-1}(\mathrm{Cl}\,B) \subset \mathrm{Cl}\,f^{-1}(B)$ となることが必要十分であることを証明せよ．

5　$f: X \to Y$ が閉写像であるためには，X の任意の開集合 U に対し，$\{y \in Y \mid f^{-1}(y) \subset U\}$ が Y の開集合となることが必要十分であることを証明せよ．

6　$f: X \to Y$ は全射，$\varphi: X \to I=[0,1]$ は連続写像とする．写像 $\psi: Y \to I$ を，$\psi(y)=\inf\{\varphi(x) \mid x \in f^{-1}(y)\}$ で定めると，

(i)　f が開写像 $\Longrightarrow \psi^{-1}([0,r))$ は Y の開集合，

(ii)　f が閉写像 $\Longrightarrow \psi^{-1}((r,1])$ は Y の開集合，

(iii)　f が開写像かつ閉写像 $\Longrightarrow \psi$ は連続，

となることを証明せよ．

7　写像 $f: (X,\rho) \to (Y,\rho')$ が，$\rho'(f(x), f(x'))=\rho(x,x')$　$(x, x' \in X)$ を満たすならば，f は埋蔵となることを証明せよ．

8　$a \in I$ に対し，$f_a \in C(I)$ を，$f_a(t)=a$ $(t \in I)$ と定めたとき，$\varphi: I \to (C(I), d)$；$\varphi: a \mapsto f_a$ は埋蔵となることを証明せよ．

第3章　位相空間の構成

与えられた位相空間から新しい位相空間を構成することについて論じるのが本章の目的である．前節で述べた部分空間の構成もこのうちの1つであり，本章ではさらに，積空間，商空間，直和空間について論じる．いくつかの与えられた位相空間から新しい位相空間を構成する方法は，原則的には2つの方法にまとめられるが，上述の4つの型の空間構成の組み合わせによってすべて得られることが証明できるのである(定理15.6参照)．

本章では，まず積空間について述べるが，無限個の空間の積の場合に比べて，2個の位相空間の積は，直観的に理解し易いため，まずこの場合の解説から始めることにしよう．

§14　積空間

平面は直線と直線との積であるというが，ここでは一般に位相空間の積について考えよう．

まず，位相空間 X, Y の位相が，それぞれ近傍系

$$\mathcal{U} = \{\mathcal{U}(x) \mid x \in X\}, \qquad \mathcal{V} = \{\mathcal{V}(y) \mid y \in Y\}$$

で定められている場合は，直積集合 $X \times Y$ の元 (x, y) の近傍として，x の近傍と y の近傍の直積集合をとるのが自然であろう．そこで

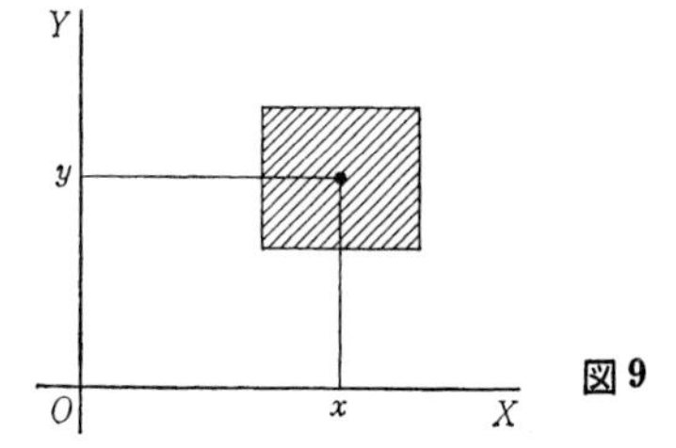

図9

$$\mathscr{W}(x, y) = \{U \times V \mid U \in \mathscr{U}(x),\ V \in \mathscr{V}(y)\},$$
$$\mathscr{W} = \{\mathscr{W}(x, y) \mid (x, y) \in X \times Y\}$$

とおく.

補題 14.1 $\mathscr{W}$ は $X \times Y$ の1つの近傍系である.

証明 $(x', y') \in U \times V$, $U \in \mathscr{U}(x)$, $V \in \mathscr{V}(y)$ とすれば, $x' \in U$, $y' \in V$ より

$$U' \subset U, \quad U' \in \mathscr{U}(x'); \quad V' \subset V, \quad V' \in \mathscr{V}(y')$$

となる U', V' がある. このとき,

$$U' \times V' \subset U \times V, \quad U' \times V' \in \mathscr{W}(x', y').$$

よって, $\mathscr{W}$ は近傍系の条件 N_3 を満たす. N_1, N_2 については明らかである. ▌

さて, この $\mathscr{W}$ によって定まる $X \times Y$ の位相 $\mathfrak{T}(\mathscr{W})$ を, X の位相 $\mathfrak{T}(\mathscr{U})$, Y の位相 $\mathfrak{T}(\mathscr{V})$ を用いて直接定めるにはどうしたらよいであろうか. これを次に考えよう.

直積集合 $X \times Y$ から X および Y への射影を

$$p_X : X \times Y \longrightarrow X, \quad p_X(x, y) = x;$$
$$p_Y : X \times Y \longrightarrow Y, \quad p_Y(x, y) = y$$

とする. このとき,

(i) $$p_X : (X \times Y, \mathfrak{T}(\mathscr{W})) \longrightarrow (X, \mathfrak{T}(\mathscr{U})),$$
$$p_Y : (X \times Y, \mathfrak{T}(\mathscr{W})) \longrightarrow (Y, \mathfrak{T}(\mathscr{V}))$$

は連続である. なぜなら, $(x, y) \in X \times Y$, $U \in \mathscr{U}(x)$, $V \in \mathscr{V}(y)$ に対し, $U \times V \in \mathscr{W}(x, y)$ であって

$$p_X(U \times V) \subset U, \quad p_Y(U \times V) \subset V$$

となるからである.

(ii) $$p_X : (X \times Y, \mathfrak{T}_0) \longrightarrow (X, \mathfrak{T}(\mathscr{U})),$$
$$p_Y : (X \times Y, \mathfrak{T}_0) \longrightarrow (Y, \mathfrak{T}(\mathscr{V}))$$

が連続写像となるような $X \times Y$ の1つの位相 $\mathfrak{T}_0$ があるとする. U

$\in \mathcal{U}(x)$, $V \in \mathcal{V}(y)$ とすれば, p_X, p_Y は連続だから, $p_X{}^{-1}(U)$, $p_Y{}^{-1}(V) \in \mathfrak{T}_0$. よって,

$$U \times V = (U \times Y) \cap (X \times V) = p_X{}^{-1}(U) \cap p_Y{}^{-1}(V) \in \mathfrak{T}_0.$$

$\mathfrak{T}(\mathcal{W})$ に属する集合は, すべて, これら $U \times V$ ($U \in \mathcal{U}(x)$, $V \in \mathcal{V}(y)$) の和であるから, $\mathfrak{T}(\mathcal{W}) \subset \mathfrak{T}_0$.

(i), (ii) より, 次の補題が証明された.

補題 14.2 $X \times Y$ の位相 $\mathfrak{T}(\mathcal{W})$ は, 射影

$$p_X : (X \times Y, \mathfrak{T}_0) \longrightarrow (X, \mathfrak{T}(\mathcal{U})),$$
$$p_Y : (X \times Y, \mathfrak{T}_0) \longrightarrow (Y, \mathfrak{T}(\mathcal{V}))$$

が連続となるような $X \times Y$ の位相 $\mathfrak{T}_0$ のうち最も弱いものである. ——

$$\mathcal{L} = \{p_X{}^{-1}(G) \mid G \in \mathfrak{T}(\mathcal{U})\} \cup \{p_Y{}^{-1}(H) \mid H \in \mathfrak{T}(\mathcal{V})\}$$

とおくと, 補題 14.2 により, $\mathcal{L} \subset \mathfrak{T}(\mathcal{W})$ であって, $\mathcal{L}$ が生成する $X \times Y$ の位相 $\mathfrak{T}$ は, 補題 14.2 で述べた $\mathfrak{T}_0$ の性質をもつ. よって, $\mathfrak{T} = \mathfrak{T}(\mathcal{W})$ すなわち $\mathfrak{T}(\mathcal{W})$ は $\mathcal{L}$ によって生成される.

定義 14.1 位相空間 $(X, \mathfrak{T}_1)$, $(Y, \mathfrak{T}_2)$ に対し, 射影 $p_X : (X \times Y, \mathfrak{T}_0) \to (X, \mathfrak{T}_1)$, $p_Y : (X \times Y, \mathfrak{T}_0) \to (Y, \mathfrak{T}_2)$ が連続となる $X \times Y$ の位相 $\mathfrak{T}_0$ のうち最も弱いもの, すなわち,

$$\mathcal{L} = \{p_X{}^{-1}(G) \mid G \in \mathfrak{T}_1\} \cup \{p_Y{}^{-1}(H) \mid H \in \mathfrak{T}_2\}$$

によって生成される $X \times Y$ の位相を, $\mathfrak{T}_1$ と $\mathfrak{T}_2$ の**積位相**といい, $\mathfrak{T}_1 \times \mathfrak{T}_2$ で表わす. 位相空間 $(X \times Y, \mathfrak{T}_1 \times \mathfrak{T}_2)$ を, 位相空間 $(X, \mathfrak{T}_1)$ と $(Y, \mathfrak{T}_2)$ の**積**または**積空間**という. 普通, $\mathfrak{T}_1 \times \mathfrak{T}_2$ を省略して, $X \times Y$ で積空間を表わす. ——

補題 14.1 の近傍系 $\mathcal{W}$ を $\mathcal{U} \times \mathcal{V}$ で表わすことにすれば, 次の定理が成り立つ.

定理 14.3 $\qquad \mathfrak{T}(\mathcal{U} \times \mathcal{V}) = \mathfrak{T}(\mathcal{U}) \times \mathfrak{T}(\mathcal{V}).$

定義 14.1 の $\mathcal{L}$ から有限個の集合をとり, これらの共通部分全体

からなる族 $\mathscr{L}^*$ は，

$$p_X{}^{-1}(G)\cap p_X{}^{-1}(G')=p_X{}^{-1}(G\cap G'),$$
$$p_Y{}^{-1}(H)\cap p_Y{}^{-1}(H')=p_Y{}^{-1}(H\cap H'),$$
$$p_X{}^{-1}(G)\cap p_Y{}^{-1}(H)=(G\times Y)\cap(X\times H)=G\times H$$

より，

$$\mathscr{L}^*=\{G\times H\,|\,G\in\mathfrak{T}_1,\ H\in\mathfrak{T}_2\}.$$

したがって，定理9.9より次の定理が得られる．

定理 14.4　$\{G\times H\,|\,G$ は X の開集合，H は Y の開集合$\}$ は，積空間 $X\times Y$ の開基である．——

次に，X, Y が距離空間の場合を考えよう．

定理 14.5　(X,ρ_1), (Y,ρ_2) を距離空間とするとき，

$$\rho((x,y),(x',y'))=\sqrt{\rho_1(x,x')^2+\rho_2(y,y')^2}$$

(ただし $(x,y),(x',y')\in X\times Y$) は，直積集合 $X\times Y$ 上の距離関数で，ρ の定める距離位相 $\mathfrak{T}(\rho)$ は，積位相 $\mathfrak{T}(\rho_1)\times\mathfrak{T}(\rho_2)$ と一致する．

証明　ρ が距離関数となることは次の問としよう．

ρ_1, ρ_2 および ρ に関する ε 近傍をそれぞれ $U(x\,;\varepsilon)$, $V(y\,;\varepsilon)$, $W((x,y)\,;\varepsilon)$ $(x\in X,\ y\in Y)$ とすれば，

(1)　　$U(x\,;\varepsilon/\sqrt{2})\times V(y\,;\varepsilon/\sqrt{2})\subset W((x,y)\,;\varepsilon),$

(2)　　$W((x,y)\,;\min(\varepsilon_1,\varepsilon_2))\subset U(x\,;\varepsilon_1)\times V(y\,;\varepsilon_2)$

が成り立つ．よって，これらの近傍によって定まる $X, Y, X\times Y$ の近傍系を，それぞれ $\mathscr{U},\mathscr{V},\mathscr{W}$ で表わすと，(1), (2) から，系9.6および定理14.3より

$$\mathfrak{T}(\rho)=\mathfrak{T}(\mathscr{W})=\mathfrak{T}(\mathscr{U}\times\mathscr{V})=\mathfrak{T}(\mathscr{U})\times\mathfrak{T}(\mathscr{V})=\mathfrak{T}(\rho_1)\times\mathfrak{T}(\rho_2).\ ▮$$

問 1　不等式 $\sqrt{\sum_{i=1}^{n}(a_i+b_i)^2}\leqq\sqrt{\sum_{i=1}^{n}a_i{}^2}+\sqrt{\sum_{i=1}^{n}b_i{}^2}$ を用い，定理14.5の ρ が距離関数となることを示せ．

例 14.1　上述の ρ の定義は，Euclid平面 $(\boldsymbol{R}^2, d_2)$ の距離の公式を一般化したものであって，

$$(\boldsymbol{R}^2, d_2) = (\boldsymbol{R}^1, d_1) \times (\boldsymbol{R}^1, d_1), \qquad (\boldsymbol{R}^3, d_3) = (\boldsymbol{R}^2, d_2) \times (\boldsymbol{R}^1, d_1).$$

例 14.2　円柱面 $\{(x, y, z) \in \boldsymbol{R}^3 \mid x^2+y^2=1,\ 0 \leqq z \leqq 1\}$ は，円周 $S^1 = \{(x, y) \in \boldsymbol{R}^2 \mid x^2+y^2=1\}$ と線分 $I=[0, 1]$ との積空間 $S^1 \times I$ に等しい．また，$\boldsymbol{R}^3$ において，xz 平面上の円周 $(x-a)^2+z^2=1\ (a>1)$ を z 軸のまわりに回転してできる曲面 X に対し，写像

$$f: (a\cos\theta+\cos\varphi\cos\theta,\ a\sin\theta+\cos\varphi\sin\theta,\ \sin\varphi)$$
$$\longmapsto ((\cos\theta, \sin\theta), (\cos\varphi, \sin\varphi)) \in S^1 \times S^1$$

により，$X \cong S^1 \times S^1$．ここで，$S^1 \times S^1$ を**トーラス**(torus)または**輪環面**という．

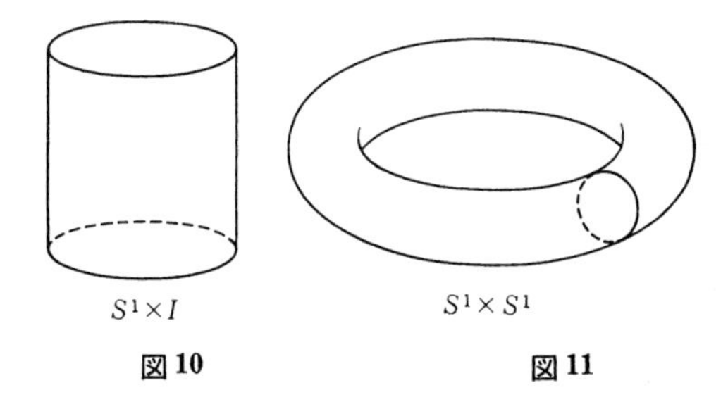

$S^1 \times I$　　　　$S^1 \times S^1$

図 10　　　　**図 11**

積空間の構成により，2変数の関数は1変数の関数として扱うことができる．写像についても同様．

例 14.3　距離空間 (X, ρ) において，距離関数 $\rho(x, y)$ が2変数 x, y の関数とみるとき連続というのは，写像

$$f: X \times X \ni (x, y) \longmapsto \rho(x, y) \in \boldsymbol{R}$$

が連続写像となることをいう(実際，$\varepsilon>0$ に対し，

$$(x', y') \in U(x\,;\varepsilon/2) \times U(y\,;\varepsilon/2)$$
$$\Longrightarrow |\rho(x', y')-\rho(x, y)| \leqq \rho(x', x)+\rho(y', y) < \varepsilon$$

となり，連続性がいえる)．

例 14.4　f, g が位相空間 X 上の連続関数のとき，$f+g$ の連続性

(定理 12.9)は次のようにも証明できる．まず

$$h: X \longrightarrow \boldsymbol{R}\times\boldsymbol{R}, \qquad h: x \longmapsto (f(x), g(x))$$

によって写像 h を定めると，h は連続となる(直接証明できるが詳しくは後の定理 14.8 参照)．さらに，連続写像

$$\varphi: \boldsymbol{R}\times\boldsymbol{R} \longrightarrow \boldsymbol{R}, \qquad \varphi: (s,t) \longmapsto s+t$$

をとれば，$f+g=\varphi\circ h$ となるから，$f+g$ は連続である．

問 2 例 14.4 と同様にして，$f\cdot g$ の連続性を証明せよ．

以上の議論は，有限個の位相空間 $X_1, X_2, \cdots, X_n$ の積空間 $X_1\times X_2\times\cdots\times X_n$ の場合に容易に拡張できるが，無限個の空間の場合にも拡張できることを示そう．

まず，集合族 $\{X_\lambda \mid \lambda\in\Lambda\}$ の直積集合の定義から始めよう．各集合 X_λ から1つずつ元 x_λ をとり，集合 $x=\{x_\lambda \mid \lambda\in\Lambda\}$ を作る．2つの集合 $x=\{x_\lambda \mid \lambda\in\Lambda\}$，$x'=\{x_\lambda' \mid \lambda\in\Lambda\}$ は，各 $\lambda\in\Lambda$ に対し $x_\lambda=x_\lambda'$ となるときに限り，$x=x'$ と定め，このような集合 x の全体を，

$$\prod_{\lambda\in\Lambda}\{X_\lambda \mid \lambda\in\Lambda\} \quad \text{または} \quad \prod_{\lambda\in\Lambda} X_\lambda \quad (\text{省略して，} \prod X_\lambda)$$

で表わし，$X_\lambda, \lambda\in\Lambda$ の**直積集合**という．$x=\{x_\lambda \mid \lambda\in\Lambda\}$ に対し，x_λ を x の λ 番目の座標または λ 座標といい，x に x_λ を対応させる写像

$$p_\lambda: \prod_{\lambda\in\Lambda} X_\lambda \longrightarrow X_\lambda, \qquad p_\lambda: x = \{x_\lambda \mid \lambda\in\Lambda\} \longmapsto x_\lambda$$

を，$\prod X_\lambda$ から X_λ への**射影**という．{ }の代りに，( )を用い，$x=(x_\lambda)$ とも書く．とくに，$\Lambda=\boldsymbol{N}$ のときは，$\prod_{\lambda\in\Lambda} X_\lambda$ を $\prod_{i=1}^{\infty} X_i$ と書き，$x=(x_1, x_2, \cdots)$ と書くことが多い．

直積集合は，次のような写像の集合

(3) $\{f: \Lambda \longrightarrow \bigcup\{X_\lambda \mid \lambda\in\Lambda\} \mid$ 各 $\lambda\in\Lambda$ に対し $f(\lambda)\in X_\lambda\}$

と考えてもよい．実際，$\prod X_\lambda$ の元 $x=(x_\lambda)$ に対し，$f_x(\lambda)=x_\lambda$ ($\lambda\in\Lambda$) とおけば，f_x は(3)の集合に属し，逆に，(3)の集合の元 f に対

しては，$x=\{f(\lambda)\mid\lambda\in\Lambda\}$ は $\prod X_\lambda$ の元となり，$f=f_x$，すなわち，$x\mapsto f_x$ は全単射となるからである．

とくに，各 X_λ がどれも X に等しいときは，(3)の集合は，Λ から X への写像全体の集合 X^Λ (§4)になるから，$\prod X_\lambda$ は X^Λ と書かれる．$X\times\cdots\times X$ (n 個)を X^n と書くように，$\mathfrak{m}$ を基数とするとき，card $\Lambda=\mathfrak{m}$ となる集合 Λ をとり，$X^\mathfrak{m}$ で X^Λ を表わすことが多い．

さて，位相空間の族 $\{(X_\lambda,\mathfrak{T}_\lambda)\mid\lambda\in\Lambda\}$ が与えられたとき，各射影 $p_\lambda:\prod X_\lambda\to X_\lambda$ が連続となるような，$\prod X_\lambda$ の最も弱い位相は，$X\times Y$ の場合と同様に，

(4) $$\mathscr{L}=\{p_\lambda^{-1}(G_\lambda)\mid G_\lambda\in\mathfrak{T}_\lambda,\ \lambda\in\Lambda\}$$

で生成される位相である．よって，定義 14.1 を拡張して，

定義 14.2　(4)の $\mathscr{L}$ で生成される直積集合 $\prod_{\lambda\in\Lambda}X_\lambda$ の位相を，$\mathfrak{T}_\lambda$，$\lambda\in\Lambda$ の**積位相**といい，$\prod_{\lambda\in\Lambda}\mathfrak{T}_\lambda$ で表わす．位相空間 $(\prod_{\lambda\in\Lambda}X_\lambda,\ \prod_{\lambda\in\Lambda}\mathfrak{T}_\lambda)$ を，位相空間 $(X_\lambda,\mathfrak{T}_\lambda)$，$\lambda\in\Lambda$ の**積**または**積空間**という．普通，$\prod_{\lambda\in\Lambda}\mathfrak{T}_\lambda$ を省略して，$\prod_{\lambda\in\Lambda}X_\lambda$ または $\prod\{X_\lambda\mid\lambda\in\Lambda\}$ で積空間を表わす．——

前の場合と同様に，$\mathscr{L}$ に属する有限個の集合から共通部分をとってできる集合全体の族 $\mathscr{L}^*$ は，Λ の有限部分集合 $\{\lambda_1,\cdots,\lambda_n\}$ と X_{λ_i} の開集合 G_{λ_i} $(1\leqq i\leqq n)$ で定まる集合 $\bigcap\{p_{\lambda_i}^{-1}(G_{\lambda_i})\mid i=1,\cdots,n\}$ からできている．いま，

$$\langle G_{\lambda_1},\cdots,G_{\lambda_n}\rangle=\bigcap\{p_{\lambda_i}^{-1}(G_{\lambda_i})\mid i=1,\cdots,n\}$$

とおけば，この集合は

(5) $$\langle G_{\lambda_1},\cdots,G_{\lambda_n}\rangle=\left\{(x_\lambda)\in\prod_{\lambda\in\Lambda}X_\lambda\mid x_{\lambda_i}\in G_{\lambda_i},\ i=1,\cdots,n\right\},$$

すなわち，$G_{\lambda_1},\cdots,G_{\lambda_n},X_\lambda$ $(\lambda\in\Lambda-\{\lambda_1,\cdots,\lambda_n\})$ の直積集合で，

$$\mathscr{L}^*=\{\langle G_{\lambda_1},\cdots,G_{\lambda_n}\rangle\mid G_{\lambda_i}\in\mathfrak{T}_{\lambda_i},\ i=1,\cdots,n;\ \{\lambda_1,\cdots,\lambda_n\}\subset\Lambda;\ n\in N\}$$

となる．定理 14.4 と同様に

定理 14.6　$\mathscr{L}^*$ は積空間 $\prod_{\lambda\in\Lambda} X_\lambda$ の開基である．すなわち，積空間 $\prod X_\lambda$ の開集合は，すべて(5)の形の集合の和として表わされるものに限る．——

さて，各 X_λ の位相 $\mathfrak{T}_\lambda$ が，X_λ の1つの近傍系 $\mathcal{U}_\lambda$ で定められている場合について考えよう．$\prod X_\lambda$ の点 $x=(x_\lambda)$ の近傍系として，Λ の有限部分集合 $\{\lambda_1, \cdots, \lambda_n\}$ と X_{λ_i} における点 x_{λ_i} の近傍 $U(x_{\lambda_i}) \in \mathcal{U}_{\lambda_i}(x_{\lambda_i})$ $(i=1, \cdots, n)$ によって定まる集合 $\langle U(x_{\lambda_1}), \cdots, U(x_{\lambda_n})\rangle$ $(=\bigcap\{p_{\lambda_i}{}^{-1}(U(x_{\lambda_i})) \mid i=1, \cdots, n\})$ 全体の族

$$\mathscr{W}(x) = \{\langle U(x_{\lambda_1}), \cdots, U(x_{\lambda_n})\rangle \mid U(x_{\lambda_i}) \in \mathcal{U}_{\lambda_i}(x_{\lambda_i}),\ 1\leqq i\leqq n,\ \{\lambda_1, \cdots, \lambda_n\} \subset \Lambda\,;\ n \in \boldsymbol{N}\}$$

をとる．このとき，$\mathscr{W}=\{\mathscr{W}(x) \mid x \in \prod X_\lambda\}$ が $\prod X_\lambda$ の1つの近傍系となることは，補題14.1と同様に証明される．$\mathscr{W}$ を $\prod_{\lambda\in\Lambda} \mathcal{U}_\lambda$ で表わす．

ところで，$\mathfrak{T}(\mathcal{U}_\lambda)$ は，$\{U \mid U \in \mathcal{U}_\lambda(x_\lambda),\ x_\lambda \in X_\lambda\}$ で生成されるから，$\mathfrak{T}(\mathcal{U}_\lambda)$, $\lambda \in \Lambda$ の積位相 $\prod \mathfrak{T}(\mathcal{U}_\lambda)$ は，

$$\mathscr{M} = \{p_\lambda{}^{-1}(U) \mid U \in \mathcal{U}_\lambda(x_\lambda),\ x_\lambda \in X_\lambda\,;\ \lambda \in \Lambda\}$$

で生成される．$\mathscr{M}$ に属する有限個の集合 $p_{\lambda_i}{}^{-1}(U_i)$ $(i=1, \cdots, n)$ の共通部分は $\langle U_1, \cdots, U_n\rangle$ となる．$U_i \in \mathcal{U}_{\lambda_i}(x_{\lambda_i})$ となる点 $x_{\lambda_i} \in X_{\lambda_i}$ をとり，$U_i=U(x_{\lambda_i})$ と書き直せば，

$$\langle U_1, \cdots, U_n\rangle = \langle U(x_{\lambda_1}), \cdots, U(x_{\lambda_n})\rangle \in \mathscr{W}(x),$$

ただし，x は λ_i 座標が x_{λ_i} となる $\prod X_\lambda$ の点とする．よって，次の定理が成り立つ．

定理 14.7

$$\mathfrak{T}\Bigl(\prod_{\lambda\in\Lambda} \mathcal{U}_\lambda\Bigr) = \prod_{\lambda\in\Lambda} \mathfrak{T}(\mathcal{U}_\lambda).$$

注意　点 $x=(x_\lambda)$ の近傍として，各 λ に対し，点 x_λ の X_λ における近傍 U_λ で作った直積集合 $\prod U_\lambda$ をとっても，$\prod X_\lambda$ の1つの近傍系が得られる．これにより定まる位相を**箱型積位相**(box product topology)という．

この位相は，上述の積位相(導入した学者の名前を記念して Tychonoff 位相ともいう)とは異なり，種々の点で望ましい性質をもたない.

例 14.5 例 9.3 の $I=[0,1]$ 上の実数値関数全体からなる位相空間 $F(I)$ の位相は，各 $f \in F(I)$ に対し，$x_1, \cdots, x_n \in I$, $\varepsilon>0$ により

$$U(f\,; x_1, \cdots, x_n\,; \varepsilon) = \{g \in F(I) \mid |g(x_i)-f(x_i)|<\varepsilon,\ i=1, \cdots, n\}$$

を近傍として定まっている. 一方，$F(I)$ は集合としては $\boldsymbol{R}^I$ であり，積空間 $\boldsymbol{R}^I$ の位相は，各 $f \in \boldsymbol{R}^I$ に対し，$x_i \in I$, $\varepsilon_i>0$, $i=1, \cdots, n$ により

$$\begin{aligned}&\langle U(f(x_1)\,; \varepsilon_1), \cdots, U(f(x_n)\,; \varepsilon_n)\rangle \\ &\quad = \{g \in \boldsymbol{R}^I \mid |g(x_i)-f(x_i)|<\varepsilon_i\,;\ i=1, \cdots, n\}\end{aligned}$$

を近傍として定まる. このとき

$$\begin{aligned}&U(f\,; x_1, \cdots, x_n\,; \varepsilon) = \langle U(f(x_1)\,; \varepsilon), \cdots, U(f(x_n)\,; \varepsilon)\rangle, \\ &U(f\,; x_1, \cdots, x_n\,; \mathrm{Min}\{\varepsilon_1, \cdots, \varepsilon_n\}) \\ &\qquad\qquad \subset \langle U(f(x_1)\,; \varepsilon_1), \cdots, U(f(x_n)\,; \varepsilon_n)\rangle\end{aligned}$$

となるから，それぞれの近傍からなる近傍系は，系 9.6 により，$F(I)=\boldsymbol{R}^I$ の同じ位相を定める. よって，位相空間 $F(I)$ と積空間 $\boldsymbol{R}^I$ は一致する.

定理 14.8 $X=\prod_{\lambda \in \Lambda} X_\lambda$ を積空間，$p_\lambda : X \to X_\lambda$ を射影とするとき，次のことが成り立つ.

(a) 各 p_λ は，連続かつ開写像である.

(b) Z を位相空間，$f : Z \to X$ を写像とするとき，

f は連続 $\Longleftrightarrow$ 各 $\lambda \in \Lambda$ に対し，$p_\lambda \circ f : Z \to X_\lambda$ は連続.

証明 (a) p_λ の連続性は明らかである. また，

$$p_\lambda(\langle G_{\lambda_1}, \cdots, G_{\lambda_n}\rangle) = \begin{cases} G_{\lambda_i}, & \lambda = \lambda_i, \\ X_\lambda, & \lambda \notin \{\lambda_1, \cdots, \lambda_n\} \end{cases}$$

となるから，$p_\lambda(\langle G_{\lambda_1}, \cdots, G_{\lambda_n}\rangle)$ は X_λ の開集合である. X の任意の開集合 W は，$\langle G_{\lambda_1}, \cdots, G_{\lambda_n}\rangle$ の形の集合の和であるから，$p_\lambda(W)$ は

X_λ の開集合である．よって，p_λ は開写像である．

(b)　$\Rightarrow$ は明らかであるから，$\Leftarrow$ を証明する．各 λ に対し，$p_\lambda \circ f$ は連続とする．このとき，

$$f^{-1}(\langle G_{\lambda_1}, \cdots, G_{\lambda_n} \rangle) = f^{-1}\left(\bigcap_{i=1}^{n} p_{\lambda_i}{}^{-1}(G_{\lambda_i})\right)$$

$$= \bigcap_{i=1}^{n} f^{-1}(p_{\lambda_i}{}^{-1}(G_{\lambda_i})) = \bigcap_{i=1}^{n} (p_{\lambda_i} \circ f)^{-1}(G_{\lambda_i})$$

であるが，$p_{\lambda_i} \circ f$ の連続性より，$(p_{\lambda_i} \circ f)^{-1}(G_{\lambda_i})$ は Z の開集合，したがって，$f^{-1}(\langle G_{\lambda_1}, \cdots, G_{\lambda_n} \rangle)$ は Z の開集合となる．よって，f の連続性がいえる．▌

射影 $p_\lambda : \prod X_\lambda \to X_\lambda$ は必ずしも閉写像にならない．

例 14.6　射影 $p_1, p_2 : \boldsymbol{R} \times \boldsymbol{R} \to \boldsymbol{R}$ を，$p_1(x, y) = x$，$p_2(x, y) = y$ で定める．$E = \{(x, 1/x) \mid x \in \boldsymbol{R},\ x > 0\}$ は $\boldsymbol{R} \times \boldsymbol{R} (\cong \boldsymbol{R}^2)$ の閉集合だが，$p_1(E) = p_2(E) = (0, +\infty)$ であって，これは $\boldsymbol{R}$ の閉集合ではない．

定理 14.9　$\{X_\lambda \mid \lambda \in \Lambda\}$, $\{Y_\lambda \mid \lambda \in \Lambda\}$ を位相空間の族とし，$f_\lambda : X_\lambda \to Y_\lambda$ $(\lambda \in \Lambda)$ を連続写像とする．このとき，写像

$$f : \prod_{\lambda \in \Lambda} X_\lambda \longrightarrow \prod_{\lambda \in \Lambda} Y_\lambda; \quad f : (x_\lambda) \longmapsto (f_\lambda(x_\lambda))$$

は連続写像である（f を写像 f_λ, $\lambda \in \Lambda$ の**積**または**積写像**といい，$\prod f_\lambda$ で表わす）．さらに，各 f_λ が埋蔵ならば，f も埋蔵であり，各 f_λ が位相写像ならば，f も位相写像である．

証明　(i)　$X = \prod X_\lambda$，$Y = \prod Y_\lambda$ とし，$p_\lambda : X \to X_\lambda$，$q_\lambda : Y \to Y_\lambda$ を射影とすると，$q_\lambda \circ f = f_\lambda \circ p_\lambda$ が成り立つ．すなわち，右の図式は可換である[1]．f_λ の連続性から，$f_\lambda \circ p_\lambda$ は連続，したがって $q_\lambda \circ f$ が連続，

$$\begin{array}{ccc} X & \xrightarrow{f} & Y \\ \downarrow{\scriptstyle p_\lambda} & & \downarrow{\scriptstyle q_\lambda} \\ X_\lambda & \xrightarrow{f_\lambda} & Y_\lambda \end{array}$$

1)　いくつかの集合とそれらの間の写像を矢印で結ぶ図式において，そこに現われる写像を矢印にしたがって合成する仕方がいくつあっても，定義域と終域が一致するかぎり，合成の結果が等しくなるとき，その図式は可換であるという．

よって定理14.8より，fは連続である．

(ii)　次に，X_λ, Y_λの位相を$\mathfrak{T}_\lambda, \mathfrak{T}_\lambda'$で表わすと，$X$の位相$\mathfrak{T}$は，$\{p_\lambda^{-1}(G) \mid G \in \mathfrak{T}_\lambda, \lambda \in \Lambda\}$で生成される．各$f_\lambda$が埋蔵であれば，$\mathfrak{T}_\lambda$は$\{f_\lambda^{-1}(H) \mid H \in \mathfrak{T}_\lambda'\}$で生成されるから，$\mathfrak{T}$は$\{p_\lambda^{-1}(f_\lambda^{-1}(H)) \mid H \in \mathfrak{T}_\lambda', \lambda \in \Lambda\}$で生成される．

$$p_\lambda^{-1}(f_\lambda^{-1}(H)) = (f_\lambda \circ p_\lambda)^{-1}(H) = (q_\lambda \circ f)^{-1}(H) = f^{-1}(q_\lambda^{-1}(H))$$

より，$\mathfrak{T}$は$\{f^{-1}(q_\lambda^{-1}(H)) \mid H \in \mathfrak{T}_\lambda', \lambda \in \Lambda\}$で生成されることが分かる．一方，$Y$の位相$\mathfrak{T}'$は$\{q_\lambda^{-1}(H) \mid H \in \mathfrak{T}_\lambda', \lambda \in \Lambda\}$で生成されるから，$\mathfrak{T}$は$\{f^{-1}(G) \mid G \in \mathfrak{T}'\}$で生成される．よって，$f$は埋蔵である．したがって，各$f_\lambda$が位相写像ならば，$f$も位相写像である．▌

定理 14.10　X_λ, $\lambda \in \Lambda$は位相空間とし，$\phi \neq A_\lambda \subset X_\lambda$ $(\lambda \in \Lambda)$とする．

(a)　部分空間A_λ, $\lambda \in \Lambda$の積空間$\prod_{\lambda \in \Lambda} A_\lambda$の位相は，積空間$\prod_{\lambda \in \Lambda} X_\lambda$の部分空間としての相対位相と一致する．

(b)　$\mathrm{Cl}\left(\prod_{\lambda \in \Lambda} A_\lambda\right) = \prod_{\lambda \in \Lambda} \mathrm{Cl}\, A_\lambda$.

証明　(a)　$f_\lambda : A_\lambda \to X_\lambda$を包含写像とすれば，$f_\lambda$は埋蔵であるから，定理14.9からすぐ証明される．

(b)　$x = (x_\lambda) \in \prod X_\lambda$とする．各$\lambda \in \Lambda$に対し，点$x_\lambda$の$X_\lambda$における任意の近傍$U(x_\lambda)$をとれば，$x \in \mathrm{Cl}(\prod A_\lambda)$のとき，

$$\langle U(x_\lambda) \rangle \cap \prod A_\lambda \neq \phi \Longrightarrow U(x_\lambda) \cap A_\lambda \neq \phi \Longrightarrow x_\lambda \in \mathrm{Cl}\, A_\lambda.$$

よって，$x \in \prod \mathrm{Cl}\, A_\lambda$．逆に，各$\lambda$に対し$x_\lambda \in \mathrm{Cl}\, A_\lambda$ならば，$x = (x_\lambda)$の近傍$\langle U(x_{\lambda_1}), \cdots, U(x_{\lambda_n}) \rangle$に対し，点$a_{\lambda_i} \in U(x_{\lambda_i}) \cap A_{\lambda_i}$ $(i = 1, \cdots, n)$をとり，他の$\lambda \notin \{\lambda_1, \cdots, \lambda_n\}$については$a_\lambda \in A_\lambda$を任意にとれば，これらを座標とする$a = (a_\lambda)$については，$a \in \langle U(x_{\lambda_1}), \cdots, U(x_{\lambda_n}) \rangle \cap \prod A_\lambda$であるから，$x \in \mathrm{Cl} \prod A_\lambda$. ▌

次の定理は，無限個の積空間に特有なものである．

定理 14.11　無限個の位相空間$X_\lambda, \lambda \in \Lambda$の積空間$\prod X_\lambda$において，

1点 $a=(a_\lambda)$ を固定し，Λ の有限個の元 $\lambda_1, \cdots, \lambda_n$ に対し

$$S(a\,;\lambda_1,\cdots,\lambda_n)=\{(x_\lambda)\in\prod X_\lambda \mid x_\lambda=a_\lambda,\ \lambda\notin\{\lambda_1,\cdots,\lambda_n\}\},$$
$$S(a)=\bigcup\{S(a\,;\lambda_1,\cdots,\lambda_n)\mid \lambda_i\in\Lambda,\ i=1,\cdots,n\,;\ n\in\boldsymbol{N}\}$$

とおけば，$S(a)$ は有限個の λ を除いて，$x_\lambda=a_\lambda$ となるような点 (x_λ) 全体の集合であって，$\prod X_\lambda=\mathrm{Cl}\,S(a)$.

証明　G_{λ_i}, $i=1,\cdots,n$ を X_{λ_i} の空でない開集合とすれば，

$$\langle G_{\lambda_1},\cdots,G_{\lambda_n}\rangle\cap S(a)\supset\langle G_{\lambda_1},\cdots,G_{\lambda_n}\rangle\cap S(a\,;\lambda_1,\cdots,\lambda_n)\neq\phi$$

となる．よって，$\prod X_\lambda=\mathrm{Cl}\,S(a)$. ▌

定理14.11の部分空間 $S(a\,;\lambda_1,\cdots,\lambda_n)$ は，各 $\lambda\in\Lambda$ に対し，

$$A_\lambda=\begin{cases}X_{\lambda_i}, & \lambda=\lambda_i,\\ \{a_\lambda\}, & \lambda\notin\{\lambda_1,\cdots,\lambda_n\}\end{cases}$$

とすると（$\{a_\lambda\}$ は1点 a_λ だけからなる集合），定理14.10より，積空間 $\prod A_\lambda$ に他ならない．また，写像 $\varphi:\prod A_\lambda\to X_{\lambda_1}\times\cdots\times X_{\lambda_n}$ を

$$\varphi((x_\lambda))=(x_{\lambda_1},\cdots,x_{\lambda_n})$$

と定めれば，φ は位相写像になる．したがって，

$$S(a\,;\lambda_1,\cdots,\lambda_n)=\prod A_\lambda\cong X_{\lambda_1}\times\cdots\times X_{\lambda_n}.$$

一般に，$\Lambda\supset\Lambda'$ とするとき，積空間 $\prod_{\lambda\in\Lambda'}X_\lambda$ は，積空間 $\prod_{\lambda\in\Lambda}X_\lambda$ の部分空間に同相であって，$\prod_{\lambda\in\Lambda}X_\lambda\cong\left(\prod_{\lambda\in\Lambda'}X_\lambda\right)\times\left(\prod_{\lambda\in\Lambda-\Lambda'}X_\lambda\right)$ となることがわかる．

例 14.7　各 (X_λ,ρ_λ), $\lambda\in\Lambda$ は少なくとも2点 a_λ, b_λ $(a_\lambda\neq b_\lambda)$ を含む距離空間とする．もし $\mathrm{card}\,\Lambda>\aleph_0$ ならば，積空間 $\prod X_\lambda$ は距離化可能でない．（証明．点 $a=(a_\lambda)\in\prod X_\lambda$ に対し定理14.11の $S(a)$ をとれば，$b=(b_\lambda)\in\mathrm{Cl}\,S(a)$. よって，$\prod X_\lambda$ が距離化可能とすれば，点

$$c_n=(c_\lambda{}^{(n)})\in S(a\,;\lambda_1{}^{(n)},\cdots,\lambda_{i_n}{}^{(n)}),\qquad n=1,2,\cdots$$

からなる点列 $\{c_n\}$ で，b に収束するものがある（定理10.1）．$\Lambda'=$

$\{\lambda_k^{(n)} \mid k=1,2,\cdots,i_n\,;\, n\in \boldsymbol{N}\}$ とおくと，Λ' は可算集合であり，Λ は非可算であるから，$\lambda_0 \in \Lambda-\Lambda'$ を満たす λ_0 がある．$\varepsilon=\rho_{\lambda_0}(b_{\lambda_0}, a_{\lambda_0})$ とし，b の近傍として

$$\langle U(b_{\lambda_0}\,;\,\varepsilon)\rangle$$

をとれば，$c_{\lambda_0}{}^{(n)}=a_{\lambda_0}\ (n\in \boldsymbol{N})$ であるから，$c_n \notin \langle U(b_{\lambda_0}\,;\,\varepsilon)\rangle$．したがって，$\{c_n\}$ は b に収束しない．これは矛盾である．▮)

この例からわかるように，距離空間の非可算個の積は，一般に距離化可能でないが，可算個の場合は距離化可能になる．

定理 14.12　可算個の距離空間 (X_i, ρ_i), $i=1,2,\cdots$ の各 i に対し，$\delta(X_i)\leqq 1$ とする(定義 7.3 参照)．このとき，積空間 $\prod X_i$ の任意の 2 点 $x=(x_1, x_2, \cdots)$, $y=(y_1, y_2, \cdots)$ に対し，

(a)　$\rho(x, y)=\sqrt{\sum_{i=1}^{\infty}\frac{1}{i^2}[\rho_i(x_i, y_i)]^2}$,

(b)　$\rho_*(x, y)=\sup\left\{\frac{1}{i}\rho_i(x_i, y_i) \mid i=1,2,\cdots\right\}$

とおけば，ρ, ρ_* はともに直積集合 $\prod X_i$ 上の距離関数となり，その定める位相は，$\prod X_i$ の積位相と一致する．

証明　$x=(x_i)$, $y=(y_i)$, $z=(z_i)$ を $\prod X_i$ の任意の 3 点とする．無限級数 $\sum_{i=1}^{\infty} 1/i^2$ は収束し，$\rho_i(x_i, y_i)\leqq 1\ (i\in \boldsymbol{N})$ であるから，$\rho(x, y)$ の値は確定する．また，n 次元 Euclid 空間 $\boldsymbol{R}^n$ の距離関数 d_n の三角不等式の証明にならって，

$$\sqrt{\sum_{i=1}^{n}\frac{1}{i^2}\rho_i(x_i, z_i)^2} \leqq \sqrt{\sum_{i=1}^{n}\frac{1}{i^2}\rho_i(x_i, y_i)^2}+\sqrt{\sum_{i=1}^{n}\frac{1}{i^2}\rho_i(y_i, z_i)^2}$$
$$\leqq \rho(x, y)+\rho(y, z)$$

が得られる．$n\to\infty$ とすれば，

$$\rho(x, z)\leqq \rho(x, y)+\rho(y, z)$$

となり，ρ は距離関数であることがわかる．また，

$$\frac{1}{i}\rho_i(x_i, z_i) \leqq \frac{1}{i}\rho_i(x_i, y_i)+\frac{1}{i}\rho_i(y_i, z_i) \leqq \rho_*(x, y)+\rho_*(y, z)$$

となるから，上限をとれば，

$$\rho_*(x, z) \leqq \rho_*(x, y)+\rho_*(y, z)$$

となるから，ρ_* も距離関数となる．

次に，ρ および ρ_* による点 $x=(x_i)$ の近傍をそれぞれ $U(x\,;\varepsilon)$，$U_*(x\,;\varepsilon)$ で表わすと，ρ, ρ_* のきめ方から

$$\rho_*(x, y) \leqq \rho(x, y)$$

となるから，

$$U(x\,;\varepsilon) \subset U_*(x\,;\varepsilon) \tag{6}$$

が成り立つ．また，ρ_* の定義より，$\varepsilon_i>0$, $i=1, \cdots, n$ に対し，$\varepsilon=\min\{\varepsilon_i/i \mid i=1, \cdots, n\}$ とおけば，

$$U_*(x\,;\varepsilon) \subset \langle U(x_1\,;\varepsilon_1), U(x_2\,;\varepsilon_2), \cdots, U(x_n\,;\varepsilon_n)\rangle \tag{7}$$

が成り立つことがすぐ分かる（$U(x_i\,;\varepsilon_i)$ は X_i での x_i の ε_i 近傍）．

逆に，$\varepsilon>0$ が与えられたとき，$\sum_{i=1}^{\infty} 1/i^2$ は収束するから，

$$\sum_{i=m+1}^{\infty} 1/i^2 < \varepsilon^2/2$$

となるような自然数 m が存在する．

$$V_i = U(x_i\,;i\varepsilon/\sqrt{2m}), \qquad i = 1, \cdots, m$$

とおけば

$$\begin{aligned} y = (y_i) \in \langle V_1, \cdots, V_m\rangle \Longrightarrow \rho(x, y)^2 \\ = \sum_{i=1}^{m} \frac{1}{i^2}\rho_i(x_i, y_i)^2+\sum_{i=m+1}^{\infty} \frac{1}{i^2}\rho_i(x_i, y_i)^2 < m\cdot\frac{\varepsilon^2}{2m}+\frac{\varepsilon^2}{2} = \varepsilon^2. \end{aligned}$$

よって

$$\langle V_1, \cdots, V_m\rangle \subset U(x\,;\varepsilon) \tag{8}$$

が成り立つ．

(6), (7), (8) より，$\prod X_i$ の積位相と $\mathfrak{T}(\rho), \mathfrak{T}(\rho_*)$ との一致が証

明された. ▮

問 3　定理 14.12 と同じ仮定の下で，$\prod X_i \ni x=(x_i)$, $y=(y_i)$ に対し

$$\rho_{**}(x,y)=\sum_{i=1}^{\infty}\frac{1}{2^i}\rho_i(x_i,y_i)$$

とおけば，ρ_{**} は距離関数となり，かつ $\mathfrak{T}(\rho_{**})$ は $\prod X_i$ の積位相と一致することを示せ.

系 14.13　(X_i,ρ_i), $i=1,2,\cdots$ を可算個の距離空間とすれば，積空間 $\prod\{(X_i,\mathfrak{T}(\rho_i))\mid i=1,2,\cdots\}$ は距離化可能である.

証明　定理 8.1 により，各 i に対し，X_i 上の距離関数 ρ_i' を

$$\mathfrak{T}(\rho_i)=\mathfrak{T}(\rho_i'),\qquad \rho_i'(x,x')\leqq 1\qquad (x,x'\in X_i)$$

を満たすように定めることができる. よって，定理 14.12 を応用すればよい. ▮

例 14.8　Hilbert 立方体. Hilbert 空間 $(\boldsymbol{R}^\infty,d_\infty)$ の部分距離空間

$$\{x=(x_i)\in\boldsymbol{R}^\infty\mid |x_i|\leqq 1/i,\ i=1,2,\cdots\}$$

を **Hilbert 立方体**といい，I^∞ で表わす. 可算個の $J=[-1,1]$ の積空間 T に対し，写像 $\varphi: T\to I^\infty$ を

$$\varphi(t_1,t_2,\cdots,t_i,\cdots)=\left(t_1,\frac{1}{2}t_2,\cdots,\frac{1}{i}t_i,\cdots\right)$$

によって定義すれば，φ は全単射であって，T に対し定理 14.12 の (a) による距離関数 ρ を用いれば，

$$\rho(t,t')=d_\infty(\varphi(t),\varphi(t'))\qquad (t,t'\in T)$$

となるから，φ は位相写像となる. J は $I=[0,1]$ と同相であるから，定理 14.9 により，I^∞ は可算個の I の積空間 $I^{\aleph_0}$ と同相である.

注意　Hilbert 空間 $\boldsymbol{R}^\infty$ は，$\boldsymbol{R}$ の可算個の積 $\boldsymbol{R}^{\aleph_0}$ と同相である (R. D. Anderson, 1966).

例 14.9　Ω を集合とし，Ω の元の列 $\{x_i\mid i\in\boldsymbol{N}\}$ の全体からなる集合に対し，

$$\tilde{\rho}(\{x_i\},\{y_i\}) = \begin{cases} 0 \Leftrightarrow x_i = y_i, & i=1,2,\cdots, \\ \dfrac{1}{n} \Leftrightarrow x_i = y_i, & 1 \leqq i < n;\ x_n \neq y_n \end{cases}$$

によって距離 $\tilde{\rho}$ をいれた距離空間は，例7.6の Baire 空間 $B(\Omega)$ である．Ω に，

$$\rho_0(x,y) = 1 \Leftrightarrow x \neq y;\ \rho_0(x,x) = 0$$

によって距離 ρ_0 を導入し，離散距離空間 (Ω,ρ_0) の可算個の積空間に対して，定理14.12の(b)によって定めた距離関数は，上述の $\tilde{\rho}$ と一致する．すなわち，$B(\Omega)$ は離散空間 Ω の可算個の積 $\Omega^{\aleph_0}$ と同相である．

例 14.10　例14.9において，Ω が $D=\{0,1\}$ の場合を考えてみよう．$(t_i)\in B(D)$ に対し，

$$\varphi((t_i)) = \sum_{i=1}^{\infty} \frac{2}{3^i} t_i \in \boldsymbol{R}$$

とおけば，写像 $\varphi: B(D)\to\boldsymbol{R}$ は単射であって，$B(D)$ の2点 $t=(t_i)$, $t'=(t_i')$ に対し

$$\begin{aligned} &\rho((t_i),(t_i')) = 1/n \Longrightarrow t_i = t_i',\ 1\leqq i<n;\ t_n \neq t_n' \\ &\Longrightarrow \frac{1}{3^n} = \frac{2}{3^n} - \sum_{i=n+1}^{\infty} \frac{2}{3^i}\cdot 1 \leqq |\varphi(t)-\varphi(t')| \leqq \sum_{i=n}^{\infty} \frac{2}{3^i}\cdot 1 = \frac{1}{3^{n-1}} \end{aligned}$$

となるから，

$$\rho(t,t') < 1/n \Longrightarrow |\varphi(t)-\varphi(t')| \leqq 1/3^n,$$
$$|\varphi(t)-\varphi(t')| < 1/3^n \Longrightarrow \rho(t,t') < 1/n$$

が成り立つ．したがって，$C=\varphi(B(D))$ とおき，φ を $B(D)$ から C の上への写像とみなすと，φ は位相写像であることが分かる．C を **Cantor の不連続体**または **Cantor 集合**という．上の例から，C は $D^{\aleph_0}$ と同相であるから，$D^{\aleph_0}$ でも表わす．

一般に，$\mathfrak{m}$ を基数とするとき，$D^{\mathfrak{m}}$ を**一般の Cantor 集合**または

Cantor 立方体という．——

さて，$I=[0,1]$ に属する実数 a の3進法による小数展開

$$a=\sum_{i=1}^{\infty}\frac{a_i}{3^i}=0.a_1a_2\cdots a_n\cdots \qquad (a_i=0,1,\text{ または }2)$$

を考えれば，数字1が小数展開に現われない実数 a の全体の集合が C である．この C は，次のようにして，I から幾何学的に定義することができる．

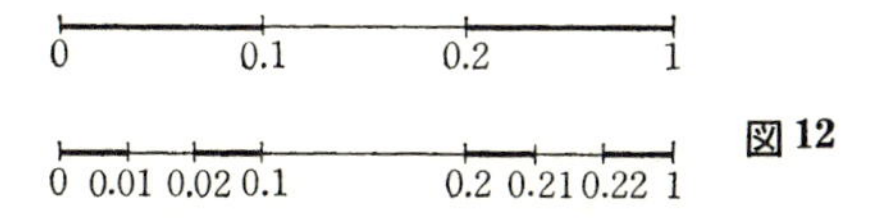

図 12

まず，$[0,1]$ を3等分し，中央の開区間 $\left(\frac{1}{3},\frac{2}{3}\right)$ を除くと，閉区間

$$\left[0,\frac{1}{3}\right],\qquad \left[\frac{2}{3},1\right]$$

が残る．これらを3進法の小数記号で表わし，左端点の小数展開を I の添字にあわせて

$$(\alpha_1)\qquad I_0=[0,\ 1/3],\qquad I_2=[0.2,\ 0.2+1/3]$$

とおく．次に，I_0, I_2 を3等分し，各々から中央の開区間を除いた残りの閉区間は，上の表わし方によれば，

$$(\alpha_2)\qquad I_{00}=[0,\ 1/3^2],\qquad I_{02}=[0.02,\ 0.02+1/3^2],$$
$$I_{20}=[0.2,\ 0.2+1/3^2],\qquad I_{22}=[0.22,\ 0.22+1/3^2].$$

次に，(α_2) の閉区間の各々を3等分し，各々から中央の開区間を除く．以下同様の操作を繰り返して行う．n 回行ったときに残る区間は，2^n 個あって，それらは

$$(\alpha_n)\qquad I_{a_1a_2\cdots a_n}=\left[0.a_1a_2\cdots a_n,\ 0.a_1a_2\cdots a_n+\frac{1}{3^n}\right]$$

$$(a_i \text{ は } 0 \text{ か } 2\ (i=1,2,\cdots,n))$$

となる．ここで，

$$I_{a_1\cdots a_n} \supset I_{a_1a_2\cdots a_na_{n+1}}, \qquad n=1,2,\cdots,$$
$$(a_1,\cdots,a_n) \neq (a_1',\cdots,a_n') \Longrightarrow I_{a_1\cdots a_n} \cap I_{a_1'\cdots a_n'} = \phi$$

に注意すれば，上の操作を繰り返したとき残された点 a の全体の集合 C' は

$$C' = \left\{a \in I \mid a \in \bigcap_{n=1}^{\infty} I_{a_1\cdots a_n}\,;\ a_i=0 \text{ または } 2\right\}$$

となり，

$$a \in \bigcap_{n=1}^{\infty} I_{a_1\cdots a_n} \Leftrightarrow a = \sum_{n=1}^{\infty} \frac{1}{3^n} a_n$$

となるから，$C'=C$ が成り立つ．

$B(D)$ の応用として，次の定理を証明しよう．

定理 14.14　正方形 I^2 は，$I=[0,1]$ からの連続写像の像である．

証明
$$f((t_i)) = \sum_{i=1}^{\infty} \frac{1}{2^i} t_i, \qquad (t_i) \in B(D)$$

とおけば，$f: B(D) \to I$ は，実数の2進法展開により，全射である．また，$t, t' \in B(D)$ に対し

$$\rho(t,t') < 1/n \Longrightarrow |f(t)-f(t')| \leqq \sum_{i=n+1}^{\infty} 1/2^i = 1/2^n$$

となるから，f は連続である．

一方，$B(D) \times B(D)$ に対し，

$$\psi((t_1,t_2,\cdots),(t_1',t_2',\cdots)) = (x_i)\,;$$
$$x_i = \begin{cases} t_n, & i=2(n-1)+1, \\ t_n', & i=2n \end{cases}$$

とおくことにより，$\psi: B(D) \times B(D) \to B(D)$ は位相写像となる．したがって，例 14.10 の写像 φ を用いて，写像

$$\varphi^{-1}: C \longrightarrow B(D), \qquad \psi^{-1}: B(D) \longrightarrow B(D) \times B(D),$$

$$f\times f: B(D)\times B(D) \longrightarrow I\times I \qquad \text{(定理 14.9 参照)}$$

の合成写像

$$g=(f\times f)\circ\psi^{-1}\circ\varphi^{-1}: C \longrightarrow I\times I$$

を作れば，g は全射で連続である．$p_i: I\times I\to I$ を射影 $p_i: (t_1, t_2)\mapsto t_i$ $(i=1,2)$ とする．C は，I から開区間を順次にとり除いた残りであるから，I の閉集合である．よって，後述の Tietze の拡張定理(定理 19.4)により，連続写像

$$p_i\circ g: C \longrightarrow I$$

は，連続写像 $f_i: I\to I$ に拡張される．このとき，写像

$$\tilde{g}: I \longrightarrow I\times I;\quad \tilde{g}: t \longmapsto (f_1(t), f_2(t))$$

は，定理 14.8 より，連続で，かつ $\tilde{g}|C=g$．g は全射であるから，$\tilde{g}$ も全射である．▌

I からの連続写像の像となる位相空間を曲線と呼ぶことにすれば，上の定理は，正方形も曲線と呼ぶことになることを示している．G. Peano はこのことを始めて証明し(1890 年)，曲線は 1 次元，正方形は 2 次元と信じていた当時の学界を驚かせたが，次元の概念の数学的定義を確立する端緒となった．

例 14.11　無理数全体からなる $\boldsymbol{R}$ の部分空間 $\boldsymbol{P}$ は，離散空間 $\boldsymbol{N}$ の可算積 $\boldsymbol{N}^{\aleph_0}$ と同相である．開区間 $(0,1)$ 内の無理数 α は，連分数展開により

$$\cfrac{1}{n_1+\cfrac{1}{n_2+\cfrac{1}{n_3+\ddots}}} \qquad (n_i\in\boldsymbol{N})$$

とただ 1 通りに表わされる．このとき，対応

$$\alpha \longmapsto (n_1, n_2, n_3, \cdots)$$

は，(0, 1)内の無理数全体 $\boldsymbol{P}'$ と $B(\boldsymbol{N})$ との間の位相写像となる．したがって，$\boldsymbol{P}\cong\boldsymbol{P}'$, $B(\boldsymbol{N})\cong\boldsymbol{N}^{\aleph_0}$ より，$\boldsymbol{P}\cong\boldsymbol{N}^{\aleph_0}$.

§15 直和空間と商空間

位相空間の族 $\mathfrak{M}=\{(X_\lambda,\mathfrak{T}_\lambda)\mid\lambda\in\Lambda\}$ が与えられているとする．これから，新しい位相空間 $(Y,\mathfrak{T})$ を構成することがこの章の主な目標である．このために，集合 Y と集合族 $\{X_\lambda\}$ との間に，なにか関係がなければならないが，このようなものとして，

(a) 各 $\lambda\in\Lambda$ に対し，写像 $g_\lambda: Y\to X_\lambda$ がある．

(b) 各 $\lambda\in\Lambda$ に対し，写像 $f_\lambda: X_\lambda\to Y$ がある．

のいずれかが与えられている場合を考えよう．(a)に属する場合として次の2つがある．

(a-1) $Y=\prod_\lambda X_\lambda$, $\quad p_\lambda: Y\to X_\lambda$.

(a-2) $\mathfrak{M}=\{(X,\mathfrak{T})\}$, $\quad Y\subset X$, $\quad g: Y\to X$ は包含写像.

(a)の場合，各 g_λ が連続となるような Y の位相のうち最も弱いもの，すなわち

$$\{g_\lambda^{-1}(G_\lambda)\mid G_\lambda\in\mathfrak{T}_\lambda,\ \lambda\in\Lambda\}$$

で生成される位相を Y に導入する．これを，$\{g_\lambda\mid\lambda\in\Lambda\}$ **により定まる(誘導される)位相**という．このとき位相空間 Y は，(a-1)のときは，$(X_\lambda,\mathfrak{T}_\lambda)$, $\lambda\in\Lambda$ の積空間となる．(a-2)のときは，X の部分空間に他ならない(定義14.2，定理12.2)．

次に，(b)の場合について考えよう．Y の位相としては，すべての f_λ が連続となるような位相のうち最も強い位相をとることにしよう．これは，次のようにして求められる．

$$\mathfrak{T}(f_\lambda;\Lambda)=\{H\mid H\subset Y;\ \text{各}\ \lambda\in\Lambda\ \text{に対し}\ f_\lambda^{-1}(H)\in\mathfrak{T}_\lambda\}$$

とおく．$H, H', H_\alpha\in\mathfrak{T}(f_\lambda;\Lambda)$ $(\alpha\in\Omega)$ とすれば，各 $\lambda\in\Lambda$ に対し

$$f_\lambda^{-1}(H\cap H')=f_\lambda^{-1}(H)\cap f_\lambda^{-1}(H'),$$

$$f_\lambda^{-1}(\bigcup_\alpha H_\alpha) = \bigcup_\alpha f_\lambda^{-1}(H_\alpha)$$

より，$f_\lambda^{-1}(H \cap H')$，$f_\lambda^{-1}(\bigcup_\alpha H_\alpha) \in \mathfrak{T}_\lambda$．したがって，$\mathfrak{T}(f_\lambda ; \Lambda)$ は，Y の 1 つの位相となる．また，各 $f_\lambda : X_\lambda \to Y$ が連続となるような Y の 1 つの位相を $\mathfrak{T}_0$ とすれば，

$$H \in \mathfrak{T}_0 \Longrightarrow f_\lambda^{-1}(H) \in \mathfrak{T}_\lambda\ (\lambda \in \Lambda) \Longleftrightarrow H \in \mathfrak{T}(f_\lambda ; \Lambda)$$

より，$\mathfrak{T}_0 \subset \mathfrak{T}(f_\lambda ; \Lambda)$．よって，$\mathfrak{T}(f_\lambda ; \Lambda)$ が求める位相である．これを，**$\{f_\lambda \mid \lambda \in \Lambda\}$ により定まる（誘導される）Y の位相**という．

(a-1), (a-2) に対応して，(b) については次の 2 つの場合を考える．

(b-1)　Y は X_λ, $\lambda \in \Lambda$ の直和集合で，$f_\lambda : X_\lambda \to Y$ は包含写像（ただし，$X_\lambda\ (\lambda \in \Lambda)$ は互いに素とする）．

(b-2)　$\mathfrak{M} = \{(X, \mathfrak{T})\}$，$f : X \to Y$ は全射．

このとき，上の位相を (b-1), (b-2) に適用して，次の定義が得られる．

定義 15.1　位相空間の族 $\{X_\lambda, \mathfrak{T}_\lambda \mid \lambda \in \Lambda\}$ があって，集合 $X_\lambda\ (\lambda \in \Lambda)$ が互いに素のとき，これらの直和集合（$\bigoplus_{\lambda \in \Lambda} X_\lambda$ で表わす）と位相

$$\mathfrak{T} = \{H \mid H \subset \bigoplus_{\lambda \in \Lambda} X_\lambda ;\ \text{各}\ \lambda \in \Lambda\ \text{に対し}\ H \cap X_\lambda\ \text{は}\ X_\lambda\ \text{の開集合}\}$$

により定まる位相空間 $\left(\bigoplus_{\lambda \in \Lambda} X_\lambda, \mathfrak{T}\right)$ を，位相空間 $(X_\lambda, \mathfrak{T}_\lambda)$，$\lambda \in \Lambda$ の**位相和**(topological sum) または**直和空間**(disjoint union) といい，単に $\bigoplus_{\lambda \in \Lambda} X_\lambda$ または $\bigoplus X_\lambda$ で表わす．$\Lambda = \{1, \cdots, n\}$ のときは，$X_1 \oplus \cdots \oplus X_n$ とも書く．

問 1　直和空間 $\bigoplus_{\lambda \in \Lambda} X_\lambda$ において，$F \subset \bigoplus_{\lambda \in \Lambda} X_\lambda$ に対し，

$$F\ \text{は閉集合} \Longleftrightarrow \text{各}\ \lambda \in \Lambda\ \text{に対し}\ F \cap X_\lambda\ \text{が}\ X_\lambda\ \text{の閉集合}$$

となることを証明せよ．

定義 15.2　$(X, \mathfrak{T})$ は位相空間，$f : X \to Y$ は集合 X から集合 Y への全射とする．このとき

$$\mathfrak{T}(f) = \{H \mid H \subset Y,\ f^{-1}(H) \text{ は } X \text{ の開集合}\}$$

を，f により定まる Y の**商位相**といい，位相空間 $(Y, \mathfrak{T}(f))$ を，f により定まる $(X, \mathfrak{T})$ の**商空間**(quotient space)という．——

直和空間については，次の定理が成り立つ．

定理 15.1　直和空間 $X = \bigoplus_{\lambda \in \Lambda} X_\lambda$ においては，各 X_λ は，X の開かつ閉集合であって，X_λ の位相は X の部分空間としての相対位相と一致する．

証明　X_λ および $X - X_\lambda$ は，各 X_μ との共通部分が ϕ か X_μ のいずれかであるから，X の開集合である．よって，X_λ は X の閉集合である．また，$G \subset X_\lambda$ に対しては，$\mu \neq \lambda$ のとき $G \cap X_\mu = \phi$ は X_μ の開集合であるから，

$$G \text{ が } X_\lambda \text{ の開集合} \Leftrightarrow G \text{ が } X \text{ の開集合}$$

が成り立つ．▌

定理 15.2　$\{G_\lambda \mid \lambda \in \Lambda\}$ は位相空間 X の互いに素な開集合の族で，$X = \bigcup \{G_\lambda \mid \lambda \in \Lambda\}$ であるならば，X は部分空間 G_λ, $\lambda \in \Lambda$ の直和空間 $\bigoplus_{\lambda \in \Lambda} G_\lambda$ と一致する．

証明　集合として $X = \bigoplus_{\lambda \in \Lambda} G_\lambda$ である．H を X の開集合とすれば，$H \cap G_\lambda$ は部分空間 G_λ の開集合だから，H は $\bigoplus_{\lambda \in \Lambda} G_\lambda$ の開集合である．K を $\bigoplus_{\lambda \in \Lambda} G_\lambda$ の開集合とすれば，$K \cap G_\lambda$ は G_λ の開集合で，G_λ は X の開集合だから，$K \cap G_\lambda$ は X の開集合である．よって，$K = \bigcup_\lambda (K \cap G_\lambda)$ より，K は X の開集合である．▌

例 15.1　離散空間 X は，$\bigoplus_{x \in X} \{x\}$ と一致する．

例 15.2　$\boldsymbol{R}$ の部分空間 $X = \bigcup \{[2n, 2n+1] \mid n \in \boldsymbol{N}\}$ は，$[2n, 2n+1]$ が X においては開集合となるから，X は $\bigoplus_{n \in \boldsymbol{N}} [2n, 2n+1]$ と一致する．——

次に商空間について述べることにしよう．

位相空間 $(X, \mathfrak{T})$ において，X の点の間に1つの同値関係 $\sim$ が与

えられているときは，$\sim$ による同値類全体の集合，すなわち，商集合 $X/\sim$ と，X の各点 x に対し，x を含む同値類 $C(x)$ を対応させる写像，すなわち，射影 $p: X \to X/\sim$ を考えれば，p は全射である．よって定義 15.2 により，商空間 $(X/\sim, \mathfrak{T}(p))$ が得られる．この商空間を，同値関係 $\sim$ による $(X, \mathfrak{T})$ の商空間という．この空間は，同一の同値類に属する点を同一視して得られる空間であるから，この意味で，**等化空間**(identification space) ともいう．普通，これこれの点とこれこれの点を同一視して得られる商空間という言い方をする．

例 15.3 閉区間 $I=[0, 1]$ において，点 0 と点 1 を同一視して得られる商空間は，円周 S^1 と同相である．直観的には，同一視する 2 点を貼り合わせて考えればよい．

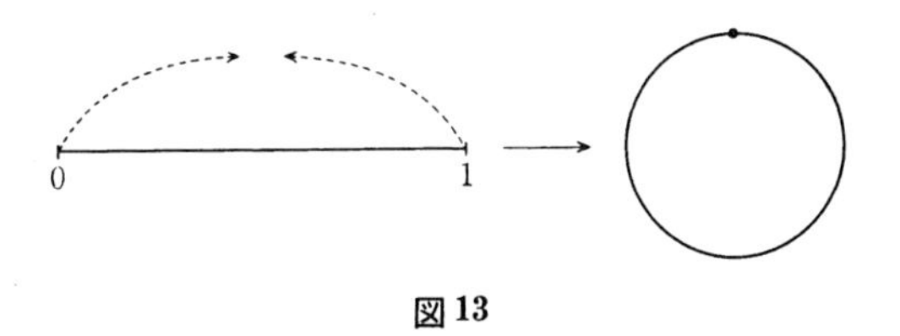

図 13

例 15.4 $\boldsymbol{R}^2$ 内の長方形 $\{(x, y) \mid 0 \leqq x \leqq 2,\ 0 \leqq y \leqq 1\}$ において，

(i) 点 $(0, y)$ と点 $(2, y)$ $(0 \leqq y \leqq 1)$ を同一視して得られる商空間

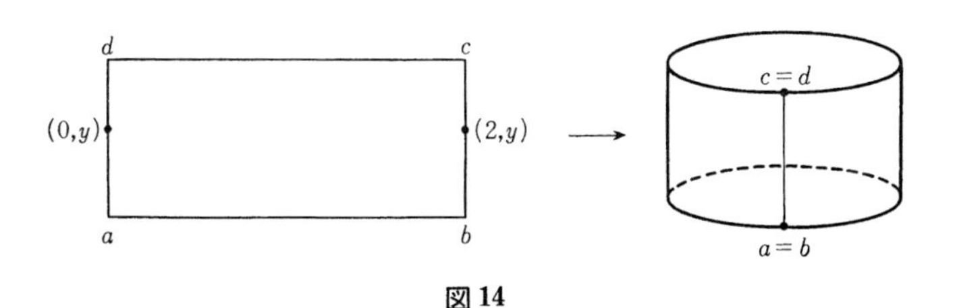

図 14

は，円柱面 $S^1 \times I$ と同相である．

(ii) 点 $(0, y)$ と点 $(2, 1-y)$ $(0 \leqq y \leqq 1)$ を同一視して得られる商空間は，**Möbius の帯**とよばれるものである．

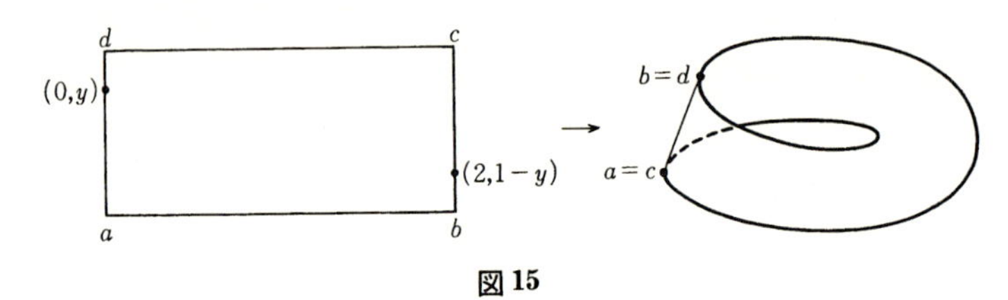

図 15

(iii) 点 $(0, y)$ と点 $(2, y)$ $(0 \leqq y \leqq 1)$ を同一視し，点 $(x, 0)$ と点 $(x, 1)$ $(0 \leqq x \leqq 2)$ を同一視して得られる空間は，トーラス $S^1 \times S^1$ (p. 85 参照) と同相である．

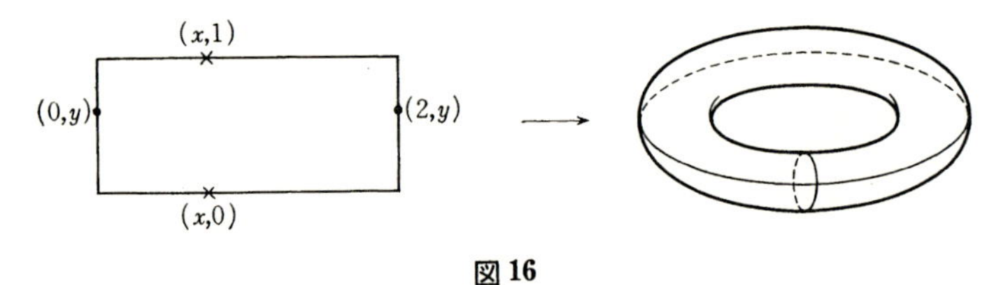

図 16

(iv) 点 $(0, y)$ と点 $(2, y)$ $(0 \leqq y \leqq 1)$ を同一視し，点 $(x, 0)$ と点 $(2-x, 1)$ $(0 \leqq x \leqq 2)$ を同一視して得られる空間は，**Klein の管**といわれるものである．

(v) 点 $(0, y)$ と点 $(2, 1-y)$ $(0 \leqq y \leqq 1)$ を同一視し，点 $(x, 0)$ と点 $(2-x, 2)$ $(0 \leqq x \leqq 2)$ と同一視して得られる空間は，**射影平面**といわれるものである．——

以上の例では，厳密には同相の証明が必要であるが，これについては，後に述べることにする．

問 2 X を位相空間，$A \subset X$ とする．X の 2 点 x, x' は，$x = x'$ か x, x'

$\in A$ のときに限り同値と定め，この同値関係による X の商空間を，**X から A を1点に縮めて得られる空間**といい，X/A で表わす．A が X の閉集合ならば，射影 $p: X \to X/A$ は閉写像となることを示せ．

さて，上述の商空間の位相の定め方によって，$f: (X, \mathfrak{T}) \to (Y, \mathfrak{T}(f))$ は，連続写像のなかでも特別な性質をもつ．

定義 15.3　X, Y を位相空間，$f: X \to Y$ を連続な全射とする．Y の位相が，$\mathfrak{T}(f)$ と一致するとき，すなわち，$f^{-1}(H)$ が X の開集合であれば，H は必ず Y の開集合となるとき，f を**商写像**(または**等化写像**)という．

問3　$f: X \to Y$ を連続な全射とするとき，

f が商写像 $\Leftrightarrow f^{-1}(F)$ が X の閉集合なら F は Y の閉集合

となることを証明せよ．

連続写像は一般に商写像ではない．例えば，集合 X の2つの位相 $\mathfrak{T}_1, \mathfrak{T}_2$ があって，$\mathfrak{T}_1 \supsetneqq \mathfrak{T}_2$ ならば，恒等写像 $1_X: (X, \mathfrak{T}_1) \to (X, \mathfrak{T}_2)$ は連続だが(例12.1)，商写像ではない．

位相写像は明らかに商写像であるが，商写像の他の例として次の定理がある．

定理 15.3　X, Y を位相空間，$f: X \to Y$ を連続な全射とする．f が開写像かまたは閉写像ならば，f は商写像である．

証明　$Y \supset H$ で $f^{-1}(H)$ は X の開集合とする．f が開写像ならば，定義から，$f(f^{-1}(H)) = H$ は Y の開集合である．f が閉写像ならば，$f(X - f^{-1}(H)) = Y - H$ は Y の閉集合であり，したがって H は Y の開集合である．∎

問4　X, Y は位相空間，$f: X \to Y$ は連続な全単射とするとき，f に対して次の条件は同値であることを証明せよ．

(a)　位相写像，(b)　開(または閉)写像，(c)　商写像．

商写像に関して次の定理は基本的である．

定理 15.4　X, Y, Z を位相空間，$f: X \to Z$，$g: X \to Y$，$h: Y \to Z$ を写像とし，

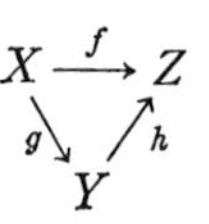

$$f = h \circ g$$

を満たす(すなわち，右の図式は可換)と仮定する．このとき，次のことが成り立つ．

(a)　g が商写像，f が連続 $\Longrightarrow h$ は連続．

(b)　g, h が商写像 $\Longrightarrow f$ は商写像．

(c)　f が商写像，g, h が連続 $\Longrightarrow h$ は商写像．

証明　(a)　Z の開集合 K に対し，$h^{-1}(K)$ が Y の開集合となることを示せばよい．f の連続性より，$f^{-1}(K)$ は X の開集合で，$f^{-1}(K) = (h \circ g)^{-1}(K) = g^{-1}(h^{-1}(K))$，および g が商写像であることから，$h^{-1}(K)$ は Y の開集合である．

(b)　g, h は連続，全射であるから f も連続，全射である．$Z \supset K$，$f^{-1}(K)$ は X の開集合と仮定する．$f^{-1}(K) = g^{-1}(h^{-1}(K))$ で，g は商写像だから，$h^{-1}(K)$ は Y の開集合．h が商写像であるから，K は Z の開集合である．よって，f は商写像である．

(c)　仮定より，$f = h \circ g$，f は全射だから，h も全射である(定理2.3参照)．$K \subset Z$，$h^{-1}(K)$ が Y の開集合なら，g の連続性により，$g^{-1}(h^{-1}(K)) = f^{-1}(K)$ は X の開集合．f が商写像であるから，K は Z の開集合である．よって，h は商写像である．∎

定理15.4は，次の形で応用される．

定理 15.5　X を位相空間，$\sim$ を X における同値関係とする．Z を位相空間とし，商写像 $f: X \to Z$ が，任意の $x, x' \in X$ に対し，条件

(1)　$$x \sim x' \Leftrightarrow f(x) = f(x')$$

を満たすならば，商空間 $X/\sim$ は Z と同相である．

証明　$p: X \to X/\sim$ を射影とする．$X/\sim$ の各点 y に対し，条件(1)より $f(p^{-1}(y))$ は1点のみの集合となるから，y をこの点に対

応させる写像$h: X/\sim \to Z$が定まり，$f=h\circ p$となる．よって定理15.4の(a)より，hは連続である．更に条件(1)より，hは全単射となり，定理15.4の(c)よりhは商写像となるから，hは位相写像である(問4参照)．∎

したがって，商空間$X/\sim$が与えられた位相空間Zと同相であることを示すには，定理15.5の条件(1)を満たす商写像$f: X\to Z$が定められればよい．

例 15.5　例15.3, 15.4に対して，写像$f: X\to Z$を例15.3では，$X=[0,1]$，$Z=S^1$，

$$f: x \longmapsto (\cos 2\pi x,\ \sin 2\pi x),$$

例15.4, (i)では，$X=\{(x,y)\mid 0\leqq x\leqq 2,\ 0\leqq y\leqq 1\}$，$Z=S^1\times I$，

$$f: (x,y) \longmapsto ((\cos \pi x, \sin \pi x), y),$$

例15.4, (iii)では，Xは(i)と同じ，$Z=S^1\times S^1$，

$$f: (x,y) \longmapsto ((\cos \pi x, \sin \pi x), (\cos 2\pi y, \sin 2\pi y))$$

と定めると，fは明らかに全射で連続である．

また，fは定理15.5の条件(1)を満たすから，商写像となることがわかれば，$X/\sim\cong Z$となるが，これらの場合，後章でfが閉写像となることが証明されるから，定理15.3より，fは商写像となることがわかる．

例 15.6　$\boldsymbol{R}$の点x, x'は，$x-x'\in \boldsymbol{Z}$のときに限り同値と定めると，この同値関係による商空間YはS^1と同相である．$f: \boldsymbol{R}\to S^1$を$f(x)=(\cos 2\pi x, \sin 2\pi x)$で定義すると，$f$は全射，連続で，$x, x'\in \boldsymbol{R}$に対し，

$$\begin{aligned} x-x'\in \boldsymbol{Z} &\Leftrightarrow \cos 2\pi x = \cos 2\pi x',\ \sin 2\pi x = \sin 2\pi x' \\ &\Leftrightarrow f(x) = f(x'). \end{aligned}$$

また，$\alpha\in \boldsymbol{R}$, $0<\varepsilon<1/4$に対し，

$$f((\alpha-\varepsilon, \alpha+\varepsilon)) = \{(s,t)\in \boldsymbol{R}^2 \mid d_2(f(\alpha), (s,t)) < 2\sin \pi\varepsilon\} \cap S^1$$

となり，$\{(\alpha-\varepsilon, \alpha+\varepsilon) \mid \alpha \in \boldsymbol{R},\ 0<\varepsilon<1/4\}$ は，$\boldsymbol{R}$ の開基であるから，f は開写像である．したがって，f は商写像となるから，$Y \cong S^1$ である．

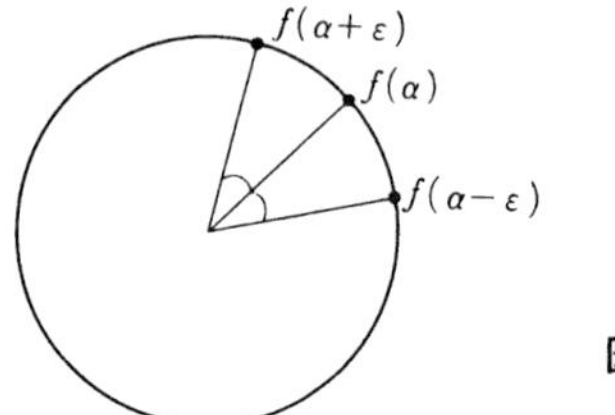

図17

例 15.7　$\boldsymbol{R}$ の部分空間 $X_0=\{x \in \boldsymbol{R} \mid x \geqq 0\}$ と例 15.6 の f を用いて，$f_0=f \mid X_0 : X_0 \to S^1$ とおく．f_0 は全射，連続である．$H \subset S^1$ に対し $f_0^{-1}(H)$ は X_0 の開集合と仮定する．$x_0 \in f^{-1}(H)$ のとき，$1<x_0+n_0$ となる $n_0 \in \boldsymbol{N}$ をとれば，$x_0+n_0 \in X_0$ で，$f_0(x_0+n_0)=f(x_0) \in H$ より，$x_0+n_0 \in f_0^{-1}(H)$．したがって，$(x_0+n_0-\varepsilon, x_0+n_0+\varepsilon) \subset f_0^{-1}(H)$ を満たす $\varepsilon>0$ がある．この ε に対し，$f((x_0-\varepsilon, x_0+\varepsilon))= f_0((x_0+n_0-\varepsilon, x_0+n_0+\varepsilon)) \subset H$ となるから，$(x_0-\varepsilon, x_0+\varepsilon) \subset f^{-1}(H)$．すなわち，$f^{-1}(H)$ は $\boldsymbol{R}$ の開集合である．例 15.6 で示したように，f は商写像であるから，H は S^1 の開集合である．すなわち，f_0 も商写像である．しかし，f_0 は開写像でも閉写像でもない．例えば，X_0 における開集合 $G=[0, 1/4)$，閉集合 $F=\left\{n+\dfrac{1}{n} \middle| n \in \boldsymbol{N}\right\}$ の像は，それぞれ S^1 の開集合，閉集合とはならないからである．——

商空間は，直和空間と組み合わせて応用されることが多い．

例 15.8　X, Y は位相空間，$X \cap Y=\phi$, $A \subset X$, $f: A \to Y$ は連続写像とする．Y を含む位相空間 Z をつくり，f の拡張となる連続写像 $\psi_f: X \to Z$ をつくることは可能であろうか．これに答えるため，$Z=Y \cup (X-A)$ とおき，写像 $\psi_f: X \to Z$ を

$$\psi_f(x) = \begin{cases} f(x), & x \in A \text{ のとき}, \\ x, & x \in X-A \text{ のとき} \end{cases}$$

と定める．更に $i: Y \to Z$ を包含写像とし，Z に ψ_f, i によって誘導される位相を与える．したがって，ψ_f は連続で，$\psi_f|A=f$ となることは明らか．一方，i を考慮したことにより，Y の位相はそのまま Z の部分空間としての相対位相に一致する．このことは，Y の開集合 H に対し，$f^{-1}(H)=A\cap G$ となる X の開集合 G をとり，

$$K = i(H) \cup \psi_f(G-A)$$

とおけば，$H=K\cap Y$ で

$$\psi_f^{-1}(K) = f^{-1}(H) \cup (G-A) = G, \quad i^{-1}(K) = H$$

となり，Z の位相の与え方より，K は Z の開集合となることからわかる．この位相空間 Z を，X を Y に f で接着した**接着空間**といい，$X \underset{f}{\cup} Y$ で表わす．Z は，直和空間 $X\oplus Y$ から，A の点 a と Y の点 $f(a)$ を同一視して得られる商空間と一致する（次の定理 15.6 (b) 参照）．Y が 1 点のみの集合のときは，Z は X/A と一致する．

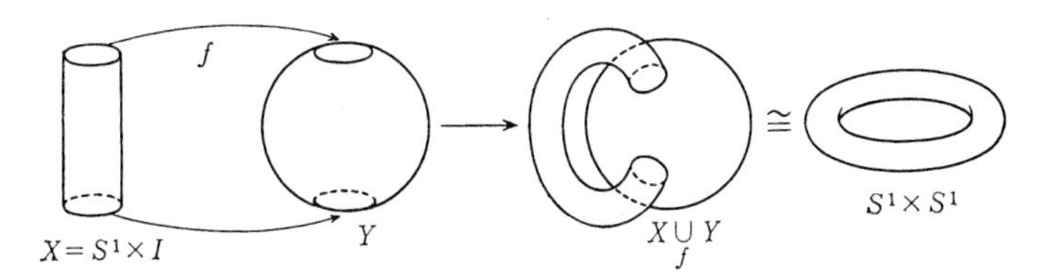

図 18　接着空間の例

以上，部分空間，積空間，商空間，直和空間について述べたが，この節の始めに述べた位相空間の 2 つの構成方法は，すべてこれら 4 つの型の構成の組み合わせとして得られることを示しておこう．

定理 15.6　$\{X_\lambda \mid \lambda \in \Lambda\}$ を位相空間の族とし，

(a)　集合 Y と，写像 $g_\lambda: Y \to X_\lambda$ $(\lambda \in \Lambda)$

または

(b)　集合 Z と，写像 $f_\lambda: X_\lambda \to Z$ $(\lambda \in \Lambda)$

が与えられたとき，これらの写像により誘導される位相を Y および Z に与えておく．

(a)の場合．写像 $g: Y \to X = \prod_{\lambda \in \Lambda} X_\lambda$ を，$y \in Y$ に対し，

$$g(y) = \{g_\lambda(y) \mid \lambda \in \Lambda\}$$

と定めると，Y の位相は $\{g^{-1}(G) \mid G$ は X の開集合$\}$ と一致する．したがって，g が単射ならば，g は埋蔵である．

(b)の場合．X_λ と同相な位相空間 X_λ' で，$X_\lambda' \cap X_\mu' = \phi$ $(\lambda \neq \mu)$ となるものをとる．$h_\lambda: X_\lambda' \to X_\lambda$ を位相写像とするとき，写像 $f: X' = \bigoplus_{\lambda \in \Lambda} X_\lambda' \to Z$ を，$x \in X'$ に対し

$$f(x) = f_\lambda \circ h_\lambda(x), \qquad x \in X_\lambda' \text{ のとき}$$

と定めると，Z の位相は $\mathfrak{T}(f)$ と一致する．したがって，f が全射ならば，f は商写像である．

証明　(a)の場合．まず，射影 $p_\lambda: X \to X_\lambda$ により，$g_\lambda = p_\lambda \circ g$ となる．よって，Y の位相は，$\{g_\lambda^{-1}(G_\lambda) \mid G_\lambda$ は X_λ の開集合，$\lambda \in \Lambda\} = \{g^{-1}(p_\lambda^{-1}(G_\lambda)) \mid G_\lambda$ は X_λ の開集合，$\lambda \in \Lambda\}$ によって生成される．積空間 X の位相は，$\{p_\lambda^{-1}(G_\lambda) \mid G_\lambda$ は X_λ の開集合，$\lambda \in \Lambda\}$ によって生成されるから，Y の位相は $\mathcal{S} = \{g^{-1}(G) \mid G$ は X の開集合$\}$ によって生成される．ところが，$\mathcal{S}$ 自身で Y の1つの位相となるから，Y の位相は $\mathcal{S}$ と一致する．

(b)の場合．$H \subset Z$ に対し

$$\begin{aligned} H \in \mathfrak{T}(f_\lambda; \Lambda) &\Leftrightarrow \text{各 } \lambda \text{ に対し，} f_\lambda^{-1}(H) \text{ が } X_\lambda \text{ の開集合} \\ &\Leftrightarrow \text{各 } \lambda \text{ に対し，} h_\lambda^{-1} f_\lambda^{-1}(H) \text{ が } X_\lambda' \text{ の開集合} \end{aligned}$$

となる．一方，$h_\lambda^{-1} f_\lambda^{-1}(H) = f^{-1}(H) \cap X_\lambda'$ であるから

$$H \in \mathfrak{T}(f_\lambda; \Lambda) \Leftrightarrow H \in \mathfrak{T}(f). \qquad \blacksquare$$

注意　上の定理の(b)においては，直和空間を用いるため，空間 X_λ' を

新たにとるのであるが，このようなX_λ'としては，$X_\lambda \times \{\lambda\}$ (X_λと1点の空間$\{\lambda\}$との積空間) を考えればよい．

練 習 問 題 3

1 積空間$X\times Y$において，$A\subset X$, $B\subset Y$とするとき，

(i) $\mathrm{Int}(A\times B)=\mathrm{Int}\,A\times \mathrm{Int}\,B$,

(ii) $\mathrm{Bd}(A\times B)=(\mathrm{Bd}\,A\times \mathrm{Cl}\,B)\cup(\mathrm{Cl}\,A\times \mathrm{Bd}\,B)$

となることを示せ．

無限個の積空間$\prod_\alpha X_\alpha$においては，$A_\alpha\subset X_\alpha$とするとき，

$$\mathrm{Int}\Big(\prod_\alpha A_\alpha\Big)=\prod_\alpha \mathrm{Int}\,A_\alpha$$

は成り立つか．

2 (i) Gを積空間$X\times Y$の開集合，$x\in X$とすると，$\{y\in Y\,|\,(x,y)\in G\}$は，$Y$の開集合となることを示せ．

(ii) A, Bを，それぞれ積空間$X\times Y$, $Y\times Z$の開集合とするとき，

$A\circ B=\{(x,z)\in X\times Z\,|$ ある $y\in Y$ に対し $(x,y)\in A,\ (y,z)\in B\}$

は，$X\times Z$の開集合となることを証明せよ．

3 $S=X\cup Y$とし，X, Yはただ1点x_0を共有する位相空間とする．Sの部分集合Aは，$A\cap X$, $A\cap Y$がそれぞれX, Yの開集合となるとき，開集合と定めSに位相を与える．このとき，Sは，$X\times Y$の部分空間$(X\times\{x_0\})\cup(\{x_0\}\times Y)$と同相になることを証明せよ．

4 $f:X\to Y$を連続写像とするとき，$X\times Y$の部分空間$\{(x,f(x))\,|\,x\in X\}$は，Xと同相になることを証明せよ．

5 $\mathfrak{T}_1, \mathfrak{T}_2$を集合$X$の位相とするとき，$\mathcal{B}=\{G\cap H\,|\,G\in\mathfrak{T}_1,\ H\in\mathfrak{T}_2\}$は，開基の条件(定理9. 8, B_1, B_2)を満たし，かつ位相空間$(X,\mathfrak{T}(\mathcal{B}))$は，積空間$(X,\mathfrak{T}_1)\times(X,\mathfrak{T}_2)$の部分空間$\{(x,x)\,|\,x\in X\}$と同相になることを証明せよ．

6 $\mathfrak{m}\geqq\aleph_0$とするとき，積空間$X^{\mathfrak{m}}$, $X^{\mathfrak{m}}\times X^{\mathfrak{m}}$は互いに同相であることを証明せよ．

7 Cantor立方体$D^{\mathfrak{m}}$ ($\mathfrak{m}>\aleph_0$)においては，$D^{\mathfrak{m}}$の各点はG_δ集合とならない

ないことを証明せよ.

8 $\boldsymbol{R}^2$ の2点 (x, y), (x', y') は, $x-x'$, $y-y'$ がともに整数となるときに限り同値 $\sim$ と定めれば, 商空間 $\boldsymbol{R}^2/\sim$ は, トーラス $S^1 \times S^1$ と同相になることを証明せよ.

9 A_i $(i=1, \cdots, n)$ は位相空間 X の閉集合で, $X=\bigcup_i A_i$ とする. 各 A_i を X の部分空間とし, 直和空間 $S=(A_1\times\{1\})\oplus\cdots\oplus(A_n\times\{n\})$ の点 (x, i) に対し, $\varphi(x, i)=x$ とおけば, $\varphi: S\to X$ は, 全射, 連続, 閉写像となることを証明せよ.

10 X_λ $(\lambda\in\Lambda)$, Z を位相空間とし, Z の位相は, 写像 $f_\lambda: X_\lambda\to Z$ $(\lambda\in\Lambda)$ により誘導された位相とする. このとき,

$$g: Z \longrightarrow Y \text{ が連続} \Leftrightarrow g\circ f_\lambda: X_\lambda \longrightarrow Y \ (\lambda\in\Lambda) \text{ が連続}$$

となることを証明せよ.

第4章　連　結　性

位相的性質の最も基本的なものとして，連結性がある．微積分で学ぶ中間値の定理は，区間の連結性による．また，位相構造の相違も連結性の観点から判断されることが多い．連結性の定義は，Hausdorff-Lenne に由来する．直観的に分かり易い弧状連結性についても，局所連結性とともに§17で述べることにする．

§16　連結性

位相空間が連結とは，ひとつながりになっていることであって，Hausdorff-Lenne による定義は次の通りである．

定義 16.1　位相空間 X に対して

$$X = A \cup B, \quad A \cap B = \phi, \quad A \neq \phi, \quad B \neq \phi$$

を満たす閉集合 A, B が存在しないとき，X は**連結**であるという．位相空間 X の部分集合 Y が連結であるとは，X の部分空間 Y が連結であることをいう．

定理 16.1　位相空間 X に対し，次の条件は同値である．

(a)　X は連結である．

(b)　$X=A\cup B$, $A\cap B=\phi$, $A\neq\phi$, $B\neq\phi$ を満たす X の開集合 A, B は存在しない．

(c)　A が X の開集合でかつ閉集合ならば，$A=\phi$ か $A=X$.

証明　$X\supset A$, $B=X-A$ のとき，$X=A\cup B$, $A\cap B=\phi$ となり

$$A, B \text{閉集合} \Leftrightarrow A \text{開かつ閉集合} \Leftrightarrow A, B \text{開集合},$$

$$A \neq \phi,\ A \neq X \Leftrightarrow A \neq \phi,\ B \neq \phi,$$

となることから，定理は明らかである．▌

1点のみの空間，密着空間は連結であるが，2点以上を含む離散空間は連結でない．連結空間の代表的なものとして次の例を挙げよう．

例 16.1 実数空間 $\boldsymbol{R}$ は連結である．(証明．$\boldsymbol{R}$ が連結でないと仮定すると，定義により，$\boldsymbol{R}=A\cup B$, $A\cap B=\phi$, $A\neq\phi$, $B\neq\phi$ を満たす閉集合 A, B がある．点 $a\in A$, $b\in B$ をとれば，$A\cap B=\phi$ より $a\neq b$．いま，$a<b$ と仮定しよう．$[a,b]\cap A$ の上限を c とすれば，$c\in \mathrm{Cl}([a,b]\cap A)=[a,b]\cap A$．よって，$c\leqq b$．$c\in A$ より $c\notin B$．よって，$c<b$．また，c は $[a,b]\cap A$ の上限だから，$(c,b]\cap A=\phi$．よって，$(c,b]\subset B$ となるから，$c\in \mathrm{Cl}(c,b]\subset \mathrm{Cl}\,B=B$．したがって，$c\in A\cap B$ となり，仮定 $A\cap B=\phi$ と矛盾する．よって，$\boldsymbol{R}$ は連結である．▮)

$\boldsymbol{R}$ の部分集合 A が2点以上含むとき，A が区間(例1.1)となることは，

$$x, y\in A,\ \ x<y \Longrightarrow [x,y]\subset A$$

によって特徴づけられることが容易に分かる．

定理 16.2 $\boldsymbol{R}$ に含まれる連結集合は，1点であるか，または区間に限る．

証明 $\boldsymbol{R}$ の連結性の証明と同様にして，区間の連結性がわかる．逆に，$\boldsymbol{R}$ の部分集合 X が1点でなく，また区間でもないときは，X のある2点 x, y $(x<y)$ に対して，$x<z<y$, $z\notin X$ となる点 z が存在する(この定理の直前に述べたことによる)．このとき，

$$A=(-\infty, z)\cap X, \qquad B=(z,+\infty)\cap X$$

は X の開集合で，$X=A\cup B$, $A\cap B=\phi$, $A\neq\phi$, $B\neq\phi$ となるから，X は連結でない．▮

定理 16.3 $f: X\to Y$ は連続写像で全射とする．X が連結ならば，Y も連結である．

証明 A は Y の開集合でかつ閉集合であると仮定する．f は連続

であるから，$f^{-1}(A)$ は X の開集合でかつ閉集合である．X の連結性より，$f^{-1}(A)=X$ か $f^{-1}(A)=\phi$．f は全射だから，$A=f(f^{-1}(A))$，$f(X)=Y$．したがって，$A=Y$ か $A=\phi$ となる．▌

系 16.4 X, Y が同相，X が連結ならば，Y も連結である．すなわち，連結性は位相的性質である．——

定理 16.2, 16.3 の応用として，次のいわゆる中間値の定理(微積分では $X=[a,b]$ の場合)を証明しよう．

系 16.5(中間値の定理) f を連結位相空間 X 上の連続実数値関数とし，$a,b\in X$，$f(a)<f(b)$ とする．このとき，$f(a)<\alpha<f(b)$ を満たす任意の実数 α に対し，$f(c)=\alpha$ となる $c\in X$ が存在する．

証明 定理 16.3 より，$f(X)$ は $\boldsymbol{R}$ の連結集合である．よって，定理 16.2 により，$f(X)$ は区間である．したがって，$[f(a),f(b)]\subset f(X)$．$\alpha\in[f(a),f(b)]$ であるから，$\alpha\in f(X)$，よって，$f(c)=\alpha$ を満たす $c\in X$ が存在する．▌

位相空間 X の部分集合 B, C が

$$\mathrm{Cl}\,B\cap C=\phi,\qquad B\cap\mathrm{Cl}\,C=\phi$$

を満たすとき，B, C を**離れた集合**という．明らかに，互いに素な 2 つの閉集合は離れた集合であり，また，互いに素な 2 つの開集合も離れた集合となる(定理 10.16)．

定理 16.6 A を位相空間 X の部分集合とするとき，次の条件は同値である．

(a) A は連結である．

(b) B, C を，$A=B\cup C$ を満たす X の離れた集合とすれば，$B=\phi$ か，または $C=\phi$ である．

(c) G, H を，$A\subset G\cup H$ を満たす X の離れた集合とすれば，$A\subset G$ か，または $A\subset H$ である．

証明 (a)⇒(b) B, C は(b)の仮定を満たすものとする．この

とき，

$$\mathrm{Cl}_A B = \mathrm{Cl}\, B \cap A = \mathrm{Cl}\, B \cap (B \cup C)$$
$$= (\mathrm{Cl}\, B \cap B) \cup (\mathrm{Cl}\, B \cap C) = B.$$

よって，B は部分空間 A の閉集合である．同様に，C も部分空間 A の閉集合となる．A が連結ならば，$B=\phi$ か，または $C=\phi$ であるから，(b)が成立する．

(b)⇒(c)　G, H は(c)の仮定を満たすものとする．$B=A\cap G$, $C=A\cap H$ とおくと，明らかに B, C は X の離れた集合で，$A=B\cup C$. よって，(b)が成立すれば，$B=\phi$ か $C=\phi$ となる．$B=\phi$ ならば，$A\subset H$ であり，$C=\phi$ ならば，$A\subset G$ である．よって，(c)が成立する．

(c)⇒(a)　E, F は部分空間 A の閉集合で，$A=E\cup F$, $E\cap F=\phi$ を満たすものとする．このとき，

$$\mathrm{Cl}\, E \cap F = \mathrm{Cl}\, E \cap (A \cap F) = (\mathrm{Cl}\, E \cap A) \cap F$$
$$= \mathrm{Cl}_A E \cap F = E \cap F = \phi.$$

同様に，$E\cap \mathrm{Cl}\, F=\phi$ となるから，E, F は X の離れた集合である．よって，(c)が成立すれば，$A\subset E$ か，または $A\subset F$. $A\subset E$ ならば，$F=\phi$. $A\subset F$ ならば，$E=\phi$. よって，A は連結である．▌

定理 16.7　A を位相空間 X の連結集合とすれば，$A\subset B\subset \mathrm{Cl}\, A$ を満たす X の部分集合 B は，連結である．

証明　C, D を $B=C\cup D$ を満たす X の離れた集合とする．$A\subset B=C\cup D$ であり，A は連結だから，定理 16.6 の(c)より，$A\subset C$ か，または $A\subset D$ となる．$D\subset B\subset \mathrm{Cl}\, A$ であるから，$A\subset C$ とすれば，

$$D = D\cap \mathrm{Cl}\, A \subset D\cap \mathrm{Cl}\, C = \phi.$$

同様に，$A\subset D$ ならば，$C=\phi$ となる．よって，再び定理 16.6 の(b)より，B は連結である．▌

定理 16.8　位相空間 X において，連結集合からなる X の部分集

合の族 $\mathscr{M}=\{M_\lambda \mid \lambda \in \Lambda\}$ に対し,

$$\lambda \in \Lambda \Longrightarrow M_\lambda \cap M_{\lambda_0} \neq \phi$$

となる $\lambda_0 \in \Lambda$ が存在するときは, $M=\bigcup\{M_\lambda \mid \lambda \in \Lambda\}$ は連結である.

証明　G, H は X の離れた部分集合で, $M \subset G \cup H$ を満たすと仮定する. M_λ は連結集合で, $M_\lambda \subset M \subset G \cup H$ となるから, 定理 16.6 により,

(a)　$M_\lambda \subset G$,　　(b)　$M_\lambda \subset H$

のいずれかが成り立つ. このことは, $\lambda=\lambda_0$ についても成立することであるから, いま,

$$M_{\lambda_0} \subset G \qquad (したがって, M_{\lambda_0} \cap H = \phi)$$

が成立したと仮定しよう. このとき, 定理の仮定より, 任意の $\lambda \in \Lambda$ に対し, $M_\lambda \cap M_{\lambda_0} \neq \phi$ であるから, (b) の場合は起らない. すなわち, $M_\lambda \subset G$. これは任意の λ に対し成立するから, $M \subset G$. よって, 定理 16.6 より, M は連結である. ▮

系 16.9　位相空間 X の任意の 2 点が, ともにある同一の連結集合に含まれるならば, X は連結である.

証明　X の 1 点 a_0 と, X の任意の点 x に対し, a_0, x を共に含む連結集合の 1 つを $M(a_0, x)$ とする. $\mathscr{M}=\{M(a_0, x) \mid x \in X\}$ とおくと, 定理の仮定から, $X=\bigcup\{M(a_0, x) \mid x \in X\}$ であるが, x_0 を X の 1 点とするとき,

$$a_0 \in M(a_0, x_0) \cap M(a_0, x) \qquad (x \in X)$$

となるから, 定理 16.8 より, X は連結である. ▮

定理 16.10　位相空間 $X_\lambda, \lambda \in \Lambda$ の各々が連結ならば, 積空間 $\prod\{X_\lambda \mid \lambda \in \Lambda\}$ も連結である.

証明　(i)　空間の個数が有限個の場合. $\Lambda=\{1, \cdots, n\}$ とし, n についての帰納法により証明する. $n=1$ のときは明らか. 次に, $n-1$ については定理は成立するものと仮定する. $X_1 \times \cdots \times X_n$ の任意の

2点$a=(a_1, \cdots, a_n)$，$b=(b_1, \cdots, b_n)$に対し，部分空間

$$M_1 = \{a_1\}\times X_2\times\cdots\times X_n, \qquad M_2 = X_1\times\cdots\times X_{n-1}\times\{b_n\}$$

は，それぞれ$X_2\times\cdots\times X_n$，$X_1\times\cdots\times X_{n-1}$に同相であるから，帰納法の仮定により連結である．また，

$$(a_1, \cdots, a_{n-1}, b_n)\in M_1\cap M_2$$

となるから，定理16.8により，$M(a,b)=M_1\cup M_2$は，a, bを含む連結集合である．よって，系16.9により，$X_1\times\cdots\times X_n$は連結である．

(ii)　一般の場合．定理14.11の記法を用いる．$S(a\,;\lambda_1, \cdots, \lambda_n)$は，積空間$X_{\lambda_1}\times\cdots\times X_{\lambda_n}$と同相．したがって，(i)により，連結である．$a\in S(a\,;\lambda_1, \cdots, \lambda_n)\cap S(a\,;\mu_1, \cdots, \mu_m)$．よって，定理16.8により，$S(a)$は連結である．定理14.11によれば，$\prod X_\lambda=\mathrm{Cl}\,S(a)$．よって，定理16.7により，$\prod X_\lambda$は連結である．∎

例16.2　n次元Euclid空間$\boldsymbol{R}^n$は連結である．——

Xを位相空間，xをXの点とするとき，xを含むXの連結集合全体の和を$C(x)$で表わす．

定理16.11　$C(x)$について，次の性質がある．

(a)　$C(x)$はxを含むXの最大の連結集合であり，かつ閉集合である．

(b)　Xの2点x, x'に対し，$C(x)=C(x')$であるか，または，$C(x)\cap C(x')=\phi$である．すなわち，$\{C(x)\,|\,x\in X\}$は，Xの1つの直和分割である．

証明　(a)　定理16.8より，$C(x)$は連結であり，かつ最大である．また定理16.7より，$\mathrm{Cl}\,C(x)$は連結である．$C(x)$の最大性より，$\mathrm{Cl}\,C(x)\subset C(x)$．よって，$C(x)$は閉集合である．

(b)　$C(x)\cap C(x')\neq\phi$であれば，定理16.8より，$C(x)\cup C(x')$は連結であり，xを含む．よって，$C(x)$の最大性より，$C(x)\cup$

$C(x')\subset C(x)$. すなわち, $C(x')\subset C(x)$. 同様に, $C(x)\subset C(x')$ もいえるから, $C(x)=C(x')$. ∎

$C(x)$ を X における点 x の**連結成分**または**成分**という. 位相空間 X の連結成分または成分といえば, これは X のある点の連結成分を意味する.

問1 X の2点 x, x' は, ともにある同一の連結集合に含まれるときに限り同値と定めれば, この同値関係による同値類は X の連結成分と一致することを示せ.

平面 $\boldsymbol{R}^2$ のなかに直線 L があるとき, $\boldsymbol{R}^2-L$ の連結成分は2つあって, 直線 L によってきまる'側'というのは, この連結成分をさすのである.

定義 16.2 位相空間 X の各連結成分がすべて1点のみからなるとき, すなわち, 2点以上を含む部分集合は, すべて連結となりえないとき, X は**完全不連結**という. ——

2点以上からなる離散空間は, 明らかに完全不連結である.

例 16.3 $\boldsymbol{R}$ の部分空間として有理数全体の集合 $\boldsymbol{Q}$ は完全不連結である. (証明. 連結集合 $A\subset\boldsymbol{Q}$ が2点 a, b $(a<b)$ を含めば, 定理16.2より, $[a, b]\subset A$. すなわち, $[a, b]\subset\boldsymbol{Q}$ となって矛盾を生ずる. ∎) 同様に, 無理数全体の集合 $\boldsymbol{P}$ も, 完全不連結である.

例 16.4 Cantor の不連続体 C (例 14.10) は完全不連結である. (証明. 任意の閉区間 $[a, b]$ $(0\leqq a<b\leqq 1)$ に対して, $a<\dfrac{k}{3^n}<b$ を満たす $\dfrac{k}{3^n}$ をとれば, C の実際の作り方により,

$$C\cap\left(\frac{k-1}{3^n}, \frac{k}{3^n}\right)=\phi \quad \text{または} \quad C\cap\left(\frac{k}{3^n}, \frac{k+1}{3^n}\right)=\phi$$

となる. よって, いずれにしても, $[a, b]\not\subset C$ となるから, C は完全不連結であることがわかる. ∎)

さて, 与えられた2つの位相空間 X, Y に対し, X, Y が同相か否

かをきめることは，重要な問題である．同相でないことを示すためには，定理 13.2 を用いて，次のように議論することが行われている．

“$f: X\cong Y$, $A\subset X$, $f(A)=B$ ならば，$X-A\cong Y-B$．したがって，$X-A$ のもつ位相的性質は，必ず $Y-B$ も持つ”

位相的性質として最も簡単な連結性を用いた場合の例を述べよう．

例 16.5　線分 $I=[0,1]$ と円周 S^1 は同相でない．(証明．位相写像 $f: I\cong S^1$ があれば，$f(0)=a$, $f(1)=b$ とするとき，$(0,1)=[0,1]-\{0,1\}\cong S^1-\{a,b\}$．しかし，前者は連結，後者は連結でない．よって，$I\cong S^1$ ではない．▮)

例 16.6　線分 I と正方形 I^2 は同相でない．$\boldsymbol{R}$ と $\boldsymbol{R}^n$ $(n>1)$ は同相でない．(証明．$f: \boldsymbol{R}\cong\boldsymbol{R}^n$ が位相写像，$f(0)=a$ とすれば，$\boldsymbol{R}-\{0\}$ は連結でなく，$\boldsymbol{R}^n-\{a\}$ は連結である．▮)

問 2　次の $\boldsymbol{R}^2$ の部分空間 X, Y は同相でないことを示せ．

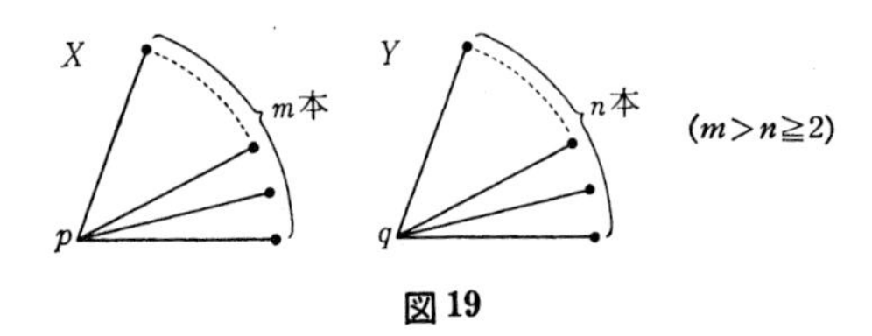

図 19

§17　弧状連結と局所連結

位相空間 X の 2 点 a, b に対し，$f(0)=a$, $f(1)=b$ となる連続写像 $f: I=[0,1]\to X$ が存在するとき，f の像 $l=\{f(t)\mid 0\leqq t\leqq 1\}$ を，a を始点，b を終点とする X における**弧**といい，a と b は X において弧で結べるという．

弧について，次の (i), (ii), (iii) は基本的である．

(i)　a と a は弧で結べる.

(ii)　a と b が弧 $l=f(I)$; $f:I\to X$, $f(0)=a$, $f(1)=b$ で結べるならば, $g(t)=f(1-t)$ で定めた写像 $g:I\to X$ は連続で, $g(0)=b$, $g(1)=a$ となる. すなわち, b と a は弧で結べる.

(iii)　a と b が弧 $l_1=f_1(I)$; $f_1:I\to X$, $f_1(0)=a$, $f_1(1)=b$ で結べ, b と c が弧 $l_2=f_2(I)$; $f_2:I\to X$, $f_2(0)=b$, $f_2(1)=c$ で結べるならば,

$$f(t)=\begin{cases} f_1(2t), & 0\leqq t\leqq 1/2 \text{ のとき}, \\ f_2(2t-1), & 1/2\leqq t\leqq 1 \text{ のとき} \end{cases}$$

で定めた写像 $f:I\to X$ は連続であって(定理 12.6), $f(0)=a$, $f(1)=c$ となる. すなわち, a と c は弧で結べる.

定義 17.1　位相空間 X の任意の 2 点が(X における)弧で結べるとき, X は**弧状連結**であるという. ——

(i), (ii), (iii) より, 次の定理は直ちに証明できる.

定理 17.1　位相空間 X が弧状連結であるためには, X の 1 点 a と X の任意の点が弧で結べることが必要十分である. ——

$\boldsymbol{R}^n$ の 2 点 $a=(a_1,\cdots,a_n)$, $b=(b_1,\cdots,b_n)$ に対し, a と b を結ぶ線分 $\overline{ab}$ は, 連続写像

$$f:I\longrightarrow \boldsymbol{R}^n,\qquad f(t)=((1-t)a_1+tb_1,\cdots,(1-t)a_n+tb_n)$$

の像となり, かつ $f(0)=a$, $f(1)=b$ となるから, 線分はもちろん弧である.

例 17.1　$\boldsymbol{R}^n$ は弧状連結である. また, $\boldsymbol{R}^n$ の点 a の ε 近傍 $U(a;\varepsilon)$ は, $U(a;\varepsilon)$ の点 x に対し線分 $\overline{ax}$ が $U(a;\varepsilon)$ に含まれるから, 弧状連結である.

定理 17.2　弧状連結空間は連結である.

証明　X を弧状連結空間とする. X の任意の 2 点 a,b は弧で結べるが, 弧は I からの連続写像による像だから, 定理 16.3 により

連結である．よって，a, b は，ともに同一の連結集合に含まれるから，系16.9により，X は連結である．▌

例 17.2　$\boldsymbol{R}^2$ の部分空間

$$X = \left\{\left(x, \sin\frac{1}{x}\right) \middle| 0 < x \leqq 1\right\} \cup \{(0, y) \mid -1 \leqq y \leqq 1\}$$

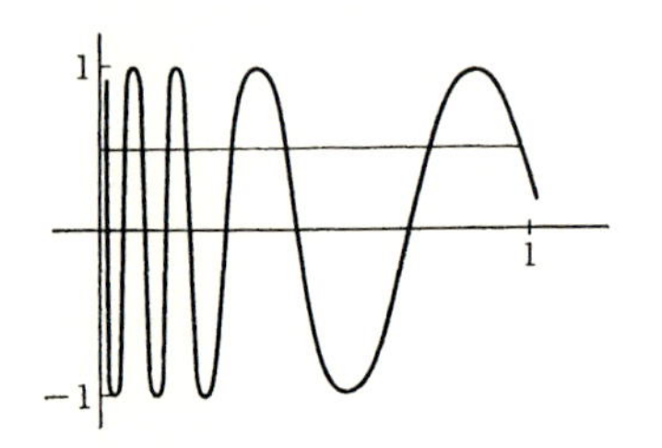

図 20

は，連結であるが，弧状連結ではない．(証明．集合

$$A = \left\{\left(x, \sin\frac{1}{x}\right) \middle| 0 < x \leqq 1\right\}$$

は，区間 $(0, 1]$ からの連続写像 $f: x \mapsto (x, \sin 1/x)$ の像であるから，定理16.3により，連結である．y 軸上の点 $(0, y)$ を通り，x 軸に平行な直線を引けば，これと A との交点は，点 $(0, y)$ に収束する．よって，$X = \mathrm{Cl}\, A$ である．したがって，定理16.7により，X は連結である．弧状連結でないことを証明するため，原点 $(0, 0)$ と点 $(x_0, \sin 1/x_0)$（ただし，$0 < x_0 < 1$）が弧で結べたとする．すなわち，連続写像 $f: I \to X$，$f(0) = (0, 0)$，$f(1) = (x_0, \sin 1/x_0)$ があったとする．$\boldsymbol{R}^2$ から x 軸上への射影を p とすれば，$p_0 = p \mid X: X \to \boldsymbol{R}$ は連続である．そこで，

$$t_0 = \sup\{t \in I \mid (p_0 \circ f)(t) = 0\} = \sup(p_0 \circ f)^{-1}(0)$$

とおけば，$(p_0 \circ f)^{-1}(0)$ は閉集合であるから，$(p_0 \circ f)(t_0) = 0$．よって，$t_0 < 1$．一方，f は連続であるから，

$$|t-t_0|<\delta \Longrightarrow d_2(f(t), f(t_0))<1 \qquad (d_2 \text{ は } \boldsymbol{R}^2 \text{ での距離})$$

を満たす正数 $\delta<1-t_0$ が存在する．t_0 の定義により，$(p_0\circ f)(t_0+\delta)>0$．ここで，自然数 $\boldsymbol{n}$ を

$$(p_0\circ f)(t_0)=0<\frac{1}{\left(2n+\dfrac{3}{2}\right)\pi}<\frac{1}{\left(2n+\dfrac{1}{2}\right)\pi}<(p_0\circ f)(t_0+\delta)$$

となるようにとると，中間値の定理(系 16.5)により

$$(p_0\circ f)(\alpha)=\frac{1}{\left(2n+\dfrac{3}{2}\right)\pi}, \qquad (p_0\circ f)(\beta)=\frac{1}{\left(2n+\dfrac{1}{2}\right)\pi},$$

$$\alpha, \beta \in (t_0, t_0+\delta)$$

を満たす α, β が存在する．このとき，

$$f(\alpha)=((p_0\circ f)(\alpha), \sin 1/(p_0\circ f)(\alpha))=((p_0\circ f)(\alpha), -1),$$
$$f(\beta)=((p_0\circ f)(\beta), \sin 1/(p_0\circ f)(\beta))=((p_0\circ f)(\beta), 1)$$

となり，したがって，

$$d_2(f(\alpha), f(\beta)) \geqq 2$$

となる．他方，$|\alpha-t_0|<\delta$, $|\beta-t_0|<\delta$ より

$$d_2(f(\alpha), f(\beta)) \leqq d_2(f(\alpha), f(t_0))+d_2(f(t_0), f(\beta))<1+1=2$$

となり，矛盾が生じる．▌)

定理 17.3　$\boldsymbol{R}^n$ の開集合 G が弧状連結であるためには，G が連結であることが必要十分である．

証明　G を連結とする．いま，a を G の 1 点とし，G の部分集合 H を

$$H=\{x \in G \mid a \text{ と } x \text{ は } G \text{ において弧で結べる}\}$$

できめる．このとき，H は部分空間 G の開かつ閉集合であることを示そう．$x \in H$ とする．$x \in G$ であるから，$U(x;\varepsilon) \subset G$ となる x の ε 近傍 $U(x;\varepsilon)$ がある．$y \in U(x;\varepsilon)$ とすれば，x と y は $U(x;\varepsilon)$ 内で線分 $\overline{xy}$ で結べる．また，$x \in H$ より，a と x は G 内で弧で結

べるから，a と y は G 内で弧で結べる．よって，$y\in H$．すなわち，$U(x\,;\varepsilon)\subset H$ となるから，H は開集合である．一方，G の点 z で，$z\notin H$ とする．$z\in G$ であるから，$U(z\,;\varepsilon')\subset G$ となる ε' 近傍 $U(z\,;\varepsilon')$ がある．このとき，もし $U(z\,;\varepsilon')\cap H$ が点 w を含めば，前と同様にして，a と z が弧で結べることになり，これは $z\notin H$ に矛盾する．よって，$U(z\,;\varepsilon')\cap H=\phi$，すなわち，$H$ は部分空間 G の閉集合である．よって，H は部分空間 G の開集合かつ閉集合である．したがって，G は連結だから，定理16.1より，$H=\phi$ か，または $H=G$ であるが，$a\in H$ であるから，$H=G$ となる．よって，G は弧状連結である．▌

次に，局所連結性について述べよう．

定義 17.2 位相空間 X の任意の点 x と，x の任意の近傍 $U(x)$ に対し，$V(x)\subset U(x)$ となる連結な近傍 $V(x)$ が存在するとき，X は**局所連結**であるという．

注意 局所連結とは，“X の各点 x に対し，それぞれ連結な近傍が少なくとも1つ存在する”ということと思われがちであるが，これは局所連結とは違うから注意を要する．局所連結は，直観的には，各点 x に対し，いくらでも小さく連結な近傍がとれることであり，“X が連結な開集合からなる開基をもつ”という条件と同値である．

問1 上の注意の最後に述べた命題を証明せよ．

例 17.3 $\boldsymbol{R}^n$ の各点 x の各 ε 近傍 $U(x\,;\varepsilon)$ は連結であり，これらの全体は開基となるから，$\boldsymbol{R}^n$ は局所連結である．

例 17.4 $\boldsymbol{R}$ の部分空間 $\boldsymbol{R}-\boldsymbol{Z}=\bigcup\{(n,n+1)\mid n\in\boldsymbol{Z}\}$ は，連結ではないが，局所連結である．

定理 17.4 位相空間 X が局所連結であるためには，X の任意の開集合 G に対し，部分空間 G における連結成分がすべて X の開集合となることが必要十分である．

証明　X を局所連結とする．G を X の開集合，D を部分空間 G における連結成分とする．$x \in D$ とすれば，$x \in G$ であるから，仮定により，$V(x) \subset G$ となる X の連結な近傍 $V(x)$ がある．D の最大性により，$V(x) \subset D$．よって，D は X の開集合である．逆に，定理の条件を仮定し，$U(x)$ を点 $x \in X$ の任意の近傍とすれば，部分空間 $U(x)$ における x の連結成分 D は X の開集合で，$x \in D \subset U(x)$．よって，X は局所連結である．▮

例 17.5　例 17.2 の連結空間 X は局所連結ではない．（証明．$\boldsymbol{R}^2$ の原点 O における $\frac{1}{2}$ 近傍 $U\left(0\,;\frac{1}{2}\right)$ に対し，X の開集合 $U\left(0\,;\frac{1}{2}\right) \cap X$ での O の連結成分は $\left\{(0, y) \,\middle|\, -\frac{1}{2}<y<\frac{1}{2}\right\}$．これは X の開集合ではないから，定理 17.4 により，X は局所連結とならない．▮）

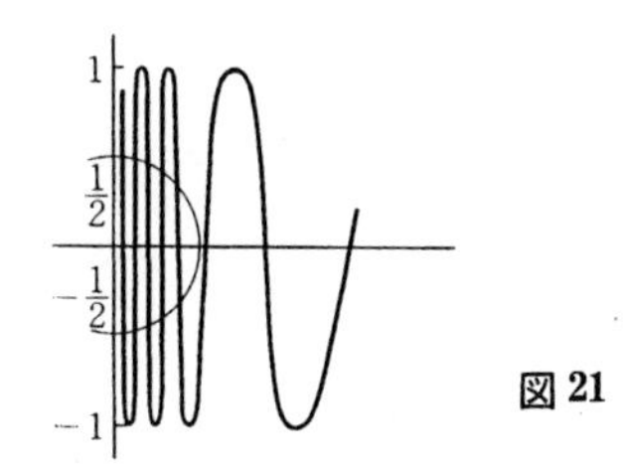

図 21

例 17.4, 17.5 により，位相空間 X が連結でも，局所連結とは限らない．逆に，局所連結でも，連結とは限らない．

最後に，弧の概念について注意しておこう．

本節の始めに与えた弧の定義は，直観的には受け入れ易いものであるが，弧のもつ位相的構造は予期したほど簡単ではない．定理 14.14 によれば，正方形 I^2 も弧ということになる．これについて，次の定理が証明されていることをつけ加えておく．

定理 17.5(Hahn-Mazurkiewicz)　距離化可能な位相空間 X に対

し，$I=[0,1]$ から X への連続な全射が存在するためには，X が (a) 連結，(b) 局所連結，(c) コンパクト（§22 参照）の 3 性質を持つことが必要十分である．

練習問題 4

1　位相空間 X が連結であるためには，連続な全射 $f: X\to\{0,1\}$ が存在しないことが必要十分であることを証明せよ．ただし，$\{0,1\}$ は離散空間とする．

2　$f: \boldsymbol{R}\to\boldsymbol{R}$ を連続な全単射とすれば，f は位相写像となることを証明せよ．

3　位相空間 X において，A を稠密な部分集合とするとき，商空間 X/A (p. 104，問 2 参照) は連結であることを証明せよ．

4　位相空間 X において，$X=\bigcup\{A_\alpha \mid \alpha\in\Omega\}$，各 A_α は連結とする．任意の A_α, A_β $(\alpha,\beta\in\Omega)$ は離れた集合でないとすれば，X は連結であることを証明せよ．

5　X を連結な位相空間，A を X の連結集合とし，B を部分空間 $X-A$ の開集合でかつ閉集合とすると，$A\cup B$ は連結であることを証明せよ．

6　積空間 $X=\prod\{X_\lambda \mid \lambda\in\Lambda\}$ において，

(i)　X の連結成分 C は，各 X_λ の連結成分 C_λ により，$C=\prod\{C_\lambda \mid \lambda\in\Lambda\}$ と表わせることを証明せよ．

(ii)　各 X_λ が完全不連結ならば，X は完全不連結であることを証明せよ．

7　X, Y を連結な位相空間，$A\subsetneq X$，$B\subsetneq Y$ とすれば，$X\times Y-A\times B$ も連結となることを証明せよ．

8　$f: X\to Y$ を全射でかつ連続な商写像とする．Y が連結で，各点 $y\in Y$ に対し $f^{-1}(y)$ が連結であるならば，X は連結であることを証明せよ．

9　$f: X\to Y$ を，全射，連続な商写像とする．X が局所連結なら，Y も局所連結であることを証明せよ．

10　$\boldsymbol{R}^2$ の部分空間

$$Y=\left\{(x,y)\mid x=0,1,\frac{1}{2},\frac{1}{3},\cdots;\ 0\leqq y\leqq 1\right\}\cup\{(x,0)\mid 0\leqq x\leqq 1\}$$

は弧状連結であるが，局所連結でないことを証明せよ．

第5章　分離公理と可算公理

位相空間の理論を深く追求し，またその理論を応用するに当っては，いままで扱ってきた位相空間は一般的過ぎることもあり，適当な制限を加えることが必要になってくる．本章では，このような制限の代表的なものとして，分離公理と可算公理について論ずることにしよう．いくつかの分離公理があり，分離公理を強くすることによって，次第に距離空間に近づいていくのである．

位相空間の開基の濃度とか，稠密集合の濃度などが，可算になる場合は，位相空間は特有の性質をもつ．この章の後半では，このような問題を扱う．

§18　分離公理

分離公理は，点とか閉集合を開集合で分離する条件である[1]．

分離公理 $\mathbf{T}_1$（または **Fréchet の公理**）．位相空間 X の任意の点 a と，a と異なる任意の点 x に対し，a を含み x を含まない開集合が存在する．

分離公理 $\mathbf{T}_2$（または **Hausdorff の公理**）．位相空間 X の任意の異なる2点 x, y に対し，

$$x \in U, \qquad y \in V, \qquad U \cap V = \phi$$

を満たす開集合 U, V が存在する．

分離公理 $\mathbf{T}_3$（または **Vietoris の公理**）．位相空間 X の任意の点 x と，x を含まない任意の閉集合 F に対し，

$$x \in U, \qquad F \subset H, \qquad U \cap H = \phi$$

を満たす開集合 U, H が存在する．

分離公理 $\mathbf{T}_{3\frac{1}{2}}$（または **Tychonoff の公理**）．位相空間 X の任意の

---

1)　分離公理 T_i の T は，分離公理のドイツ語 Trennungsaxiom に由来する．

点 x_0 と，x_0 を含まない任意の閉集合 F に対し，X 上の連続関数 $f: X \to [0, 1]$ で，

$$f(x_0) = 0; \quad x \in F \Longrightarrow f(x) = 1$$

を満たすものが存在する．

分離公理 T_4（または **Tietze の公理**）．位相空間 X において，$E \cap F = \phi$ を満たす任意の閉集合 E, F に対し，

$$E \subset G, \quad F \subset H, \quad G \cap H = \phi$$

を満たす開集合 G, H が存在する．——

$\mathrm{T}_1, \mathrm{T}_2, \mathrm{T}_3, \mathrm{T}_4$ を図示すれば，次のようになる．

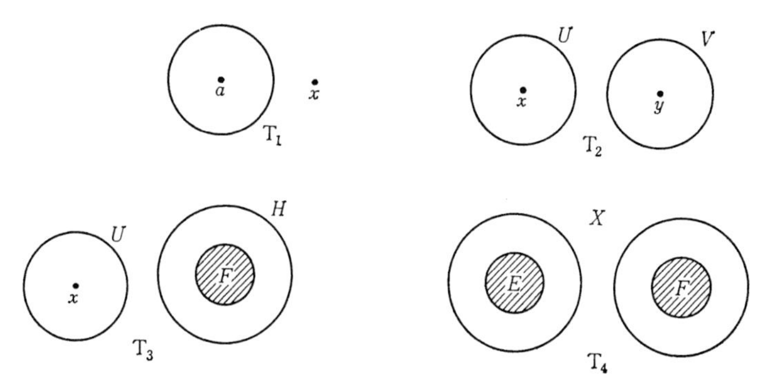

図 22

ところで，$\mathrm{T}_{3\frac{1}{2}}$ が成り立つ場合には，

$$U = \left\{x \in X \mid f(x) < \frac{1}{2}\right\}, \qquad H = \left\{x \in X \mid f(x) > \frac{1}{2}\right\}$$

とおけば，U, H は X の開集合で，$U \cap H = \phi$．よって，T_3 が成り立つ．したがって，次の定理が成立する．

定理 18.1　　$\mathrm{T}_2 \Longrightarrow \mathrm{T}_1, \quad \mathrm{T}_{3\frac{1}{2}} \Longrightarrow \mathrm{T}_3.$

T_1 に関しては，次が成り立つ．

定理 18.2　位相空間 X に対し，T_1 は，次の T_1' と同値である．

T_1'. Xの各点xに対し，$\{x\}$はXの閉集合である.

証明　$T_1 \Rightarrow T_1'$. $y \in X$, $y \neq x$とすれば，T_1により，$y \in U$, $x \notin U$となる開集合Uがある．よって，$y \notin \mathrm{Cl}\{x\}$．故に，$\mathrm{Cl}\{x\} = \{x\}$，すなわち，$\{x\}$は閉集合である.

$T_1' \Rightarrow T_1$. $y \neq x$とすれば，$y \notin \{x\} = \mathrm{Cl}\{x\}$．よって，開集合$U$で，$y \in U$, $U \cap \{x\} = \phi$，すなわち，$x \notin U$となるものが存在する．▌

定理18.2により，次の定理が成り立つ.

定理 18.3　　$T_1 + T_4 \Longrightarrow T_1 + T_3 \Longrightarrow T_2$.

定義 18.1　分離公理T_1を満たす位相空間を**T_1空間**，T_2を満たす位相空間を**Hausdorff 空間**（または**T_2空間**）という．T_1およびT_3を満たす位相空間を**正則空間**（または**T_3空間**），T_1および$T_{3\frac{1}{2}}$を満たす位相空間を**完全正則空間**（または**Tychonoff 空間**），T_1およびT_4を満たす位相空間を**正規空間**（または**T_4空間**）という.

注意　$T_i\left(i=3, 3\dfrac{1}{2}, 4\right)$を満たし，$T_1$を満たさない空間があるから（証明省略），上のように定義するのである.

定理 18.4　上記の空間と，距離化可能空間の間には，次の関係が成立する.

$$\text{距離化可能空間} \Longrightarrow \text{正規空間} \Longrightarrow \text{完全正則空間}$$
$$\Longrightarrow \text{正則空間} \Longrightarrow \text{Hausdorff 空間} \Longrightarrow T_1\text{空間}.$$

証明　(X, ρ)を距離空間とし，E, FをXの閉集合で，$E \cap F = \phi$と仮定する.

$$f(x) = \rho(x, E) - \rho(x, F)$$

とおけば，定理12.8により，fは連続関数である．また，系10.9により，

$$x \in E \Leftrightarrow \rho(x, E) = 0; \quad x \in F \Leftrightarrow \rho(x, F) = 0.$$

よって，

$$x \in E \Longrightarrow x \in E, x \notin F \Longrightarrow \rho(x, E) = 0, \rho(x, F) > 0 \Longrightarrow f(x) < 0,$$

$$x \in F \Longrightarrow x \in F, x \notin E \Longrightarrow \rho(x, F) = 0, \rho(x, E) > 0 \Longrightarrow f(x) > 0,$$

したがって，

$$G = \{x \in X \mid f(x) < 0\}, \qquad H = \{x \in X \mid f(x) > 0\}$$

とおけば，G, H は X の開集合であって，

$$E \subset G, \qquad F \subset H, \qquad G \cap H = \phi$$

となるから，X は正規空間である．

正規空間⇒完全正則空間の証明は，次節の定理 19.6 において行う．他の⇒は明らかである．▌

ここで，上記の⇒を⇐に変えた関係は，一般に成立しないことを注意しておく(次の例参照)．

例 18.1　2点以上含む密着空間は，T_1 空間ではない．

例 18.2　X を無限集合とし，有限集合の補集合となる X の部分集合および ϕ を開集合として，X に位相をいれると，X は T_1 空間であるが，Hausdorff 空間ではない．(証明．X の各点 x に対し，$X-\{x\}$ は開集合であるから，$\{x\}$ は閉集合．よって，定理 18.2 により，X は T_1 空間である．次に，$x, y \in X$, $x \neq y$, $x \in U$, $y \in V$, $U \cap V = \phi$ を満たす開集合 U, V があったとすれば，開集合の定め方から，$X-U$, $X-V$ は有限集合であるが，$U \cap V = \phi$ より，$X = (X-U) \cup (X-V)$．よって，X は有限集合となり，X は無限集合だから，矛盾を生ずる．よって，X は Hausdorff 空間ではない．▌)

例 18.3　$X = \boldsymbol{R}$ とし，X の原点以外の点 x に対しては，x の近傍として通常の ε 近傍 $U(x\,;\varepsilon)$ をとり，$x=0$ では，

$$U^*(0\,;\varepsilon) = U(0\,;\varepsilon) - \{1/n \mid n \in \boldsymbol{N}\}$$

とおき，$\{U^*(0\,;\varepsilon) \mid \varepsilon > 0\}$ を $x=0$ における近傍系として，X に新しい位相 $\mathfrak{T}$ をいれた位相空間 $(X, \mathfrak{T})$ を考えると，$(X, \mathfrak{T})$ は Hausdorff 空間であって，正則空間ではない．(証明．$x, y \in X$, $x \neq y$ とする．$\varepsilon = |x-y|/2$ とおけば，$U(x\,;\varepsilon) \cap U(y\,;\varepsilon) = \phi$．$x=0$ のときも，

$U^*(0;\varepsilon)$ の定義から，もちろん，$U^*(0;\varepsilon)\cap U(y;\varepsilon)=\phi$. よって，$X$ は Hausdorff 空間である．$F=\{1/n \mid n\in \boldsymbol{N}\}$ とおけば，$U^*(0;\varepsilon)\cap F=\phi$ より，$0\notin \mathrm{Cl}\,F$. 一方，$x\notin F$, $x\neq 0$ ならば，もちろん，$x\notin \mathrm{Cl}\,F$. よって，F は X の閉集合である．X の開集合 G と，$\varepsilon>0$ で

$$F\subset G,\qquad U^*(0;\varepsilon)\cap G=\phi$$

となるものがあったとする．定理 10.16 より，$\mathrm{Cl}[U^*(0;\varepsilon)]\cap G=\phi$. 一方，$\mathrm{Cl}\,U^*(0;\varepsilon)\supset U(0;\varepsilon)$ となるから，$1/n<\varepsilon$ となる $n\in\boldsymbol{N}$ をとれば，

$$\frac{1}{n}\in U(0;\varepsilon)\cap F\subset \mathrm{Cl}[U^*(0;\varepsilon)]\cap G.$$

これは矛盾である．よって，X は正則空間ではない．▮)

注意　正則空間 X で，X 上の実数値連続関数はすべて定値関数 ($f(x)$ =定数) となるようなものが存在する (証明省略)．このような空間は，もちろん完全正則ではない．

完全正則であって正規でない空間，正規であって距離化可能でない空間の例は次節で述べる．

次に，T_3 の変形を与えておこう．

定理 18.5　位相空間 X に対し，T_3 は，次の T_3' と同値である．

T_3'. X の任意の点 x と，x の任意の近傍 U に対し，$x\in V\subset \mathrm{Cl}\,V\subset U$ を満たす x の近傍 V が存在する．

証明　$T_3\Rightarrow T_3'$. x と，x の近傍 U に対し，$F=X-U$ は閉集合で $x\notin F$. よって，T_3 により

$$x\in V,\qquad F\subset H,\qquad V\cap H=\phi$$

を満たす開集合 V, H がある．$V\cap H=\phi$ より $\mathrm{Cl}\,V\cap H=\phi$. よって，$\mathrm{Cl}\,V\subset X-H\subset X-F=U$.

$T_3'\Rightarrow T_3$. $x\in X$, $x\notin F$, F は閉集合とし，$G=X-F$ とおけば，$x\in G$ で G は開集合．よって，T_3' により，$x\in V\subset \mathrm{Cl}\,V\subset G$ を満

たす x の近傍 V がある．このとき，$H=X-\mathrm{Cl}\,V$ は開集合で，$V\cap H=\phi$．また，$F=X-G\subset X-\mathrm{Cl}\,V=H$． ▮

位相空間の部分空間，積空間の構成と分離公理の関連について，次が成立する．

定理 18.6 位相空間 X が分離公理 T_i を満たすならば，X の任意の部分空間 A も同じ分離公理 T_i を満たす．ただし，$i=1, 2, 3, 3\frac{1}{2}$．

証明 (i) $x_0\in A$, $x_0\notin F_0$, F_0 を部分空間 A の閉集合とすれば，$F_0=F\cap A$ を満たす X の閉集合 F がある．

(ii) X は T_3 を満たすと仮定する．このとき，(i) の x_0, F_0, F に対し，$x_0\notin F$ であるから，

$$x_0\in U, \quad F\subset H, \quad U\cap H=\phi$$

を満たす X の開集合 U, H が存在する．ここで，

$$U_0=U\cap A, \quad H_0=H\cap A$$

とおけば，U_0, H_0 は部分空間 A の開集合であって，

$$x_0\in U_0, \quad F_0\subset H_0, \quad U_0\cap H_0=\phi$$

となる．よって，A は T_3 を満たす．

(iii) $\mathrm{T}_1, \mathrm{T}_2$ についても，上と同様な方法で証明できる．

(iv) X が $\mathrm{T}_{3\frac{1}{2}}$ を満たすときは，(i) の x_0, F_0, F に対し，連続写像 $f: X\to[0, 1]$ で，

$$f(x_0)=0; \quad x\in F \Longrightarrow f(x)=1$$

となるものが存在する．このとき，写像 $f_0=f|A$: $A\to[0, 1]$ は連続であって，$\mathrm{T}_{3\frac{1}{2}}$ の要求する条件を満たす．よって，A は $\mathrm{T}_{3\frac{1}{2}}$ を満たす． ▮

定理 18.7 積空間 $X=\prod\{X_\lambda \mid \lambda\in\Lambda\}$ において，各 X_λ が分離公理 T_i を満たせば，X も同じ分離公理 T_i を満たす．ただし，$i=1, 2, 3, 3\frac{1}{2}$．

証明　(i)　$x=(x_\lambda)$, $y=(y_\lambda)\in X$, $x\neq y$ とすれば，ある $\lambda_0\in\Lambda$ に対し，$x_{\lambda_0}\neq y_{\lambda_0}$. このとき，

各 X_λ が T_1 を満たす場合，$x_{\lambda_0}\in W_{\lambda_0}$, $y_{\lambda_0}\notin W_{\lambda_0}$,

各 X_λ が T_2 を満たす場合，$x_{\lambda_0}\in U_{\lambda_0}$, $y_{\lambda_0}\in V_{\lambda_0}$, $U_{\lambda_0}\cap V_{\lambda_0}=\phi$

となる X_{λ_0} の開集合 $W_{\lambda_0}, U_{\lambda_0}, V_{\lambda_0}$ がある．よって，

$$x\in\langle W_{\lambda_0}\rangle,\qquad y\notin\langle W_{\lambda_0}\rangle;$$
$$x\in\langle U_{\lambda_0}\rangle,\qquad y\in\langle V_{\lambda_0}\rangle,\qquad \langle U_{\lambda_0}\rangle\cap\langle V_{\lambda_0}\rangle=\phi$$

となるから，$\mathrm{T}_1, \mathrm{T}_2$ について定理は成立する．

(ii)　$x=(x_\lambda)\in X$ と，x の近傍 $\langle U(x_{\lambda_1}),\cdots,U(x_{\lambda_n})\rangle$ をとる．各 X_λ が T_3 を満たせば，定理18.5より，$\mathrm{Cl}\,V(x_{\lambda_i})\subset U(x_{\lambda_i})$ となる x_{λ_i} の近傍がある．このとき，$\langle V(x_{\lambda_1}),\cdots,V(x_{\lambda_n})\rangle$ は x の近傍で，定理14.10より，

$$\mathrm{Cl}\langle V(x_{\lambda_1}),\cdots,V(x_{\lambda_n})\rangle=\{x'=(x_\lambda')\mid x_{\lambda_i}'\in\mathrm{Cl}\,V(x_{\lambda_i}),\,i=1,\cdots,n\}$$
$$\subset\langle U(x_{\lambda_1}),\cdots,U(x_{\lambda_n})\rangle.$$

よって，X は T_3 を満たす．

(iii)　$x=(x_\lambda)\in X$, $x\notin F$, F を X の閉集合とすれば，$\langle U(x_{\lambda_1}),\cdots,U(x_{\lambda_n})\rangle\cap F=\phi$ を満たす x の近傍 $\langle U(x_{\lambda_1}),\cdots,U(x_{\lambda_n})\rangle$ がある．各 X_λ が $\mathrm{T}_{3\frac{1}{2}}$ を満たせば，$x_{\lambda_i}\notin X_{\lambda_i}-U(x_{\lambda_i})$ で，$X_{\lambda_i}-U(x_{\lambda_i})$ は閉集合だから，連続写像 $f_{\lambda_i}:X_{\lambda_i}\to[0,1]$ で

$$f_{\lambda_i}(x_{\lambda_i})=0;\qquad y\in X_{\lambda_i}-U(x_{\lambda_i})\Longrightarrow f_{\lambda_i}(y)=1$$

を満たすものがある．$p_\lambda:X\to X_\lambda$ を射影とし，$g_{\lambda_i}=f_{\lambda_i}\circ p_{\lambda_i}$ とおけば，g_{λ_i} は連続であって，更に，

$$g=\max\{g_{\lambda_1},\cdots,g_{\lambda_n}\}$$

とおけば，$g:X\to[0,1]$ は連続である．x については，$g_{\lambda_i}(x)=f_{\lambda_i}(x_{\lambda_i})=0$ $(i=1,\cdots,n)$ より，$g(x)=0$. また，$y\in F$ ならば，$y\notin\langle U(x_{\lambda_1}),\cdots,U(x_{\lambda_n})\rangle$. よって，ある i に対し，$y_{\lambda_i}\in X_{\lambda_i}-U(x_{\lambda_i})$ となるから，$g_{\lambda_i}(y)=f_{\lambda_i}(y_{\lambda_i})=1$. すなわち，$g(y)=1$. よって，$X$

は $T_{3\frac{1}{2}}$ を満たす. ▮

系 18.8 位相空間 X の部分空間 A および積空間 $\prod_{\lambda \in \Lambda} X_\lambda$ に対し, X および各 X_λ が, T_1 空間, または Hausdorff 空間, または正則空間, または完全正則空間ならば, A および $\prod X_\lambda$ も, また同様な空間になる.

注意 正規空間(normal space)の部分空間も, 積空間も, 一般には, 正規空間とはならない. 正規空間は, その名前とは違って, むしろ正常でない(abnormal)性質をもつ. しかし, それだけに興味がもたれ, また重要な空間である.

分離公理を強めていくと, 我々が空間というとき直観的に抱くものに次第に近い性質をもつようになる. 例えば次が成り立つ.

定理 18.9 T_1 空間においては, 点 x が集合 A の集積点となるためには, x の任意の近傍が A の点を無限個含むことが必要十分である.

問 1 定理 18.9 を証明せよ.

定理 18.10 Y を Hausdorff 空間とするとき次のことが成り立つ.

(a) Y における点列 $\{b_n\}$ が, 点 y と点 z に収束するときは, $y=z$.

(b) $\Delta=\{(y, y) \in Y \times Y \mid y \in Y\}$ は $Y \times Y$ の閉集合である.

(c) $f, g: X \to Y$ を連続写像とすれば,

(i) $\{x \in X \mid f(x)=g(x)\}$ は X の閉集合である.

(ii) D を X において稠密な集合とするとき, $f|D=g|D$ ならば, $f=g$.

(iii) f のグラフ $\{(x, f(x)) \in X \times Y \mid x \in X\}$ は, $X \times Y$ の閉集合である.

証明 (a) $y \neq z$ とすれば, $y \in U$, $z \in V$, $U \cap V=\phi$ を満たす開集合 U, V がある. よって,

$$n > m_0 \Longrightarrow b_n \in U; \quad n > n_0 \Longrightarrow b_n \in V$$

となるような $m_0, n_0 \in \boldsymbol{N}$ をとれば，$n > \max(m_0, n_0)$ に対し，$b_n \in U \cap V$ となり，$U \cap V = \phi$ に矛盾する．

(b)　$\varDelta \not\ni (y, z)$ とすれば，$y \neq z$．U, V を(a)におけるように定めれば，$(U \times V) \cap \varDelta = \phi$．よって，$\varDelta$ は $X \times Y$ の閉集合である．

(c)　(i)　$\varphi: X \to Y \times Y$ を $\varphi(x) = (f(x), g(x))\ (x \in X)$ によって定義すれば，φ は連続写像で，$\{x \in X \mid f(x) = g(x)\} = \varphi^{-1}(\varDelta)$ ($\varDelta$ は(b)で定めたもの)となるから，$\varphi^{-1}(\varDelta)$ は X の閉集合である．

(ii)　$A = \{x \in X \mid f(x) = g(x)\}$ とおけば，仮定より，$D \subset A$．したがって，$X = \mathrm{Cl}\, D \subset \mathrm{Cl}\, A = A$ より，$A = X$ となる．▌

問2　定理18.10，(c)の(iii)を証明せよ．

§19　正規空間

本節では，正規空間の重要な性質について述べよう．

定理19.1　位相空間 X に対し，T_4 は，次の T_4' と同値である．

T_4'．$F \subset G$ を満たす X の任意の閉集合 F，開集合 G に対し，$F \subset H$, $\mathrm{Cl}\, H \subset G$ を満たす X の開集合 H が存在する．

証明　$\mathrm{T}_4 \Rightarrow \mathrm{T}_4'$．$X$ の閉集合 F，開集合 G に対し，$F \subset G$ と仮定する．$E = X - G$ とおけば，E は X の閉集合で，$E \cap F = \phi$．よって，T_4 より

$$E \subset K, \quad F \subset H, \quad K \cap H = \phi$$

を満たす X の開集合 K, H が存在する．定理10.16により，$K \cap \mathrm{Cl}\, H = \phi$．よって，

$$F \subset H, \quad \mathrm{Cl}\, H \subset X - K \subset X - E = G$$

が成り立つ．すなわち，X は T_4' を満たす．

$\mathrm{T}_4' \Rightarrow \mathrm{T}_4$．$E, F$ は X の閉集合で，$E \cap F = \phi$ とする．$K = X - E$ とおけば，K は開集合で，$F \subset K$．よって，T_4' により，

(1) $$F \subset H, \quad \mathrm{Cl}\, H \subset K$$

を満たす開集合 H が存在する. $G=X-\mathrm{Cl}\, H$ とおけば, G は X の開集合で,

(2) $$E = X-K \subset X-\mathrm{Cl}\, H = G,$$
$$G \cap H = (X-\mathrm{Cl}\, H) \cap H = \phi.$$

(1), (2) より

$$E \subset G, \quad F \subset H, \quad G \cap H = \phi.$$

よって, X は T_4 を満たす. ▮

次の定理は, P. Urysohn によって発見されたもので, 正規空間のもつ著しい性質を示す重要な定理である.

定理 19.2(**Urysohn の補題**) X を正規空間とするとき, $E \cap F = \phi$ を満たす X の任意の閉集合 E, F と, 任意の実数 α, β $(\alpha<\beta)$ に対し,

$$x \in E \Longrightarrow f(x) = \alpha, \quad x \in F \Longrightarrow f(x) = \beta$$

を満たす連続写像 $f: X \to [\alpha, \beta]$ が存在する.

証明 $\alpha=0$, $\beta=1$ の場合について, 定理の条件を満たす連続写像 $f_0: X \to [0, 1]$ が存在すれば, X 上の連続関数

$$f(x) = \alpha + (\beta-\alpha) f_0(x), \quad x \in X$$

は, 定理の条件を満たす. したがって, $\alpha=0$, $\beta=1$ として, 定理を証明する.

まず,

(3) $$G_1 = X-F$$

とおくと, G_1 は開集合で, $E \subset G_1$ となる. そこで, 定理 19.1 を適用して,

(4) $$E \subset G_0, \quad \mathrm{Cl}\, G_0 \subset G_1$$

となるように, 開集合 G_0 を定める. 次に, $\mathrm{Cl}\, G_0 \subset G_1$ に定理 19.1 を適用して,

(α_1)　$\mathrm{Cl}\,G_0 \subset G_{1/2}, \quad \mathrm{Cl}\,G_{1/2} \subset G_1$

となるように，開集合 $G_{1/2}$ を定める．さらに，(α_1) の各包含関係に定理 19.1 を適用して，

(α_2)　$\mathrm{Cl}\,G_0 \subset G_{1/2^2}, \quad \mathrm{Cl}\,G_{1/2^2} \subset G_{1/2},$

$\mathrm{Cl}\,G_{1/2} \subset G_{3/2^2}, \quad \mathrm{Cl}\,G_{3/2^2} \subset G_1$

を満たすように，開集合 $G_{1/2^2}, G_{3/2^2}$ を定める．以下，このようにして開集合を順次に定めていくのであるが，そのためには，数学的帰納法を用いる．そこで，$(\alpha_1), (\alpha_2)$ を一般化し，条件

(α_n)　$0 \leqq k < k' \leqq 2^n \Longrightarrow \mathrm{Cl}\,G_{k/2^n} \subset G_{k'/2^n}$

を満たすような開集合 $G_{k/2^n}$ $(k=0, 1, \cdots, 2^n)$ が既に定められたと仮定する．$\mathrm{Cl}\,G_{k/2^n} \subset G_{(k+1)/2^n}$ に定理 19.1 を適用して，

$$\mathrm{Cl}\,G_{k/2^n} \subset G_{(2k+1)/2^{n+1}}, \quad \mathrm{Cl}\,G_{(2k+1)/2^{n+1}} \subset G_{(k+1)/2^n}$$

を満たすように，開集合 $G_{(2k+1)/2^{n+1}}$ を定めることができる．$G_{k/2^n} = G_{2k/2^{n+1}}$，$G_{(k+1)/2^n} = G_{(2k+2)/2^{n+1}}$ であるから（G の添数に注意），上の包含関係は

$$\mathrm{Cl}\,G_{2k/2^{n+1}} \subset G_{(2k+1)/2^{n+1}}, \quad \mathrm{Cl}\,G_{(2k+1)/2^{n+1}} \subset G_{(2k+2)/2^{n+1}}$$

となる．よって，$G_{k/2^{n+1}}$ $(k=0, 1, \cdots, 2^{n+1})$ は，条件 (α_{n+1}) を満たす．

よって，数学的帰納法により，すべての自然数 n に対し，(α_n) を満たすように，開集合 $G_{k/2^n}$ $(k=0, 1, \cdots, 2^n)$ を定めることができる．

次に，$t<0$ に対し，$G_t = \phi$；$t>1$ に対し，$G_t = X$；$0<t<1$ に対し，

$$G_t = \bigcup \{G_{k/2^n} \mid k/2^n \leqq t\}$$

とおく．G_t は開集合であって，

(5)　$t < t' \Longrightarrow \mathrm{Cl}\,G_t \subset G_{t'}$

が成り立つ．なぜなら，$t<0$，または $t'>1$ のときは，明らか；$0 \leqq t < t' \leqq 1$ のときは，$t < \dfrac{k}{2^n} < \dfrac{k+1}{2^n} < t'$ を満たす n, k が存在し，したがって，

$$G_t \subset G_{k/2^n}, \quad \mathrm{Cl}\,G_{k/2^n} \subset G_{(k+1)/2^n} \subset G_{t'}$$

となるからである.

ここで，X の各点 x に対し，

$$f(x) = \inf\{t \in \boldsymbol{R} \mid x \in G_t\}$$

とおく．明らかに，$0 \leqq f(x) \leqq 1$ であって，(3), (4) より，

$$x \in E \Longrightarrow x \in G_0 \Longrightarrow f(x) = 0,$$
$$x \in F \Longrightarrow x \notin G_1 \Longrightarrow f(x) = 1.$$

$x_0 \in X$, $t_0 = f(x_0)$, $\varepsilon > 0$ とする．$f(x_0)$ の定義により，$x_0 \in G_t$, $t_0 \leqq t < t_0 + \varepsilon/2$ となる t があり，かつ，$x_0 \notin G_{t_0-\varepsilon/3}$. また，(5) より，$\mathrm{Cl}\, G_{t_0-\varepsilon/2} \subset G_{t_0-\varepsilon/3}$ であるから，

$$x_0 \in G_{t_0+\varepsilon/2} - \mathrm{Cl}\, G_{t_0-\varepsilon/2}.$$

この右辺を $U(x_0)$ とおけば，$U(x_0)$ は x_0 の近傍で，

$$x \in U(x_0) \Longrightarrow t_0 - \frac{\varepsilon}{2} \leqq f(x) \leqq t_0 + \frac{\varepsilon}{2} \Longrightarrow |f(x) - t_0| \leqq \frac{\varepsilon}{2} < \varepsilon.$$

よって，f は X 上の連続関数である．▌

系 19.3 T_1 空間 X が正規空間であるための必要十分条件は，$E \cap F = \phi$ を満たす任意の閉集合 E, F に対し，

$$x \in E \Longrightarrow f(x) = 0; \quad x \in F \Longrightarrow f(x) = 1$$

を満たす連続写像 $f: X \to [0, 1]$ が存在することである．

証明 $E \cap F = \phi$ を満たす閉集合 E, F に対し，系の条件を満たす $f: X \to [0, 1]$ が存在すれば，

$$G = \{x \in X \mid f(x) < 1/2\}, \qquad H = \{x \in X \mid f(x) > 1/2\}$$

は，f の連続性より，X の開集合であって，$E \subset G$, $F \subset H$, $G \cap H = \phi$. よって，X は正規空間となる．▌

問1 (X, ρ) が距離空間，E, F が X の閉集合で，$E \cap F = \phi$ のとき，$f(x) = \rho(x, E)/(\rho(x, E) + \rho(x, F))$ は，系 19.3 の条件を満たすことを証明せよ．

さて，X, Y を位相空間，A を X の部分空間とする．連続写像

$f: A \to Y$ に対し，$\varphi | A = f$ を満たす連続写像 $\varphi: X \to Y$ を，f の X 上への**拡張**という．また，このような拡張 φ があるとき，f は X 上に**連続的に拡張される**，または，単に**拡張される**という．

この場合，φ の終域は，もとの f の終域と変わらないことに注意．実際，変えてもよければ，例15.8で与えた接着空間 $Z = X \cup_f Y$ と，$\psi: X \to Z$ を考えれば，$Y \subset Z$，$\psi | A = f$ となるから，f の拡張は常に可能なのである．もちろん，$f: A \to Y$ は，(上述の意味で)一般に，X 上に連続的に拡張されるとは限らない．

例 19.1　$X = I = [0, 1]$，$A = Y = \{0, 1\}$，$f = 1_A: A \to Y$ とすれば，f は X 上に連続的に拡張されない．(証明．拡張 $\varphi: X \to Y$ があれば，φ は全射となるが，X は連結，Y は連結でないから，定理16.3より，矛盾を生ずる．▮)

次の定理は，連続写像の拡張に関して，最も基本的なものである．

定理 19.4(Tietze の拡張定理)　X を正規空間，A を X の任意の閉集合とする．このとき，任意の連続写像 $f: A \to \boldsymbol{R}$ は，X 全体からの連続写像 $\varphi: X \to \boldsymbol{R}$ に拡張される．$\boldsymbol{R}$ の代りに，閉区間 $[\alpha, \beta]$，開区間 (α, β) をとっても，同様のことが成り立つ．

証明　(i)　$f: A \to [-\alpha, \alpha]$ $(\alpha > 0)$ の場合．$f_1 = f$，$\alpha_1 = \alpha$ とおき，

$$E_1 = \{x \in A \mid f_1(x) \leqq -\alpha_1/3\},$$
$$F_1 = \{x \in A \mid f_1(x) \geqq \alpha_1/3\}$$

とおけば，$E_1 \cap F_1 = \phi$ で E_1, F_1 は部分空間 A の閉集合となる．A は X の閉集合，よって，E_1, F_1 は X の閉集合である．よって，Urysohn の補題により，連続写像 $\varphi_1: X \to [-\alpha_1/3, \alpha_1/3]$ で，

$$x \in E_1 \Longrightarrow \varphi_1(x) = -\alpha_1/3, \qquad x \in F_1 \Longrightarrow \varphi_1(x) = \alpha_1/3$$

を満たすものがある．

$$f_2(x) = f_1(x) - \varphi_1(x), \qquad x \in A$$

とおけば，

$$x \in E_1 \Longrightarrow f_1(x),\, \varphi_1(x) \in [-\alpha_1, -\alpha_1/3] \Longrightarrow |f_2(x)| \leqq 2\alpha_1/3,$$
$$x \in F_1 \Longrightarrow f_1(x),\, \varphi_1(x) \in [\alpha_1/3, \alpha_1] \Longrightarrow |f_2(x)| \leqq 2\alpha_1/3,$$
$$x \in A - E_1 \cup F_1 \Longrightarrow f_1(x),\, \varphi_1(x) \in [-\alpha_1/3, \alpha_1/3]$$
$$\Longrightarrow |f_2(x)| \leqq 2\alpha_1/3.$$

よって，f_2 は連続写像で

$$f_2 : A \longrightarrow [-\alpha_2, \alpha_2], \qquad \alpha_2 = \frac{2}{3}\alpha_1$$

となる．

以下，この方法を繰り返して行なう．すなわち，数学的帰納法により，連続写像 $f_n : A \to [-\alpha_n, \alpha_n]$ に対し，連続写像 $\varphi_n : X \to [-\alpha_n/3, \alpha_n/3]$ を作り，

$$(1_n) \qquad f_{n+1}(x) = f_n(x) - \varphi_n(x), \qquad x \in A$$

とおくとき，

$$(2_n) \qquad |f_{n+1}(x)| \leqq \alpha_{n+1}, \qquad \alpha_{n+1} = \frac{2}{3}\alpha_n$$

を満たすようにできる．ここで，

$$|\varphi_n(x)| \leqq \frac{1}{3}\alpha_n, \qquad \alpha_n = \left(\frac{2}{3}\right)^{n-1}\alpha_1 = \left(\frac{2}{3}\right)^{n-1}\alpha,$$
$$\sum_{n=1}^{\infty} \frac{1}{3}\alpha_n = \frac{1}{3}\sum_{n=1}^{\infty}\left(\frac{2}{3}\right)^{n-1}\alpha = \alpha$$

が成り立つことに注意すれば，Weierstrass の M-判定法（定理 12.12）により，$\sum_{n=1}^{\infty} \varphi_n(x)$ は一様収束し，

$$\varphi(x) = \sum_{n=1}^{\infty} \varphi_n(x)$$

は，X 上の連続関数となって，

$$|\varphi(x)| \leqq \alpha, \qquad x \in X$$

が成り立つ．一方，(1_n) より，

$$\varphi_n(x) = f_n(x) - f_{n+1}(x), \qquad x \in A$$

であるから，

$$\sum_{i=1}^{n} \varphi_i(x) = f_1(x) - f_{n+1}(x), \qquad x \in A$$

となるが，(2_n) より，

$$|f_{n+1}(x)| \leqq \left(\frac{2}{3}\right)^n \alpha, \qquad x \in A.$$

したがって，$n \to \infty$ のとき，$f_{n+1}(x) \to 0$ となるから，

$$\varphi(x) = f_1(x) = f(x), \qquad x \in A.$$

すなわち，$\varphi | A = f$ が成り立つ．

(ii)　$f: A \to (-\alpha, \alpha)$ $(\alpha > 0)$ の場合．f を A から $[-\alpha, \alpha]$ への連続写像とみて，(i) により，f の拡張 $\varphi: X \to [-\alpha, \alpha]$ を作る．

$$B = \{x \in X \mid |\varphi(x)| = \alpha\}$$

とおけば，B は X の閉集合で，$A \cap B = \phi$．よって，Urysohn の補題により，

$$x \in A \Longrightarrow h(x) = 1; \qquad x \in B \Longrightarrow h(x) = 0$$

を満たす連続写像 $h: X \to [0, 1]$ が存在する．そこで，

$$\psi(x) = \varphi(x) h(x), \qquad x \in X$$

とおけば，ψ は連続で，$\psi | A = \varphi | A = f$．また，

$$|\psi(x)| = \alpha \Longrightarrow |\varphi(x)| = \alpha \Longrightarrow x \in B \Longrightarrow h(x) = 0 \Longrightarrow \psi(x) = 0$$

となるから，$|\psi(x)| < \alpha$．よって，$\psi: X \to (-\alpha, \alpha)$ となり，ψ は f の拡張である．

(iii)　$f: A \to \boldsymbol{R}$ の場合．h を $\boldsymbol{R}$ から $(-1, 1)$ への位相写像とする．(ii) により，$h \circ f: A \to (-1, 1)$ の拡張 $\psi: X \to (-1, 1)$ を作れば，$h^{-1} \circ \psi: X \to \boldsymbol{R}$ は f の拡張となる．(α, β) の場合も同様に証明できる．▮

問2　半開区間 $[\alpha, \beta)$, $(\alpha, \beta]$ の場合にも，定理 19.4 と同様のことが成り立つことを示せ．

問3 定理19.4において，$\boldsymbol{R}$の代りに，$\boldsymbol{R}^n, I^n$，およびHilbert立方体I^∞をとっても，同様のことが成り立つことを証明せよ．

例19.2 Sorgenfrey直線$\boldsymbol{S}$(例9.4)は正規である．(証明．$a, x \in \boldsymbol{S}$, $a \neq x$とする．$a<x$ならば，$x \notin [a, x)$，$a>x$ならば，$x \notin [a, a+1)$となるから，$\boldsymbol{S}$はT_1空間である．$\boldsymbol{S}$は分離公理T_4を満たすことを示そう．A, Bは，$\boldsymbol{S}$の閉集合で，$A \cap B=\phi$とする．各$a \in A$に対し，$a \notin B=\mathrm{Cl}\, B$より，$[a, c) \cap B=\phi$を満たす$c \in \boldsymbol{R}$がある．このような$c$を1つとり，$\lambda(a)$とおく．同様に，各$b \in B$に対し，$[b, \mu(b)) \cap A=\phi$となるように，$\mu(b) \in \boldsymbol{R}$を定める．このとき，

$$[a, \lambda(a)) \cap [b, \mu(b)) = \phi \qquad (a \in A,\ b \in B).$$

なぜならば，共通点cがあったとすれば，

$$a < b \Longrightarrow a < b \leqq c < \lambda(a) \Longrightarrow b \in [a, \lambda(a)) \cap B$$

となる．同様に，

$$b < a \Longrightarrow a \in [b, \mu(b)) \cap A$$

となる．いずれにしても，$\lambda(a)$，$\mu(b)$の定め方に反する．そこで，

$$G = \bigcup\{[a, \lambda(a)) \mid a \in A\}, \qquad H = \bigcup\{[b, \mu(b)) \mid b \in B\}$$

とおけば，G, Hは開集合で，$A \subset G$, $B \subset H$, $G \cap H=\phi$となる．▮)

例19.3 Sorgenfrey直線$\boldsymbol{S}$の積空間$\boldsymbol{S}\times\boldsymbol{S}$は正規でない．(証明．$F=\{(x, -x) \in \boldsymbol{S}\times\boldsymbol{S} \mid x \in \boldsymbol{S}\}$とおく．$(x, y) \notin F$ならば，$|x+y|>2\varepsilon>0$となる$\varepsilon>0$がある．この$\varepsilon$に対し，

$$([x, x+\varepsilon) \times [y, y+\varepsilon)) \cap F = \phi.$$

よって，Fは$\boldsymbol{S}\times\boldsymbol{S}$の閉集合である．また，$\delta>0$に対し，

$$([x, x+\delta) \times [-x, -x+\delta)) \cap F = \{(x, -x)\}$$

となるから，部分空間Fは離散空間である．よって，F上の実数値連続関数全体の濃度は，$\mathfrak{c}^{\mathfrak{c}}$となり，系4.12により，これは$2^{\mathfrak{c}}$に等しい．いま，$\boldsymbol{S}\times\boldsymbol{S}$が正規であると仮定すれば，Tietzeの拡張定理により，F上の連続関数はすべて，$\boldsymbol{S}\times\boldsymbol{S}$上の連続関数に拡張さ

れる．よって，$\boldsymbol{S}\times\boldsymbol{S}$ 上の実数値連続関数全体の集合の濃度を $\mathfrak{m}$ とすれば，$\mathfrak{m}\geqq 2^{\mathfrak{c}}$ である．一方，$D=\{(r,r')\in\boldsymbol{S}\times\boldsymbol{S}\mid r,r'\in\boldsymbol{Q}\}$ は，$\boldsymbol{S}\times\boldsymbol{S}$ において稠密な可算集合である．よって定理 12.10 により，例 12.3 と同様にして，$\mathfrak{m}=\mathfrak{c}$ となることが証明できる．したがって，$2^{\mathfrak{c}}\leqq\mathfrak{m}\leqq\mathfrak{c}$ となり，これは定理 4.9 に矛盾する．よって，$\boldsymbol{S}\times\boldsymbol{S}$ は正規ではない．▮)

次の定理は，定理 19.4 の逆の成立を示している．

定理 19.5 T_1 空間 X が正規となるためには，X の任意の閉集合 F に対し，任意の連続写像 $f:F\to I$ が X 上に拡張されることが必要十分である．

証明 十分性だけを証明すればよい．A,B を X の閉集合とし，$A\cap B=\phi$ とする．$F=A\cup B$ とおき，

$$x\in A\text{ のとき},\ f(x)=0;\qquad x\in B\text{ のとき},\ f(x)=1$$

と定めれば，F は X の閉集合で，$f:F\to I$ は連続写像である．f の X 上への拡張を φ とすれば，

$$x\in A\Longrightarrow\varphi(x)=f(x)=0,\qquad x\in B\Longrightarrow\varphi(x)=f(x)=1.$$

よって，系 19.3 より，定理の成立が分かる．▮

さて，§18 で述べた定理 18.4 は，次の定理の証明によって完結する．

定理 19.6 正規空間は完全正則空間である．

証明 X を正規空間，F は X の閉集合とし，$x_0\in X$, $x_0\notin F$ とする．X は T_1 空間だから，$E=\{x_0\}$ は閉集合で，$E\cap F=\phi$．よって，$\alpha=0$, $\beta=1$ として定理 19.2 を適用すれば，X の完全正則性が分かる．▮

例 19.4 Sorgenfrey 直線 $\boldsymbol{S}$ は正規であるから，上の定理により，完全正則である．よって，系 18.8 により，$\boldsymbol{S}\times\boldsymbol{S}$ は完全正則であるが，例 19.3 より，これは正規ではない．

例 19.5　Sorgenfrey 直線 $\boldsymbol{S}$ は正規であるが，距離化可能ではない．なぜならば，もし距離化可能とすれば，定理 14.5 により，$\boldsymbol{S}\times\boldsymbol{S}$ も距離化可能となり，したがって，定理 18.4 により，$\boldsymbol{S}\times\boldsymbol{S}$ は正規となって，例 19.3 に反する結果となるからである．——

さて，次の定理は明らかである．

定理 19.7　A を正規空間 X の閉集合とすれば，部分空間 A は正規である．

問 4　定理 19.7 を証明せよ．

しかし，正規空間の部分空間は，一般に正規ではない．

例 19.6　Ω を無限集合とし，Ω に含まれない元 q_Ω をとり，集合 $A(\Omega)=\Omega\cup\{q_\Omega\}$ を作る．$A(\Omega)$ の部分集合 G は，

(i)　$G\subset\Omega$，または，(ii)　$A(\Omega)-G$ が Ω の有限部分集合

となるとき，開集合であると定めると，$A(\Omega)$ は位相空間になる（q_Ω を $A(\Omega)$ の無限遠点という）．$A(\Omega)$ は正規空間である．（証明．$x\in\Omega$ のとき，$A(\Omega)-\{x\}$ は (ii) の型の開集合だから，$\{x\}$ は閉集合．また，$A(\Omega)-\{q_\Omega\}=\Omega$ は (i) の型の開集合だから，$\{q_\Omega\}$ は閉集合である．よって，$A(\Omega)$ は T_1 空間である．T_4 を示すために，E, F を $A(\Omega)$ の閉集合で，$E\cap F=\phi$ とする．したがって，$q_\Omega\notin E$ か，または，$q_\Omega\notin F$ である．$q_\Omega\notin E$ とすれば，$E\subset\Omega$．よって，E は $A(\Omega)$ の (i) の型の開集合である．よって，$G=E,\ H=A(\Omega)-E$ とおけば，E は閉集合なる故，G, H は開集合で，$E\subset G,\ F\subset H,\ G\cap H=\phi$．$q_\Omega\notin F$ のときも同様．よって，$A(\Omega)$ は正規空間である．▮）

問 5　$A(\boldsymbol{N})$ は，$\boldsymbol{R}$ の部分空間 $\{0\}\cup\{1/n\mid n\in\boldsymbol{N}\}$ と同相であることを示せ．

例 19.7　$\mathrm{card}\,\Omega>\aleph_0$ とし，$A(\Omega), A(\boldsymbol{N})$ における無限遠点 q_Ω，$q_{\boldsymbol{N}}$ をそれぞれ q, q_0 と書くことにする．このとき，

$$X=A(\Omega)\times A(\boldsymbol{N})-\{(q, q_0)\}$$

は正規空間ではない．（証明．$E, F \subset X$ を，

$$E = (A(\Omega) \times \{q_0\}) \cap X, \qquad F = (\{q\} \times A(\boldsymbol{N})) \cap X$$

と定めると，E, F は閉集合で，$E \cap F = \phi$．このとき，$E \subset G$, $F \subset H$, $G \cap H = \phi$ を満たす X の開集合 G, H は存在しない．仮に存在したとすると，各 $n \in \boldsymbol{N}$ に対し，$(q, n) \in F \subset H$ より，$q \in G_n$, $G_n \times \{n\} \subset H$ を満たす $A(\Omega)$ の開集合 G_n がある．$A(\Omega)$ の位相の定義により，$\Gamma_n = A(\Omega) - G_n$ は，Ω の有限部分集合，したがって，$\bigcup_n \Gamma_n$ は可算集合である．一方，Ω は非可算であるから，$\Omega - \bigcup_n \Gamma_n \neq \phi$．$\alpha$ をこの集合の1つの元とすれば，$(\alpha, q_0) \in E \subset G$ より，$\{\alpha\} \times \{q_0, n \mid n \geqq n_0\} \subset G$ となる $n_0 \in \boldsymbol{N}$ がある．このとき，$(\alpha, n_0) \in (A(\Omega) - \Gamma_{n_0}) \times \{n_0\} \subset G_{n_0} \times \{n_0\} \subset H$ より，$(\alpha, n_0) \in G \cap H$ となって，仮定 $G \cap H = \phi$ に反する．よって，X は正規ではない．∎）

後章の例23.1で示すように，$A(\Omega) \times A(\boldsymbol{N})$ は常に正規である．よって，例19.7は，正規空間の部分空間が，必ずしも正規でないことを示している．

定義 19.1　T_1 空間 X の任意の部分空間が正規となるとき，X は**遺伝的正規**または**全部分正規** (hereditarily normal, completely normal) という．

定理 19.8　T_1 空間 X が遺伝的正規となるためには，次の条件を満たすことが，必要十分である．

分離公理 $\mathbf{T}_5$．X の2つの離れた集合 E, F に対し，

$$E \subset G, \qquad F \subset H, \qquad G \cap H = \phi$$

を満たす開集合 G, H が存在する．

証明　(i)　十分性．$Y \subset X$, $E \subset Y$, $F \subset Y$, $E \cap F = \phi$ とする．E, F が部分空間 Y の閉集合ならば，

$$\begin{aligned} E \cap \mathrm{Cl}\, F &= (E \cap Y) \cap \mathrm{Cl}\, F = E \cap (Y \cap \mathrm{Cl}\, F) \\ &= E \cap \mathrm{Cl}_Y F = E \cap F = \phi. \end{aligned}$$

同様に，$\mathrm{Cl}\,E\cap F=\phi$．したがって，$E, F$ は X において離れた集合である．したがって，X が T_5 を満たせば，部分空間 Y は正規である．

(ii) 必要性．E, F を X における離れた集合とする．$Y=X-\mathrm{Cl}\,E\cap\mathrm{Cl}\,F$ とおけば，$Y\cap\mathrm{Cl}\,E$, $Y\cap\mathrm{Cl}\,F$ は部分空間 Y の閉集合で，

$$(Y\cap\mathrm{Cl}\,E)\cap(Y\cap\mathrm{Cl}\,F)$$
$$=(X-\mathrm{Cl}\,E\cap\mathrm{Cl}\,F)\cap(\mathrm{Cl}\,E\cap\mathrm{Cl}\,F)=\phi,$$
$$E\subset X-\mathrm{Cl}\,F\subset Y,\qquad F\subset X-\mathrm{Cl}\,E\subset Y.$$

したがって，部分空間 Y が正規ならば，

$$(E\subset)\,Y\cap\mathrm{Cl}\,E\subset G,\qquad (F\subset)\,Y\cap\mathrm{Cl}\,F\subset H,\qquad G\cap H=\phi$$

を満たす Y の開集合 G, H が存在する．Y は X の開集合であるから，G, H は X の開集合である．よって，T_5 は必要条件である．▌

定義 19.2 位相空間 X の部分集合 A に対し，

$$A=\{x\in X\mid f(x)=0\}$$

を満たす連続写像 $f: X\to\boldsymbol{R}$ があるとき，A を**零点集合** (zero-set) という．T_1 空間 X の任意の閉集合が，零点集合となるとき，X は**完全正規** (perfectly normal) という．

定理 19.9 距離空間は完全正規である．

証明 (X,ρ) を距離空間，A を X の閉集合とすれば，定理 12.8 により，$\rho(x,A)$ は X 上の連続関数である．一方，系 10.9 により，

$$A=\{x\in X\mid \rho(x,A)=0\}$$

となる．よって，A は零点集合である．▌

定理 19.10 完全正規空間は，正規であり，その任意の部分空間も完全正規である．したがって，完全正規空間は遺伝的正規である．

証明 (i) X を完全正規空間とする．E, F は X の閉集合で，$E\cap F=\phi$ とする．$E=\{x\in X\mid f(x)=0\}$, $F=\{x\in X\mid g(x)=0\}$ を満たす連続写像 $f, g: X\to\boldsymbol{R}$ をとり，

$$h(x) = |f(x)| - |g(x)|$$

とおけば，定理18.4の証明と同様にして，

$$E \subset \{x \in X \mid h(x) < 0\}, \qquad F \subset \{x \in X \mid h(x) > 0\}$$

が証明される．よって，Xは正規である．

(ii)　Xの任意の部分空間Aの閉集合F_0をとれば，$F_0 = F \cap A$を満たすXの閉集合Fがある．Fは，ある連続写像$\varphi : X \to \boldsymbol{R}$により，$F = \{x \in X \mid \varphi(x) = 0\}$となる．このとき，$\psi = \varphi \mid A$とおけば，$F_0 = \{x \in A \mid \psi(x) = 0\}$となる．よって，部分空間$A$は完全正規である．▌

完全正規空間については，連続関数を使わない特徴づけも可能である．

定理 19.11　T_1空間Xに対し，次の条件は同値である．

(i)　Xは完全正規である．

(ii)　Xは正規空間で，各閉集合はG_δ集合(p.60参照)である．

補題 19.12　位相空間Xの零点集合はG_δ集合である．

証明　$A \subset X$が，連続写像$f : X \to \boldsymbol{R}$の零点集合ならば，$n \in \boldsymbol{N}$に対し，$G_n = \{x \in X \mid -1/n < f(x) < 1/n\}$は$X$の開集合であって，$A = \bigcap \{G_n \mid n \in \boldsymbol{N}\}$となる．▌

定理 19.11 の証明　(i)⇒(ii)　定理19.10，補題19.12による．

(ii)⇒(i)　Xを正規空間とし，FはXの閉集合，$G_n (n \in \boldsymbol{N})$は$X$の開集合とし，かつ$F = \bigcap G_n$と仮定する．このとき，$F \subset G_n$であるから，各$n \in \boldsymbol{N}$に対し，

$$x \in F \Longrightarrow f_n(x) = 0, \qquad x \in X - G_n \Longrightarrow f_n(x) = 1$$

を満たす連続写像$f_n : X \to [0, 1]$が存在する(Urysohnの補題)．そこで，

$$f(x) = \sum_{n=1}^{\infty} \frac{1}{2^n} f_n(x), \qquad x \in X$$

とおけば，WeierstrassのM-判定法により，上の無限級数は一様収束する．したがって，$f: X \to [0,1]$は連続であって，

$$f(x)=0 \Longrightarrow f_n(x)=0 \ (n \in \boldsymbol{N})$$
$$\Longrightarrow x \in G_n \ (n \in \boldsymbol{N}) \Longrightarrow x \in F.$$

よって，$F=\{x \in X \mid f(x)=0\}$が証明される．∎

例 19.8　例19.6の空間$A(\Omega)$は，遺伝的正規であるが，card $\Omega > \aleph_0$の場合，完全正規ではない．(証明．$A(\Omega)$の部分空間Yは，$q_\Omega \in Y$で$Y \cap \Omega$が無限集合の場合，$Y \cong A(Y \cap \Omega)$となり，Yは正規である．$q_\Omega \notin Y$か，$Y \cap \Omega$が有限集合の場合は，Yは離散空間となり，もちろん正規である．よって，$A(\Omega)$は遺伝的正規である．card $\Omega > \aleph_0$の場合，$\{q_\Omega\}$は$A(\Omega)$の零点集合ではない．なぜなら，零点集合ならば，$\{q_\Omega\}=\bigcap_n G_n$を満たす開集合$G_n$ $(n \in \boldsymbol{N})$があるが，このとき，各G_nは例19.6で定義した(ii)の型の開集合，すなわち，$A(\Omega)-G_n$は有限集合である．よって，

$$\Omega = A(\Omega)-\{q_\Omega\} = A(\Omega)-\bigcap_n G_n = \bigcup_n (A(\Omega)-G_n)$$

より，Ωは可算となり，card $\Omega > \aleph_0$に反する．よって，$A(\Omega)$は完全正規ではない．∎)

例 19.9　Sorgenfrey直線$\boldsymbol{S}$は完全正規であるが(証明はp. 157参照)，距離化可能ではない(例19.5)．

§20　可算公理とUrysohnの距離化定理

定義 20.1　位相空間Xが可算開基(定義9.4)を持つとき，Xは**第2可算公理**(second axiom of countability)を満たす，あるいは，**第2可算**(second-countable)であるという．

注意　Xの各点xに対し，可算個の近傍よりなる近傍基が存在するとき，Xは第1可算公理を満たす，または，第1可算であるという．距離空間はすべて第1可算であり，第2可算の空間は第1可算である．

例 20.1　例 9.7 で示したように，$\boldsymbol{R}^n$ は第2可算である．

定義 20.2　位相空間 X において稠密な可算集合が存在するとき，すなわち，$X=\mathrm{Cl}\,K$ となる可算集合 K があるとき，X は**可分**であるという．

例 20.2　$\boldsymbol{R}^n$ の有理点全体の集合は可算集合であり，かつ $\boldsymbol{R}^n$ において稠密である．よって，$\boldsymbol{R}^n$ は可分である．

定理 20.1　位相空間 X が第2可算であれば，X は可分である．

証明　$\mathcal{B}=\{B_n\,|\,n\in\boldsymbol{N}\}$ を，X の可算開基とする．各 B_n から1点 b_n を選び，

$$K=\{b_n\,|\,n\in\boldsymbol{N}\}$$

とすれば，K は可算集合である．$x\in X$, $U(x)$ を x の任意の近傍とする．$U(x)$ は開集合，$\mathcal{B}$ は開基だから，

$$x\in B_n\subset U(x),\qquad B_n\in\mathcal{B}$$

となる B_n がある．このとき，$b_n\in B_n\subset U(x)$ より，$U(x)\cap K\neq\phi$．よって，K は X において稠密であるから，X は可分である．▌

定理 20.2　距離空間 (X,ρ) が可分なら，X は第2可算である．

証明　仮定から，稠密な可算集合 $A=\{a_n\,|\,n\in\boldsymbol{N}\}$ がある．いま，

$$\mathcal{B}=\left\{U\left(a_n\,;\frac{1}{m}\right)\middle|\,m,n\in\boldsymbol{N}\right\}$$

とおけば，$\mathcal{B}$ は可算個の開集合の族である．$\mathcal{B}$ が開基となることを示そう．G を X の任意の開集合とする．$x\in G$ に対し，$U(x\,;\varepsilon)\subset G$ を満たす x の ε 近傍 $U(x\,;\varepsilon)$ がある．$m\in\boldsymbol{N}$ を $1/m<\varepsilon/2$ となるようにとる．A は X において稠密であるから，$U\left(x\,;\dfrac{1}{m}\right)$ は A の1つの点 a_n を含む．このとき，

$$\begin{aligned}\rho(a_n,x')<\frac{1}{m}\Longrightarrow\rho(x,x')&\leqq\rho(x,a_n)+\rho(a_n,x')\\&<\frac{1}{m}+\frac{1}{m}=\frac{2}{m}<\varepsilon\end{aligned}$$

より，$U\left(a_n ; \frac{1}{m}\right) \subset U(x ; \varepsilon)$．$x \in U\left(a_n ; \frac{1}{m}\right)$，$U(x ; \varepsilon) \subset G$ だから，
$x \in U\left(a_n ; \frac{1}{m}\right) \subset G$．よって，$\mathcal{B}$ は開基である．▮

例 20.3　Hilbert 空間 $\boldsymbol{R}^\infty$ は第2可算である．（証明．

$$K_n = \{x = (x_i) \in \boldsymbol{R}^\infty \mid x_i \in \boldsymbol{Q},\ i = 1, \cdots, n\ ;\ x_k = 0, k > n\},$$
$$K = \bigcup \{K_n \mid n \in \boldsymbol{N}\}$$

とおく．K は可算集合である．K は $\boldsymbol{R}^\infty$ において稠密であることを示そう．$y = (y_i) \in \boldsymbol{R}^\infty$ とし，$U(y ; \varepsilon)$ を y の任意の ε 近傍とする．$\sum_{i=1}^{\infty} {y_i}^2$ は収束するから，ある $n_0 \in \boldsymbol{N}$ に対し，

$$\sum_{i > n_0} {y_i}^2 < \frac{\varepsilon^2}{2}$$

となる．このとき，$n = 1, \cdots, n_0$ に対し，有理数 r_n を

$$y_n < r_n < y_n + \frac{\varepsilon}{\sqrt{2}} \frac{1}{\sqrt{n_0}}$$

となるように定める．$\boldsymbol{R}^\infty$ の点 $x = (x_i)$ として

$$x_i = \begin{cases} r_i, & 1 \leqq i \leqq n_0, \\ 0, & n_0 < i \end{cases}$$

となるものをとれば，$x \in K_{n_0} \subset K$ であって，

$$d_\infty(x, y) = \sqrt{\sum_i (x_i - y_i)^2} = \sqrt{\sum_{i \leqq n_0} (x_i - y_i)^2 + \sum_{i > n_0} (x_i - y_i)^2}$$
$$= \sqrt{\sum_{i \leqq n_0} (r_i - y_i)^2 + \sum_{i > n_0} {y_i}^2} < \sqrt{n_0 \left(\frac{\varepsilon}{\sqrt{2}} \frac{1}{\sqrt{n_0}}\right)^2 + \frac{\varepsilon^2}{2}} = \varepsilon$$

となるから，$x \in U(y ; \varepsilon)$，すなわち，$U(y ; \varepsilon) \cap K \neq \phi$．よって，$K$ は $\boldsymbol{R}^\infty$ において稠密である．したがって，$\boldsymbol{R}^\infty$ は可分となり，定理 20.2 により，$\boldsymbol{R}^\infty$ は第2可算である．▮）

位相空間 X の開基 $\mathcal{B}$ と部分空間 A が与えられたとき，$\{B \cap A \mid B \in \mathcal{B}\}$ は，A の開基となる．したがって，次の定理をうる．

定理 20.3　第2可算の位相空間の部分空間は，また第2可算である．——

特に，$\boldsymbol{R}^\infty$ の部分空間は，すべて第2可算である．

注意　可分空間の部分空間は，可分とは限らない．例えば，例 19.3 において，$\boldsymbol{S}\times\boldsymbol{S}$ は可分であるが，F は離散で card $F>\aleph_0$ だから，可分でない．

次に示す定理は，第2可算の正規空間を特徴づけたものであり，いわゆる **Urysohn の距離化定理**としてよく知られている．

定理 20.4　第2可算の正規空間 X は，Hilbert 立方体 I^∞ の部分空間と同相である．したがって，X は距離化可能である．

証明　$\mathcal{G}=\{G_n \mid n\in N\}$ を X の可算開基とし，

$$\mathrm{Cl}\,G_i \subset G_j$$

を満たす $\mathcal{G}$ に属する集合 G_i, G_j の順序対 (G_i, G_j) を考える．このような順序対の全体は，可算集合であるから，これを $\{P_n \mid n\in N\}$ と表わすことにする．P_n が，順序対 (G_i, G_j) であれば，$\mathrm{Cl}\,G_i\subset G_j$ より，

(1)　　$x\in X-G_j \Longrightarrow f_n(x)=0,\quad x\in \mathrm{Cl}\,G_i \Longrightarrow f_n(x)=1$

を満たす連続写像 $f_n: X\to[0,1]$ が存在する (Urysohn の補題)．このとき，次のことが成り立つ．

(2)　　X の任意の開集合 H と，$x\in H$ に対し，

$$x\in f_n{}^{-1}((0,1])\subset H$$

を満たす f_n がある．

$\mathcal{G}$ は開基だから，$x\in G_j\subset H$ となる $G_j\in\mathcal{G}$ がある．X の正則性より，$x\in K$, $\mathrm{Cl}\,K\subset G_j$ となる開集合 K をとる．さらに，$x\in G_i\subset K$ となる $G_i\in\mathcal{G}$ があるから，結局

$$x\in G_i,\qquad \mathrm{Cl}\,G_i\subset G_j\subset H$$

が成り立つ．このとき，(G_i, G_j) の定める順序対を P_n とすれば，

(1) により，

$$f_n(x)=1;\quad x'\notin H\Longrightarrow x'\notin G_j\Longrightarrow f_n(x')=0.$$

よって，(2) が成り立つ．

いま，$I_n=I$ とおき，f_n を写像 $f_n: X\to I_n$ とみて，X から積空間 $\prod_{n\in N} I_n$ への写像 φ を

$$\varphi(x)=(f_1(x), f_2(x), \cdots, f_n(x), \cdots)$$

により定める．このとき，φ は埋蔵となることを示そう．

(i)　$x\neq x'$, $x, x'\in X$ とする．$H=X-\{x'\}$ とおき，(2) の f_n をとれば，$f_n(x)>0=f_n(x')$．よって，$\varphi(x)\neq\varphi(x')$ となるから，φ は単射である．

(ii)　$\mathcal{B}=\{f_n^{-1}(G)\mid G$ は I_n の開集合; $n\in N\}$ とおけば，f_n の連続性より，$\mathcal{B}$ は X の開集合からなる族で，(2) により，$\mathcal{B}$ は X の開基となる．よって，X の位相は，$\{f_n\}$ により誘導された位相と一致する．

したがって，(i), (ii) を定理 15.6 に適用すれば，$\varphi: X\to\prod I_n$ は埋蔵であることがわかる．

ここで，$\prod I_n$ から I^∞ への同相写像 h をとれば(例 14.8)，埋蔵 $h\circ\varphi: X\to I^\infty$ が得られる．よって，定理が成り立つ．▌

注意　後に示すように，第 2 可算の正則空間は正規であるから(系 21.5)，上の定理は正規の代りに正則として成り立つ．(しかし，Hausdorff 空間としては成り立たない．)

問　例 18.3 で与えた Hausdorff で正則でない空間は，第 2 可算であることを確かめよ．

Hilbert 立方体の部分空間は，すべて第 2 可算の距離空間であるから，次の系が得られる．

系 20.5　位相空間 X に対し，次は同値である．

(i)　X は，正規空間で第 2 可算である．

(ii)　X は，距離化可能で第2可算である．

(iii)　X は，Hilbert 立方体の部分空間と同相である．——

この系によって，第2可算性と正規性という2つの位相的性質があれば，一般的な位相空間も，実は我々に身近な空間であることが知られたわけである．

注意　Urysohn の距離化定理により得られる距離空間は，定理20.1より可分である．可分でない一般の距離化定理については§29で論じる．

§21　被覆と Lindelöf 空間

定義 21.1　位相空間 X の部分集合の族 $\mathcal{G}=\{G_\alpha \mid \alpha \in \Omega\}$ が

$$X=\bigcup\{G_\alpha \mid \alpha \in \Omega\}$$

を満たすとき，$\mathcal{G}$ を X の**被覆**といい，$\mathcal{G}$ は X を**被覆する**ともいう．被覆 $\mathcal{G}$ に属する各集合がすべて開集合のとき，$\mathcal{G}$ を**開被覆**といい，すべて閉集合のとき，**閉被覆**という．可算個の集合からなる被覆を**可算被覆**，有限個の集合からなる被覆を**有限被覆**という．

例 21.1　離散空間 X において，$\{\{x\} \mid x \in X\}$ は X の開被覆であり，閉被覆である．

例 21.2　$\boldsymbol{R}$ において，開区間の族

$$\mathcal{W}_1=\{(n, n+2) \mid n \in \boldsymbol{Z}\},$$
$$\mathcal{W}_2=\{(-n, n) \mid n \in \boldsymbol{N}\}$$

は，ともに $\boldsymbol{R}$ の可算開被覆である．

定義 21.2　$\mathcal{G}_1, \mathcal{G}_2$ が，ともに位相空間 X の被覆であって，集合族として $\mathcal{G}_2$ が $\mathcal{G}_1$ の部分族となるとき，$\mathcal{G}_2$ を $\mathcal{G}_1$ の**部分被覆**といい，$\mathcal{G}_1$ は部分被覆 $\mathcal{G}_2$ をもつという．——

例21.1の被覆および例21.2の $\mathcal{W}_1$ は，それ自身の他には部分被覆をもたない．一方，$\mathcal{W}_2$ は，$\mathcal{W}_2$ 以外に，例えば，

$$\{(-2n, 2n) \mid n \in \boldsymbol{N}\}$$

を部分被覆としてもつ.

定義 21.3 位相空間 X の任意の開被覆が，可算部分被覆をもつとき，X は **Lindelöf の性質をもつ**，または，単に **Lindelöf 空間**という.

例 21.3 可算個の点からなる位相空間 $X=\{x_n \mid n \in \boldsymbol{N}\}$ は，Lindelöf である.（証明. 開被覆 $\mathcal{G}$ に対し，x_n を含む $\mathcal{G}$ の集合の1つを G_n とすれば，$\{G_n \mid n \in \boldsymbol{N}\}$ は $\mathcal{G}$ の可算部分被覆. ▮）

例 21.4 例 21.1 において，$\{\{x\} \mid x \in X\}$ が可算部分被覆 $\{\{x_i\} \mid i \in \boldsymbol{N}\}$ をもてば，$X=\{x_i \mid i \in \boldsymbol{N}\}$. すなわち，離散な Lindelöf 空間は可算である.

定理 21.1 位相空間 X が第2可算ならば，Lindelöf 空間である.

証明 $\mathcal{B}=\{B_n \mid n \in \boldsymbol{N}\}$ を X の可算開基とする. $\mathcal{G}=\{G_\alpha \mid \alpha \in \Omega\}$ を X の任意の開被覆とする. $\mathcal{B}$ の集合 B_n で，$\mathcal{G}$ に属するある G_α に含まれるものの全体 $\mathcal{B}'$ は，$\mathcal{B}$ の部分族であるから，集合族として可算である. これを $\{B_{n_i} \mid i \in \boldsymbol{N}\}$ とおく. このとき，$B_{n_i} \in \mathcal{B}'$ に対し，$B_{n_i} \subset G_\alpha$ となる G_α のうち1つをとり，G_{α_i} とすれば，$\mathcal{G}'=\{G_{\alpha_i} \mid i \in \boldsymbol{N}\}$ は X の被覆となる. なぜならば，$x \in X$ に対し，$\mathcal{G}$ は X の被覆だから，$x \in G_\alpha$ となる $G_\alpha \in \mathcal{G}$ がある. また，$\mathcal{B}$ が開基であるから，$x \in B_m \subset G_\alpha$ となる $B_m \in \mathcal{B}$ がある. よって，$\mathcal{B}'$ の定め方によって，$B_m \in \mathcal{B}'$ であり，$B_m=B_{n_i}$ とすれば，$x \in B_{n_i} \subset G_{\alpha_i}$. よって，$\mathcal{G}'$ は X の被覆である. ▮

定理 21.2 距離空間 (X, ρ) が Lindelöf であれば，可分である.

証明 各 $n \in \boldsymbol{N}$ に対し，

$$\mathcal{U}_n=\left\{U\left(x\,;\frac{1}{n}\right) \middle| \, x \in X\right\}$$

は，X の開被覆となるから，X が Lindelöf であることより，$\mathcal{U}_n$ は可算部分被覆

$$\mathcal{U}_n' = \left\{ U\left(a_{n,i}\,;\frac{1}{n}\right) \middle| i \in \boldsymbol{N} \right\}$$

をもつ．このとき，$A=\{a_{n,i} \mid n, i \in \boldsymbol{N}\}$ は可算集合であるが，X において稠密である．なぜならば，任意の $x \in X$ と任意の $\varepsilon>0$ が与えられたとき，$1/n<\varepsilon$ となるように $n \in \boldsymbol{N}$ をとれば，$\mathcal{U}_n'$ は X の被覆であるから，$x \in U(a_{n,i}\,;1/n)$ となる $a_{n,i} \in A$ がある．このとき，$a_{n,i} \in U(x\,;1/n) \subset U(x\,;\varepsilon)$ となるから，$U(x\,;\varepsilon) \cap A \neq \phi$．よって，$A$ は X において稠密である．∎

上の2定理と定理20.2により，次の系が得られる．

系 21.3 距離空間 X に対し，次は同値である．

(i) X は第2可算である．

(ii) X は可分である．

(iii) X は Lindelöf 空間である．

例 21.5 $\boldsymbol{R}, \boldsymbol{R}^n, \boldsymbol{R}^\infty$ およびこれらの部分空間は，すべて Lindelöf 空間である．

例 21.6 Sorgenfrey 直線 $\boldsymbol{S}$ の任意の部分空間は，Lindelöf である．（証明．(i) G を $\boldsymbol{S}$ の開集合とし，$\mathcal{H}$ を部分空間 G の開被覆とする．各 $H \in \mathcal{H}$ は $\boldsymbol{S}$ の開集合である．半開区間 $[a, b)$ で，ある $\mathcal{H}$ の集合 H に含まれるものの全体を $\{[a_\lambda, b_\lambda) \mid \lambda \in \Lambda\}$ とする．$\mathcal{B}=\{[a, b) \mid a, b \in \boldsymbol{R}\}$ は $\boldsymbol{S}$ の開基であるから，

(1) $$G = \bigcup \{[a_\lambda, b_\lambda) \mid \lambda \in \Lambda\}$$

が成り立つ．

(2) $$K = G - \bigcup \{(a_\lambda, b_\lambda) \mid \lambda \in \Lambda\}$$

とおく．明らかに，$K \subset \{a_\lambda \mid \lambda \in \Lambda\}$ であって，

(3) $$a_\lambda, a_\mu \in K,\ a_\lambda \neq a_\mu \Longrightarrow [a_\lambda, b_\lambda) \cap [a_\mu, b_\mu) = \phi$$

が成り立つ．なぜならば，$c \in [a_\lambda, b_\lambda) \cap [a_\mu, b_\mu)$ があれば，

$$a_\lambda < a_\mu \Longrightarrow a_\lambda < a_\mu \leqq c < b_\lambda \Longrightarrow a_\mu \in (a_\lambda, b_\lambda) \subset G-K$$

となる．同様に，

$$a_\mu < a_\lambda \Longrightarrow a_\lambda \in (a_\mu, b_\mu) \subset G-K$$

となり，いずれにしても，$a_\lambda, a_\mu \in K$ に矛盾する．そこで，$a_\lambda \in K$ に対し，$r_\lambda \in (a_\lambda, b_\lambda) \cap \boldsymbol{Q}$ をとれば，(3) により，

$$\lambda \neq \mu \Longrightarrow r_\lambda \neq r_\mu,$$

したがって，K は可算個の点よりなる．これを，

(4) $$K = \{a_{\lambda_i} \mid i \in \boldsymbol{N}\}$$

とする．次に，

$$\{(a_\lambda, b_\lambda) \mid \lambda \in \Lambda\}$$

は，実数空間 $\boldsymbol{R}$ の部分空間 $V = \bigcup\{(a_\lambda, b_\lambda) \mid \lambda \in \Lambda\}$ の開被覆であって，例 21.5 より，V は Lindelöf であるから，

(5) $$\bigcup\{(a_\lambda, b_\lambda) \mid \lambda \in \Lambda\} = \bigcup\{(a_{\mu_i}, b_{\mu_i}) \mid i \in \boldsymbol{N}\}$$

となる $\mu_i \in \Lambda$ $(i \in \boldsymbol{N})$ が存在する．したがって，(2)，(4)，(5) より

$$\{[a_{\lambda_i}, b_{\lambda_i}) \mid i \in \boldsymbol{N}\} \cup \{[a_{\mu_i}, b_{\mu_i}) \mid i \in \boldsymbol{N}\}$$

は，G の開被覆となる．$[a_\lambda, b_\lambda)$ に対しては，$[a_\lambda, b_\lambda) \subset H_\lambda$ となる $H_\lambda \in \mathscr{H}$ があるから，

$$\{H_\lambda \mid \lambda \in \{\lambda_i \mid i \in \boldsymbol{N}\} \cup \{\mu_i \mid i \in \boldsymbol{N}\}\}$$

は，G の可算被覆で，$\mathscr{H}$ の部分被覆である．よって，$\boldsymbol{S}$ の部分空間 G は Lindelöf である．

(ii)　$\mathscr{G} = \{G_\lambda \mid \lambda \in \Lambda\}$ を $\boldsymbol{S}$ の部分空間 A の開被覆とする．$G_\lambda = A \cap H_\lambda$ となる $\boldsymbol{S}$ の開集合 H_λ をとり，$G = \bigcup\{H_\lambda \mid \lambda \in \Lambda\}$ とおけば，$\mathscr{H} = \{H_\lambda \mid \lambda \in \Lambda\}$ は G の開被覆となるから，(i) により，$\mathscr{H}$ は可算部分被覆 $\{H_{\mu_i} \mid i \in \boldsymbol{N}\}$ を持つ．$H_\lambda \cap A = G_\lambda$ なる故，$\{G_{\mu_i} \mid i \in \boldsymbol{N}\}$ は，$\mathscr{G}$ の可算部分被覆である．したがって，A は Lindelöf である．▮)

例 21.7　Sorgenfrey 直線 $\boldsymbol{S}$ は完全正規である．(証明．G を $\boldsymbol{S}$ の開集合とすれば，例 21.6 で述べたように，$G = \bigcup\{[a_i, b_i) \mid i \in \boldsymbol{N}\}$ となる $a_i, b_i \in \boldsymbol{R}$ がある．$[a_i, b_i)$ は $\boldsymbol{S}$ の閉集合でもあるから，

G は F_σ 集合である．$\boldsymbol{S}$ は正規であるから(例 19.2)，定理 19.11 より，$\boldsymbol{S}$ は完全正規である．▮

Lindelöf 空間に対しては，次の著しい性質がある．

定理 21.4 位相空間 X が正則な Lindelöf 空間ならば，X は正規である．

証明 A, B を X の閉集合とし，$A\cap B=\phi$ と仮定する．A の各点 a に対し，$a\in X-B$ で，$X-B$ は開集合．また，X は正則であるから，定理 18.5 より

$$\mathrm{Cl}\ U(a)\subset X-B$$

を満たす a の近傍 $U(a)$ が存在する．同様に，B の各点 b に対し，

$$\mathrm{Cl}\ V(b)\subset X-A$$

となる b の近傍 $V(b)$ が存在する．このとき，集合族

$$\mathcal{G}=\{U(a)\mid a\in A\}\cup\{V(b)\mid b\in B\}\cup\{X-A\cup B\}$$

は，X の開被覆となる．X は Lindelöf 空間であるから，$\mathcal{G}$ は可算部分被覆 $\mathcal{K}$ をもつ．そこで，$\mathcal{K}$ に属する集合のうち，A と交わるものの全体を $\{U_n\mid n\in\boldsymbol{N}\}$，$B$ と交わるものの全体を $\{V_n\mid n\in\boldsymbol{N}\}$ とおく．各 $n\in\boldsymbol{N}$ に対し

$$U_n'=U_n-\bigcup\{\mathrm{Cl}\ V_i\mid i\leqq n\},$$
$$V_n'=V_n-\bigcup\{\mathrm{Cl}\ U_i\mid i\leqq n\}$$

とおけば，U_n', V_n' は開集合で，

$$m\leqq n\Longrightarrow U_n'\cap V_m=\phi\Longrightarrow U_n'\cap V_m'=\phi;$$
$$m\leqq n\Longrightarrow V_n'\cap U_m=\phi\Longrightarrow V_n'\cap U_m'=\phi$$

となるから，任意の $m, n\in\boldsymbol{N}$ に対し，$U_m'\cap V_n'=\phi$ となる．よって，

$$U=\bigcup\{U_n'\mid n\in\boldsymbol{N}\},\qquad V=\bigcup\{V_n'\mid n\in\boldsymbol{N}\}$$

とおけば，U, V は開集合で，$U\cap V=\phi$ となる．また，$a\in A$ に対し，$a\in U_n$ となる $n\in\boldsymbol{N}$ があるが，$V_m\cap B\neq\phi$ より，V_m は，始めにとった B のある点 b の近傍 $V(b)$ に等しい．したがって，$A\cap\mathrm{Cl}\ V_m$

$=\phi$. よって，$a\in U_n'\subset U$. すなわち，$A\subset U$. 同様に，$B\subset V$. よって，X は正規である. ∎

系 21.5 第2可算の正則空間は正規である.

証明は定理 21.1 と 21.4 より，明らか.

練 習 問 題 5

1 位相空間 X の任意の異なる2点に対し，いずれか一方のみを含む開集合が存在するとき，X は **T_0 空間**という.

(i) "T_1 空間 $\Longrightarrow$ T_0 空間" を証明せよ.

(ii) 商空間 $\boldsymbol{R}/\boldsymbol{Q}$ は，T_0 空間であるが，T_1 空間でないことを示せ.

2 分離公理 T_1, T_2, T_3 について，次を証明せよ.

(i) $T_1 \Longleftrightarrow$ 任意の $x\in X$ に対し，$\{x\}=\bigcap\{U\mid U$ は x の近傍$\}$

(ii) $T_2 \Longleftrightarrow$ 任意の $x\in X$ に対し，$\{x\}=\bigcap\{\mathrm{Cl}\,U\mid U$ は x の近傍$\}$

(iii) $T_3 \Longleftrightarrow$ 任意の閉集合 F に対し，$F=\bigcap\{\mathrm{Cl}\,G\mid G$ は F を含む開集合$\}$.

3 位相空間 X が Hausdorff であるためには，$\{(x,x)\mid x\in X\}$ が，$X\times X$ の閉集合となることが必要十分であることを証明せよ.

4 $f:X\to Y$ を全射，連続で開写像かつ閉写像とする. X が完全正則なら，Y も完全正則であることを証明せよ.

5 T_1 空間 X が正規であるためには，$X=G_1\cup G_2$ を満たす任意の開集合 G_i $(i=1,2)$ に対し，

$$X=F_1\cup F_2,\qquad F_i\subset G_i\qquad (i=1,2)$$

を満たす閉集合 F_i $(i=1,2)$ が存在することが必要十分であることを証明せよ.

6 $f:X\to Y$ を全射，連続な閉写像とするとき，X が正規なら，Y も正規であることを証明せよ.

7 (i) A を X の閉集合，$f:A\to Y$ は連続写像とするとき，接着空間 $X\underset{f}{\cup}Y$ において，Y は閉集合となることを証明せよ.

(ii) (i) の仮定の下で，X, Y が正規空間ならば，$X\underset{f}{\cup}Y$ も正規とな

ることを証明せよ．

8 T_1 空間 X において，点 $x_0 \in X$ 以外の点はすべて孤立点であるならば，X は遺伝的正規となることを証明せよ．

9 X を正規空間，$\{a_n\}, \{\alpha_n\}$ はそれぞれ $X, \boldsymbol{R}$ の点列とし，$\{a_n\} \to a_0 \in X$，$\{\alpha_n\} \to \alpha_0 \in \boldsymbol{R}$ とする．このとき，$\varphi(a_n) = \alpha_n$ $(n=0, 1, 2, \cdots)$ を満たす連続写像 $\varphi : X \to \boldsymbol{R}$ が存在することを示せ．ただし，$a_i \neq a_j$ $(i \neq j;\ i, j=0, 1, 2, \cdots)$．

10 $f : X \to Y$ を連続，全射とするとき，X が Lindelöf なら，Y も Lindelöf であることを証明せよ．

第6章　コンパクト空間

コンパクト空間の概念は，距離空間の概念とともに，最も重要なものである．この概念は，$\boldsymbol{R}^n$ の有界閉集合のもつ位相的性質に着目して得られたものであって，距離空間に対して，さらに一般の位相空間に対して，一般化された概念であり，応用も広い．

まず，§22 でコンパクト空間の基本的事項について述べ，ついで §23 で2個のコンパクト空間の積とそれに関連して写像の積について述べる．無限個のコンパクト空間の積に関する Tychonoff の定理の証明には，フィルターの概念が必要となるので，§24 でこれについて準備しておき，§25 で Tychonoff の定理を証明する．コンパクト化については，Alexandroff の1点コンパクト化と Stone-Čech のコンパクト化を扱う．

なお，§24 では，有向点列の概念を定義し，フィルターの収束と有向点列の収束との関連について述べる．

§22　コンパクト空間

定義 22.1　位相空間 X の任意の開被覆が有限な部分被覆をもつとき，X は**コンパクト** (compact) であるという．位相空間 X の部分集合 A がコンパクトであるとは，A を X の部分空間とみてコンパクトであることをいう．

例 22.1　有限個の点しか含まない位相空間はコンパクトである．(証明は例 21.3 と同様.)

例 22.2　コンパクト離散空間は有限集合である．(証明は例 21.4 と同様.)

問 1　X は位相空間，$X=A\cup B$ で，A, B がコンパクトならば，X はコンパクトとなることを証明せよ．

例 22.3　$\boldsymbol{R}$ の開被覆 $\{(-n, n) \mid n \in \boldsymbol{N}\}$ のいかなる有限部分族 $\{(-n_i, n_i) \mid i=1, \cdots, s\}$ も，$m=\max\{n_1, \cdots, n_s\}$ とおくと，

$$\bigcup \{(-n_i, n_i) \mid i=1, \cdots, s\} = (-m, m)$$

となるから，$\boldsymbol{R}$ を被覆しない．したがって，$\boldsymbol{R}$ はコンパクトではない．同様に，$\boldsymbol{R}^n$ において原点 $(0, \cdots, 0)$ の n 近傍 $(n \in \boldsymbol{N})$ の全体は，$\boldsymbol{R}^n$ の開被覆であるが，有限部分被覆をもたない．よって，$\boldsymbol{R}^n$ はコンパクトではない．

補題 22.1　$\boldsymbol{R}$ の任意の閉区間 $[a, b]$ はコンパクトである．

証明　$\mathcal{G}=\{G_\alpha \mid \alpha \in \Omega\}$ を $[a, b]$ の任意の開被覆とする．$[a, b]$ の点 x のうち，“閉区間 $[a, x]$ に対し，

$$[a, x] \subset G_{\alpha_1} \cup \cdots \cup G_{\alpha_n}$$

となるような $\mathcal{G}$ に属する有限個の集合 $G_{\alpha_1}, \cdots, G_{\alpha_n}$ が存在する”という性質をもつ点 x の全体を M とおく．$a \in G_\alpha$ となる $G_\alpha \in \mathcal{G}$ に対し，$[a, a+\varepsilon] \subset G_\alpha$ となる $\varepsilon>0$ がある．よって，$a+\varepsilon \in M$ となるから，$M \neq \phi$ であって，$M \subset [a, b]$ より，M は有界である．よって，M の上限が存在する．これを x_0 とすれば，$x_0 \leqq b$ である．$x_0 \in G_\beta$ となる $G_\beta \in \mathcal{G}$ をとる．G_β は $[a, b]$ の開集合であるから，

$$U(x_0\,;\varepsilon_0) = (x_0-\varepsilon_0, x_0+\varepsilon_0) \cap [a, b] \subset G_\beta$$

となる $\varepsilon_0>0$ がある．一方，x_0 は M の上限であるから，$x_0-\varepsilon_0<x_1 \leqq x_0$ となる $x_1 \in M$ がある．$x_1 \in M$ より，

$$[a, x_1] \subset G_{\alpha_1} \cup \cdots \cup G_{\alpha_n}$$

となる $G_{\alpha_1}, \cdots, G_{\alpha_n} \in \mathcal{G}$ がある．$x_1 \leqq x \leqq x_0+\varepsilon_0/2$ とすれば，

$$[a, x] \cap [a, b] \subset [a, x_1] \cup U(x_0\,;\varepsilon_0) \subset G_{\alpha_1} \cup \cdots \cup G_{\alpha_n} \cup G_\beta.$$

よって，$[x_0, x_0+\varepsilon_0/2] \cap [a, b] \subset M$，特に，$x_0 \in M$．もし $x_0<b$ ならば，$x_0<x<\min\{x_0+\varepsilon_0/2, b\}$ となる x をとれば，$x \in M$ となり，x_0 が M の上限であることに反する．よって，$x_0=b$，すなわち，$b \in M$．M の定め方から，$\mathcal{G}$ は有限部分被覆をもつ．よって，$[a, b]$

はコンパクトである. ▮

定理 22.2 距離空間 (X, ρ) に対し, 次の条件は同値である.

(i) X はコンパクトである.

(ii) X の任意の無限部分集合は集積点をもつ.

(iii) X の任意の点列は収束する部分点列をもつ.

証明 (i)⇒(ii) X はコンパクトであるとし, X のある無限部分集合 A が集積点をもたないと仮定する. X の各点 x は A の集積点でないから, $U(x) \cap (A-\{x\})=\phi$ となる近傍 $U(x)$ がある. よって, $U(x) \cap A$ は ϕ か, $\{x\}$ である. このような $U(x)$ の集合

$$\mathcal{U} = \{U(x) \mid x \in X\}$$

は X の開被覆であって, X はコンパクトであるから, $\mathcal{U}$ は有限部分被覆 $\{U(x_i) \mid i=1, \cdots, n\}$ をもつ. このとき,

$$\begin{aligned} A = A \cap X &= A \cap \left(\bigcup \{U(x_i) \mid i=1, \cdots, n\}\right) \\ &= (A \cap U(x_1)) \cup \cdots \cup (A \cap U(x_n)) \end{aligned}$$

となるが, $A \cap U(x_i)$ は高々1点のみの集合であるから, A は有限となり, A が無限集合という仮定に反する. よって, (ii) が成り立つ.

(ii)⇒(iii) (ii) を仮定し, $\{x_n\}$ を X の任意の点列とする. $\{x_n\}$ を集合とみたとき, 有限であれば, ある無限個の項 $x_{s_1}, x_{s_2}, \cdots$ はすべて同一の点 c になる. このとき, 部分点列 $\{x_{s_n}\}$ は c に収束する. 無限であれば, (ii) より, 集合 $\{x_n\}$ は集積点 y_0 をもつ. X は距離空間であるから, 定理 10.1 により, y_0 に収束する部分点列 $\{x_{n_i}\}$ がある. よって, いずれの場合でも (iii) が成り立つ.

(iii)⇒(i) (iii) を仮定し, 次の (a), (b) をまず証明しよう.

(a) 任意の $\varepsilon>0$ に対し,

$$X = \bigcup \{U(x_i\,;\varepsilon) \mid i=1, \cdots, n\}$$

となるような, X の有限個の点 $x_1, \cdots, x_n$ が存在する.

(a)の証明．Xから任意に1点x_1をとる．$X-U(x_1;\varepsilon)\neq\phi$ならば，$X-U(x_1;\varepsilon)$から，任意に1点$x_2$をとる．以下同様にして，$X-\bigcup\{U(x_i;\varepsilon)\,|\,1\leqq i\leqq n\}\neq\phi$ならば，この集合から任意に1点$x_{n+1}$をとる．もしこの操作が無限回続けることができたとすれば，

$$n\neq m\Longrightarrow\rho(x_n,x_m)\geqq\varepsilon.$$

よって，点列$\{x_n\}$は収束する部分点列を含まない．これは，仮定(iii)に反する．よって，上の操作は有限回で終らなければならない．これは(a)が成り立つことを示す．

(b)　Xの任意の開被覆$\mathcal{G}=\{G_\alpha\,|\,\alpha\in\Omega\}$に対し，正数$\varepsilon$を，$X$のすべての点$x$について，$U(x;\varepsilon)$がそれぞれある$G_\alpha\in\mathcal{G}$に含まれるように，定めることができる．

(b)の証明．このようなεが存在しないと仮定すると，各$n\in\boldsymbol{N}$に対して，

$$\text{あらゆる}\,G_\alpha\in\mathcal{G}\,\text{に対し，}\;U\left(x_n;\frac{1}{n}\right)\not\subset G_\alpha$$

となるような点x_nがある．仮定(iii)により，$\{x_n\}$は，Xのある点y_0に収束する部分点列$\{x_{n_i}\,|\,i\in\boldsymbol{N}\}$をもつ．$\mathcal{G}$は被覆であるから，$y_0\in G_\beta$となる$G_\beta\in\mathcal{G}$があるが，$G_\beta$は開集合であるから，

$$U\left(y_0;\frac{1}{m}\right)\subset G_\beta$$

となる$m\in\boldsymbol{N}$がある．$x_{n_i}\to y_0$より

$$x_{n_i}\in U\left(y_0;\frac{1}{2m}\right),\qquad n_i>2m$$

となるn_iがある．このとき，

$$\rho(x,x_{n_i})<\frac{1}{n_i}\Longrightarrow\rho(x,y_0)\leqq\rho(x,x_{n_i})+\rho(x_{n_i},y_0)$$
$$<\frac{1}{n_i}+\frac{1}{2m}<\frac{1}{2m}+\frac{1}{2m}=\frac{1}{m}$$

となるから,

$$U\left(x_{n_i};\frac{1}{n_i}\right)\subset U\left(y_0;\frac{1}{m}\right)\subset G_\beta.$$

よって, x_{n_i} のとり方に反する. ゆえに, (b) が成り立つ.

(a), (b) より (i) を導こう. $\mathcal{G}=\{G_\alpha \mid \alpha\in\Omega\}$ を X の任意の開被覆とする. (b) より, 正数 ε を, X のすべての点 x について, $U(x;\varepsilon)$ がそれぞれある $G_\alpha\in\mathcal{G}$ に含まれるように, 定めることができる. (a) より, この ε に対して, 有限個の点 $x_1,\cdots,x_n$ を定め, $X=U(x_1;\varepsilon)\cup\cdots\cup U(x_n;\varepsilon)$ となるようにできる. 各 $U(x_i;\varepsilon)$ は, それぞれ $\mathcal{G}$ のある集合に含まれるから, 例えば, $U(x_i;\varepsilon)\subset G_{\alpha_i}$ $(i=1,\cdots,n)$ とすれば,

$$X=G_{\alpha_1}\cup\cdots\cup G_{\alpha_n}$$

となる. すなわち, $\mathcal{G}$ は有限部分被覆 $\{G_{\alpha_1},\cdots,G_{\alpha_n}\}$ をもつ. よって, X はコンパクトである. ▌

距離空間 (X,ρ) の部分集合 A は, ρ に関する A の直径 $\delta(A)$ (§7参照) が有限のとき, **有界**であるという. (X,ρ) が実数空間 $(\boldsymbol{R},d_1)$ のときは, A が有界であることは, §6で定義した意味で A が有界であることと一致する.

コンパクトの概念は, M. Fréchet により始めて導入されたが, 彼は定理22.2の条件(iii)を満たす距離空間をコンパクトと定義した. 条件(ii)は, 解析学における Bolzano-Weierstrass の定理 "$\boldsymbol{R}^n$ の有界集合 A の無限部分集合は $\boldsymbol{R}^n$ で集積点をもつ" に由来している. この意味で, 条件(ii)を Bolzano-Weierstrass の性質と呼ぶことがある.

定理22.2を用いて次の例を証明しよう.

例 22.4 Hilbert 空間 $\boldsymbol{R}^\infty$ は, コンパクトではない. (証明. 第 n 座標が1で, その他の座標が0となる点 p_n は $\boldsymbol{R}^\infty$ の点であるが,

任意の $\boldsymbol{m}, \boldsymbol{n}$ $(\boldsymbol{m} \neq \boldsymbol{n})$ に対し

$$d_\infty(p_m, p_n) = \sqrt{2}$$

となるから，点列 $\{p_n\}$ は $\boldsymbol{R}^\infty$ で集積点をもたない．よって定理 22.2 より，$\boldsymbol{R}^\infty$ はコンパクトではない．∎)

他方，後に証明するように，Hilbert 立方体 I^∞ はコンパクトである．

コンパクト空間はいくつかの重要な性質をもつ．以下これらについて述べよう．

定理 22.3　X をコンパクトな位相空間とするとき，X の任意の閉集合もコンパクトである．

証明　F を X の閉集合とし，$\mathcal{G}=\{G_\alpha \mid \alpha \in \Omega\}$ を部分空間 F の開被覆とする．各 G_α に対し，$G_\alpha = H_\alpha \cap F$ となる X の開集合 H_α が存在する．このとき，$X-F$ は開集合であり，また $F \subset \bigcup \{H_\alpha \mid \alpha \in \Omega\}$ であるから，

$$\mathcal{H} = \{H_\alpha \mid \alpha \in \Omega\} \cup \{X-F\}$$

は，X の開被覆である．ところで，X はコンパクトであるから，$\mathcal{H}$ の有限部分被覆 $\mathcal{H}' = \{X-F\} \cup \{H_{\alpha_i} \mid i=1, \cdots, n\}$ が存在する．このとき，$F \cap (X-F) = \phi$ より，

$$F = F \cap \left(\bigcup \{H_{\alpha_i} \mid i=1, \cdots, n\}\right) = \bigcup \{H_{\alpha_i} \cap F \mid i=1, \cdots, n\}$$
$$= \bigcup \{G_{\alpha_i} \mid i=1, \cdots, n\}.$$

すなわち，$\{G_{\alpha_1}, \cdots, G_{\alpha_n}\}$ は $\mathcal{G}$ の有限部分被覆となる．よって，F はコンパクトである．∎

定理 22.4　X を Hausdorff 空間とするとき，X のコンパクトな部分集合 A は X の閉集合である．

証明　$\mathrm{Cl}\, A \subset A$ を示せばよい．x を $X-A$ の任意の点とする．X は Hausdorff 空間であるから，A の各点 a に対し，$x \neq a$ より，

$$U_a(x) \cap W(a) = \phi$$

を満たす x の近傍 $U_a(x)$，a の近傍 $W(a)$ が存在する(このとき，x の近傍が，点 a の動きに応じて動くことを示唆するため，$U_a(x)$ と書く)．このとき，

$$\mathcal{W} = \{W(a) \cap A \mid a \in A\}$$

は，A の開被覆で，A はコンパクトであるから

$$A = (W(a_1) \cap A) \cup \cdots \cup (W(a_n) \cap A)$$

となるような有限個の点 $a_i \in A\,(i=1, \cdots, n)$ が存在する．そこで，

$$U(x) \subset U_{a_1}(x) \cap \cdots \cap U_{a_n}(x)$$

となる x の近傍 $U(x)$ をとれば，

$$\begin{aligned} U(x) \cap A &\subset U(x) \cap (\bigcup \{W(a_i) \mid 1 \leqq i \leqq n\}) \\ &= \bigcup \{U(x) \cap W(a_i) \mid 1 \leqq i \leqq n\} \\ &\subset \bigcup \{U_{a_i}(x) \cap W(a_i) \mid 1 \leqq i \leqq n\} = \phi \end{aligned}$$

となる．よって，$x \notin \mathrm{Cl}\,A$．したがって，$\mathrm{Cl}\,A \subset A$．▌

補題 22.5　Hausdorff 空間 X において，A, B を $A \cap B = \phi$ を満たすコンパクトな部分集合とするとき，

$$A \subset G, \quad B \subset H, \quad G \cap H = \phi$$

を満たす開集合 G, H が存在する．

証明　B の任意の点 b に対し，定理 22.4 の証明と全く同様にして，b の近傍 $V(b)$ と，A を含む開集合 G_b を

$$V(b) \cap G_b = \phi$$

となるように定める．$\{V(b) \cap B \mid b \in B\}$ は B の開被覆であって，B はコンパクトであるから

$$B = \bigcup \{V(b_i) \cap B \mid i=1, \cdots, n\}$$

となるような有限個の点 $b_1, \cdots, b_n \in B$ がある．このとき，

$$G = \bigcap \{G_{b_i} \mid 1 \leqq i \leqq n\}, \qquad H = \bigcup \{V(b_i) \mid 1 \leqq i \leqq n\}$$

とおけば，定理 22.4 の証明と同様に，G, H が求めるものとなることがわかる．▌

定理 22.6　コンパクトな Hausdorff 空間は正規である.

証明　X をコンパクト Hausdorff 空間とし, E, F を, $E\cap F=\phi$ となる X の閉集合とする. 定理 22.3 より, E, F はコンパクトであるから, 補題 22.5 により,

$$E\subset G, \quad F\subset H, \quad G\cap H=\phi$$

を満たす開集合 G, H がある. よって, X は正規である. ▮

注意　定理 22.6 は, 空間 X が Hausdorff でないと一般には成立しない.

定理 22.3 で述べたように, コンパクト空間の閉集合はコンパクトであるが, 開集合はどのような位相的性質をもつであろうか.

定義 22.2　位相空間 X の各点 x に対し, $\mathrm{Cl}\, U_0(x)$ がコンパクトとなるような x の近傍 $U_0(x)$ が存在するとき, X は**局所コンパクト**であるという.

例 22.5　離散空間は局所コンパクトである.

例 22.6　$\boldsymbol{R}$ は局所コンパクトである. (証明. 点 x の ε 近傍 $(x-\varepsilon, x+\varepsilon)$ の閉包は閉区間 $[x-\varepsilon, x+\varepsilon]$ であり, これは補題 22.1 によりコンパクトである. ▮)

後に示すように, $\boldsymbol{R}^n$ も局所コンパクトであるが, Hilbert 空間 $\boldsymbol{R}^\infty$ は局所コンパクトではない.

定理 22.7　コンパクトな Hausdorff 空間 X の開集合 G は, 部分空間として局所コンパクトである.

証明　$x\in G$ とする. 定理 22.6 により, X は正規空間, したがって正則空間である. よって, $x\in H$, $\mathrm{Cl}\, H\subset G$ を満たす X の開集合 H が存在する. 定理 22.3 より, $\mathrm{Cl}\, H$ はコンパクトである. ▮

定理 22.8　X をコンパクト空間, $f: X\to Y$ を位相空間 Y への連続な全射とすると, Y もコンパクトである.

証明　$\mathcal{G}=\{G_\alpha \mid \alpha\in\Omega\}$ を Y の任意の開被覆とする. f の連続性より, 各 $f^{-1}(G_\alpha)$ は X の開集合であり,

$$X = f^{-1}(Y) = f^{-1}(\bigcup\{G_\alpha \mid \alpha \in \Omega\}) = \bigcup\{f^{-1}(G_\alpha) \mid \alpha \in \Omega\}$$

となるから，$\{f^{-1}(G_\alpha) \mid \alpha \in \Omega\}$ は X の開被覆である．X はコンパクトであるから，$X=f^{-1}(G_{\alpha_1}) \cup \cdots \cup f^{-1}(G_{\alpha_n})$ となる有限個の $f^{-1}(G_{\alpha_1}), \cdots, f^{-1}(G_{\alpha_n})$ がある．f は全射であるから，$f(f^{-1}(G_{\alpha_i}))= G_{\alpha_i}$．よって，

$$\begin{aligned} Y = f(X) &= f(f^{-1}(G_{\alpha_1}) \cup \cdots \cup f^{-1}(G_{\alpha_n})) \\ &= f(f^{-1}(G_{\alpha_1})) \cup \cdots \cup f(f^{-1}(G_{\alpha_n})) \\ &= G_{\alpha_1} \cup \cdots \cup G_{\alpha_n}. \end{aligned}$$

よって，$\mathcal{G}$ は有限部分被覆 $\{G_{\alpha_1}, \cdots, G_{\alpha_n}\}$ をもつ．すなわち，Y はコンパクトである．▌

系 22.9 コンパクト性は位相的性質である．

定理 22.10 X をコンパクト空間，Y を Hausdorff 空間とするとき，任意の連続写像 $f: X \to Y$ は閉写像である．

証明 F を X の閉集合とすると，定理 22.3 により，F はコンパクトであるから，定理 22.8 により，F の像 $f(F)$ もコンパクトである．Y は Hausdorff であるから，定理 22.4 により，$f(F)$ は Y の閉集合となる．▌

定理 22.11 X がコンパクト空間，Y が Hausdorff 空間ならば，連続な全単射 $f: X \to Y$ は位相写像である．

証明 X の閉集合 F に対し，上の定理により $(f^{-1})^{-1}(F)=f(F)$ は Y の閉集合である．よって，$f^{-1}: Y \to X$ は連続である．▌

§23 コンパクト空間と積空間および商空間

コンパクト空間の無限個の積空間については，§25 で扱うが，ここでは有限個の場合について述べておく．

定理 23.1 積空間 $X \times Y$ がコンパクトである必要十分条件は，X, Y がともにコンパクトになることである．

証明　(i)　$X \times Y$ がコンパクトとすると，X は射影 $p_X: X \times Y \to X$ の像であるから，定理22.8により，X はコンパクトである．同様に，Y もコンパクトである．

(ii)　X, Y をコンパクトとし，$\mathcal{G}=\{G_\alpha \mid \alpha \in \Omega\}$ を $X \times Y$ の任意の開被覆とする．x を X の任意の点とする．$\mathcal{G}$ は $X \times Y$ の開被覆であるから，Y の各点 y に対し，$(x, y) \in G_\alpha$ となる $G_\alpha \in \mathcal{G}$ がある．G_α は $X \times Y$ の開集合なる故，

$$U_y(x) \times V_x(y) \subset G_\alpha$$

を満たす x の近傍 $U_y(x)$，y の近傍 $V_x(y)$ がある．Y はコンパクトであるから，Y の開被覆 $\mathcal{V}_x=\{V_x(y) \mid y \in Y\}$ は有限部分被覆 $\mathcal{V}_x{}'=\{V_x(y_j) \mid j=1, \cdots, r_x\}$ をもつ(ただし，$r_x \in N$)．ここで，

(1)　$$W(x) \subset \bigcap \{U_{y_j}(x) \mid j=1, \cdots, r_x\}$$

となるように，x の近傍 $W(x)$ をとれば，

(2)　$$V' \in \mathcal{V}_x{}' \Longrightarrow [W(x) \times V' \subset G \text{ を満たす } G \in \mathcal{G} \text{ がある}]$$

が成立する．なぜならば，$V'=V_x(y_j)$ のとき，(1)より

$$W(x) \times V' \subset U_{y_j}(x) \times V_x(y_j)$$

となるが，$U_{y_j}(x)$，$V_x(y_j)$ の定め方から，右辺を含む $G \in \mathcal{G}$ が存在する．したがって，(2)が成り立つ．

ところで，集合族 $\{W(x) \mid x \in X\}$ はコンパクト空間 X の開被覆であるから，有限部分被覆 $\{W(x_i) \mid i=1, \cdots, m\}$ をもつ．そこで

$$\mathcal{M}=\{W(x_i) \times V' \mid V' \in \mathcal{V}_{x_i}{}', \ i=1, \cdots, m\}$$

とおけば，(2)により，$\mathcal{M}$ に属する各集合は，それぞれ $\mathcal{G}$ のある1つの集合に含まれる．$\mathcal{G}$ のこれらの集合を，まとめて，$G_{\alpha_1}, \cdots, G_{\alpha_s}$ としよう．そうすれば，

(3)　$$\bigcup \{M \mid M \in \mathcal{M}\} \subset \bigcup \{G_{\alpha_k} \mid k=1, \cdots, s\}.$$

$X \times Y$ の任意の点 (x, y) に対し，$x \in W(x_i)$ となる x_i があるが，$\mathcal{V}_{x_i}{}'$ は Y の被覆であるから，$y \in V'$ となる $V' \in \mathcal{V}_{x_i}{}'$ がある．この

とき，$(x, y) \in W(x_i) \times V'$ となる．$W(x_i) \times V' \in \mathcal{M}$ であるから，$\mathcal{M}$ は $X \times Y$ の被覆である．したがって，(3) より，$\{G_{\alpha_k} \mid k=1, \cdots, s\}$ は $\mathcal{G}$ の有限部分被覆である．よって，$X \times Y$ はコンパクトである．▮

例 23.1　例 19.6 の空間 $A(\Omega)$ はコンパクトである．したがって，例 19.7 における $A(\Omega) \times A(\boldsymbol{N})$ はコンパクト Hausdorff 空間，よって，定理 22.6 により，正規空間である．(証明．$\mathcal{G}$ を $A(\Omega)$ の任意の開被覆とする．G を，q_Ω を含む $\mathcal{G}$ の集合とすれば，G は例 19.6 で定めた (ii) の型の開集合．よって，$A(\Omega) - G$ は有限集合 $\{x_1, \cdots, x_n\}$ である．各 x_i は，$\mathcal{G}$ のある集合 G_i に含まれる．したがって，$A(\Omega) = G_1 \cup \cdots \cup G_n \cup G$．よって，$\mathcal{G}$ は有限部分被覆 $\{G_1, \cdots, G_n, G\}$ をもつ．▮)

定理 23.2 (Heine-Borel の被覆定理)　Euclid 距離空間 $(\boldsymbol{R}^n, d_n)$ の部分集合 A がコンパクトであるためには，A が有界閉集合になることが必要十分である．

証明　(i)　A はコンパクトとする．定理 22.4 により，A は閉集合である．A が有界でないと仮定すると，A の 1 点 a_0 をとれば，$\{d_n(a_0, a) \mid a \in A\}$ は有界でない．したがって，各 $m \in \boldsymbol{N}$ に対し

$$d_n(a_0, a_m) \geqq m$$

を満たす点 $a_m \in A$ がある．定理 22.2 により，点列 $\{a_m\}$ は A の点 b に収束する部分点列 $\{a_{m_i}\}$ をもつ．このとき，$i \to \infty$ とすると，$d_n(a_0, a_{m_i}) \to d_n(a_0, b)$．これは $d_n(a_0, a_{m_i}) \to \infty$ と矛盾する．

(ii)　A は $\boldsymbol{R}^n$ の有界閉集合とする．$\delta(A) \leqq M$ となる正数 M があるから，$a = (a_1, \cdots, a_n)$ を A の 1 点とすると，

$$\begin{aligned} A &\subset \{x \in \boldsymbol{R}^n \mid d_n(a, x) \leqq M\} \\ &\subset \{(x_1, \cdots, x_n) \in \boldsymbol{R}^n \mid |x_i - a_i| \leqq M,\ i=1, \cdots, n\} \\ &= [a_1 - M, a_1 + M] \times \cdots \times [a_n - M, a_n + M] \end{aligned}$$

となる．最後の項をCとおけば，$[a_i-M, a_i+M]$が補題22.1によりコンパクトであるから，これらの積Cは，定理23.1により，コンパクトである．よって，$A\subset C$で，AはCの閉集合であるから，定理22.3により，Aはコンパクトである．▌

注意 有界は，距離関数に依存する概念であって，位相的性質ではないから注意を要する．例えば，$\tilde{\rho}(x, y)=\mathrm{Min}(1, d_n(x, y))$による距離空間$(\boldsymbol{R}^n, \tilde{\rho})$は$(\boldsymbol{R}^n, d_n)$と同相である(§8参照)．$\boldsymbol{R}^n$は$\tilde{\rho}$に関して有界ではあるが，$\boldsymbol{R}^n$はもちろんコンパクトではない．また，Hilbert空間$(\boldsymbol{R}^\infty, d_\infty)$における有界閉集合は一般にコンパクトではない(例22.4参照)．

例 23.2 $\boldsymbol{R}^n$は局所コンパクトである．他方，$\boldsymbol{R}^\infty$は局所コンパクトではない．(証明．$U(a\,;\varepsilon)$を点$a\in(\boldsymbol{R}^n, d_n)$(または，点$a=(a_i)\in\boldsymbol{R}^\infty$)の$\varepsilon$近傍とする．$(\boldsymbol{R}^n, d_n)$では$\mathrm{Cl}\,U(a\,;\varepsilon)$は有界閉集合であるからコンパクト．よって，$\boldsymbol{R}^n$は局所コンパクトである．$\boldsymbol{R}^\infty$においては，第$n$座標を$a_n+\dfrac{\varepsilon}{2}$，その他の$i$座標を$a_i$とする点$p_n$を考えると，$p_n\in U(a\,;\varepsilon)$であって，例22.4と同様に，$\mathrm{Cl}\,U(a\,;\varepsilon)$はコンパクトにならないことがわかる．$a$の任意の近傍$V(a)$は，ある$\varepsilon$近傍を含むから，定理22.3より，$\mathrm{Cl}\,V(a)$はコンパクトではない．よって，$\boldsymbol{R}^\infty$は局所コンパクトではない．▌)

定理 23.3(最大値，最小値の定理) コンパクト空間X上の実数値連続関数fは，最大値および最小値をもつ．すなわち，

$$f(x_0) = \sup\{f(x) \mid x\in X\}, \qquad f(x_1) = \inf\{f(x) \mid x\in X\}$$

を満たすXの点x_0, x_1が存在する．

証明 Xはコンパクトであるから，定理22.8により，$f(X)$は$\boldsymbol{R}$のコンパクト集合である．よって，定理23.2により，$f(X)$は$\boldsymbol{R}$の有界閉集合であるから，上限αおよび下限βが存在し，$\alpha\in f(X)$，$\beta\in f(X)$となる．よって，$f(x_0)=\alpha$，$f(x_1)=\beta$となる$x_0, x_1\in X$がある．▌

注意　上の定理で，$X=[a,b]$ とした場合が，微積分でよく知られた定理である．

定理 23.1 の証明から，次の有用な補題が得られる．

補題 23.4　A, B を，それぞれ位相空間 X, Y のコンパクトな部分集合，G を，$A\times B\subset G$ を満たす $X\times Y$ の開集合とすると，

$$A\subset U,\quad B\subset V,\quad U\times V\subset G$$

を満たす X, Y の開集合 U, V が存在する．とくに，$\{x\in X\mid \{x\}\times B\subset G\}$ は，X の開集合である．

証明　A の各点 x と B の各点 y に対し，$(x,y)\in G$ より，$U_y(x)\times V_x(y)\subset G$ となる x の近傍 $U_y(x)$，y の近傍 $V_x(y)$ がある．B はコンパクトであるから，B の開被覆 $\{V_x(y)\cap B\mid y\in B\}$ は，有限部分被覆 $\{V_x(y_j)\cap B\mid j=1,\cdots,r_x\}$ をもつ．ここで，

$$W_x=\bigcap\{U_{y_j}(x)\mid j=1,\cdots,r_x\},$$
$$V_x'=\bigcup\{V_x(y_j)\mid j=1,\cdots,r_x\}$$

とおけば，定理 23.1 の証明 (ii) の (2) と同様にして，

$$(4)\qquad x\in W_x,\quad B\subset V_x',\quad W_x\times V_x'\subset G$$

が成り立つことがわかる．A はコンパクトであるから，A の開被覆 $\{W_x\cap A\mid x\in A\}$ は有限部分被覆 $\{W_{x_i}\cap A\mid i=1,\cdots,m\}$ をもつ．このとき，

$$U=\bigcup\{W_{x_i}\mid i=1,\cdots,m\},\qquad V=\bigcap\{V_{x_i}'\mid i=1,\cdots,m\}$$

とおけば，U, V はそれぞれ X, Y の開集合で，$A\subset U$，$B\subset V$ かつ

$$U\times V\subset\bigcup\{W_{x_i}\times V_{x_i}'\mid i=1,\cdots,m\}\subset G$$

となる．定理の後半については，$H=\{x\in X\mid \{x\}\times B\subset G\}$ とおき，$x\in H$ とすると，$\{x\}\times B\subset G$．よって，$\{x\}=A$ として前半を適用すると，$\{x\}\times B\subset U\times B\subset G$ となる開集合 U がある．すなわち，$x\in U\subset H$．よって，H は開集合である．▌

コンパクト空間の商空間については，比較的分かり易い．定理

22.10, 15.3より，コンパクト空間からHausdorff空間への連続な全射は，常に商写像となるからである．

例 23.3 例15.5の空間Xは，定理23.2により，コンパクトである．この例における空間ZはHausdorffであるから，そこで定義された写像fはいずれも商写像である．——

位相空間の間の連続な全射$f: X \to R$, $g: Y \to S$に対しては，

$$f \times g: X \times Y \longrightarrow R \times S, \qquad f \times g: (x, y) \longmapsto (f(x), g(y))$$

は連続な全射であるが，

(a) f, gが開写像ならば，$f \times g$も開写像である．

(b) f, gが閉写像でも，$f \times g$は一般に閉写像ではない．

(c) f, gが商写像でも，$f \times g$は一般に商写像ではない．

問1 (a)を証明せよ．

ここで，次の2つの定理を証明しよう．以下，f, gは全射，連続とする．

定理 23.5 $f: X \to R$, $g: Y \to S$が閉写像で，R, Sの各点r, sに対し，$f^{-1}(r)$, $g^{-1}(s)$がコンパクトならば，$f \times g: X \times Y \to R \times S$は閉写像である．

定理 23.6 $f: X \to R$は商写像，Yは局所コンパクトな正則[1]空間とし，$g: Y \to S$は，(a) 開写像か，または，(b) Sの各点sに対し，$g^{-1}(s)$がコンパクトとなるような閉写像とする．このとき，$f \times g$は商写像である．

定理 23.5 の証明 Fを$X \times Y$の任意の閉集合とし，$h = f \times g$とおく．$(r, s) \notin h(F)$とすれば，

$$h^{-1}((r, s)) = f^{-1}(r) \times g^{-1}(s) \subset X \times Y - F.$$

よって，補題23.4により，X, Yの開集合G, Hで

$$f^{-1}(r) \subset G, \qquad g^{-1}(s) \subset H, \qquad G \times H \subset X \times Y - F$$

---

1) 正則の仮定はHausdorffにおきかえてよい(系25.4参照).

を満たすものがある．

$$U=R-f(X-G),\qquad V=S-g(Y-H)$$

とおけば，f, g が閉写像であるから，U, V はそれぞれ R, S の開集合で，U, V の定め方より

$$f^{-1}(r)\subset f^{-1}(U)\subset G,\qquad g^{-1}(s)\subset g^{-1}(V)\subset H$$

が成り立つことがわかる．したがって，

$$(r,s)\in U\times V,\qquad (U\times V)\cap h(F)=\phi$$

となるから，$(r,s)\notin \mathrm{Cl}\,h(F)$．故に，$\mathrm{Cl}\,h(F)\subset h(F)$．よって，$h(F)$ は閉集合である．▌

定理 23.6 の証明 (i) $S=Y$, $g=1_Y: Y\to Y$ の場合．$h=f\times 1_Y$ とおく．$R\times Y\supset W$ で $h^{-1}(W)$ は $X\times Y$ の開集合と仮定する．このとき，W が $R\times Y$ の開集合となることを示せばよい．$(r,y)\in W$ とする．$x_0\in f^{-1}(r)$ をとると，$(x_0,y)\in h^{-1}(W)$ より，$h^{-1}(W)$ は開集合であるから，y の近傍 V で

$$\{x_0\}\times V\subset h^{-1}(W)$$

を満たすものがある．Y は局所コンパクトで正則であるから，$\mathrm{Cl}\,V_0\subset V$ で，$\mathrm{Cl}\,V_0$ がコンパクトとなるような，y の近傍 V_0 がある．補題 23.4 により，

$$U=\{x\in X\,|\,\{x\}\times \mathrm{Cl}\,V_0\subset h^{-1}(W)\}$$

は，X の開集合である．また，$U=f^{-1}(f(U))$ が成り立つから，f が商写像であることより，$f(U)$ は R の開集合である．$x_0\in U$, $x_0\in f^{-1}(r)$ より，$r\in f(U)$．したがって，

$$(r,y)\in f(U)\times V_0\subset f(U)\times \mathrm{Cl}\,V_0\subset W.$$

よって，W は $R\times Y$ の開集合である．

(ii) $g: Y\to S$ が一般の場合．$f\times g: X\times Y\to R\times S$ は，

$$f\times 1_Y: X\times Y\longrightarrow R\times Y,\qquad 1_R\times g: R\times Y\longrightarrow R\times S$$

の合成に等しい．(a) g が開写像ならば，1_R は開写像だから，$1_R\times g$

も開写像である．(b) g が閉写像で S の各点 s に対し，$g^{-1}(s)$ がコンパクトならば，定理 23.5 より，$1_R \times g$ も閉写像である．よって，いずれの場合にも $1_R \times g$ は商写像である．一方，$f \times 1_Y$ は，(i) により商写像である．したがって，定理 15.4 により，これらの合成となる $f \times g$ は商写像である．▮

§24　フィルターと収束

本節では，1つの空でない集合 X の部分集合の族について述べることにする．ここでの結果は，次の節で論ずるコンパクト空間の議論に欠かせないものである．

定義 24.1　X の部分集合の族 $\mathscr{F}$ が**有限交叉性**をもつとは，$\mathscr{F}$ に属する任意の有限個の集合 F_i $(i=1, \cdots, n)$ が交わること，すなわち，$\bigcap\{F_i \mid i=1, \cdots, n\} \neq \phi$ を満たすことをいう．

例 24.1　$X=N$, $A_n=\{i \in N \mid i \geqq n\}$ とするとき，集合族 $\mathscr{A}=\{A_n \mid n \in N\}$ は有限交叉性をもつ．

例 24.2　$x \in X$ に対し，$\mathscr{F}(x)=\{K \mid x \in K,\ K \subset X\}$ は有限交叉性をもつ．

例 24.3　X を無限集合とするとき，$\mathscr{M}_0=\{A \mid A \subset X,\ X-A=$ 有限集合$\}$ は，有限交叉性をもつ．(証明．$\bigcap\{A_i \mid 1 \leqq i \leqq n\}=X-\bigcup\{X-A_i \mid 1 \leqq i \leqq n\}$ より，$A_i \in \mathscr{M}_0$ $(i=1, \cdots, n)$ なら，$\bigcap_i A_i \neq \phi$. ▮)

X の部分集合の族 $\mathscr{F}, \mathscr{K}$ に対し，$\mathscr{K}$ が $\mathscr{F}$ を含むとは，$\mathscr{F} \subset \mathscr{K}$ となること(すなわち，$A \in \mathscr{F} \Rightarrow A \in \mathscr{K}$) を意味する．このとき，$\mathscr{F} \leqq \mathscr{K}$ として，2項関係 $\leqq$ を定義すれば，$\leqq$ は順序となる．特に，有限交叉性をもつ X の部分集合の族の全体を Φ とするとき，順序集合 $(\Phi, \leqq)$ における極大元は，重要な意義をもつ．

補題 24.1　$\mathscr{K} \in \Phi$ とすれば，順序集合 $(\Phi, \leqq)$ における極大元 $\mathscr{M}$ で，$\mathscr{K} \leqq \mathscr{M}$ を満たすものがある．

証明 $\Phi_0=\{\mathcal{F}\in\Phi \mid \mathcal{K}\leqq\mathcal{F}\}$ とおくとき，$(\Phi_0, \leqq)$ の極大元は，$(\Phi, \leqq)$ における極大元であるから，$(\Phi_0, \leqq)$ における極大元の存在を証明すればよい．有限交叉性を失わないように，集合族 $\mathcal{K}$ に順次に X の部分集合をつけ加えていけば，求める極大元 $\mathcal{M}$ に到達すると考えられるが，これは Zorn の補題を用いて次のように証明される．

$(\Phi_0, \leqq)$ が帰納的であることが分かれば，Zorn の補題(§5 参照)によって，$(\Phi_0, \leqq)$ が極大元をもつことが分かる．よって，$(\Phi_0, \leqq)$ が帰納的なことをいえばよい．このため，$\Phi_0'\subset\Phi_0$ で，順序集合 $(\Phi_0', \leqq)$ は全順序集合であると仮定する．このとき，

$$\mathcal{G}=\bigcup\{\mathcal{F}\mid\mathcal{F}\in\Phi_0'\}$$

とおけば，$\mathcal{G}\in\Phi_0$ となることを示そう．$\mathcal{G}$ から有限個の集合 G_i $(i=1,\cdots,m)$ をとれば，$\mathcal{G}$ の定め方より，各 i に対し，$G_i\in\mathcal{F}_i$ となる $\mathcal{F}_i\in\Phi_0'$ がある．$(\Phi_0', \leqq)$ は全順序集合であるから，$\mathcal{F}_1,\cdots,\mathcal{F}_m$ の中に最大のものがある．これを $\mathcal{F}_k$ とすれば，各 i に対し，$G_i\in\mathcal{F}_i\subset\mathcal{F}_k$．$\mathcal{F}_k$ は有限交叉性をもつから，$\bigcap\{G_i\mid i=1,\cdots,m\}\neq\phi$．よって，$\mathcal{G}$ は有限交叉性をもつ．$\mathcal{K}\leqq\mathcal{G}$ は明らかであるから，$\mathcal{G}\in\Phi_0$．よって，Φ_0' の上界が Φ_0 に存在する．したがって，$(\Phi_0, \leqq)$ は帰納的であることが証明された．▌

$(\Phi, \leqq)$ の極大元の性質を解明するため，次の定義を述べる．

定義 24.2 X の部分集合の族 $\mathcal{F}$ が次の条件を満たすとき，$\mathcal{F}$ を X 上の**フィルター**(filter) という．

(a) $F, K\in\mathcal{F}\Longrightarrow F\cap K\in\mathcal{F}$.

(b) $F\in\mathcal{F},\ F\subset K\Longrightarrow K\in\mathcal{F}$.

(c) $\phi\notin\mathcal{F}$.

条件(a)，(c)より，フィルターは有限交叉性をもつ．$\mathcal{F}$ が条件

(a)′ $F, K\in\mathcal{F}\Longrightarrow L\subset F\cap K$ を満たす $L\in\mathcal{F}$ がある，

と (c) を満たすときは，$\mathcal{F}$ を**フィルター基底**という．

補題 24.2　有限交叉性をもつ X の部分集合の族 $\mathscr{K}$ に対し，$\mathscr{K}'=\{K_1\cap\cdots\cap K_n \mid K_i\in\mathscr{K},\ i=1,\cdots,n\,;\ n\in \boldsymbol{N}\}$ は，$\mathscr{K}$ を含むフィルター基底となる．さらに，フィルター基底 $\mathscr{F}$ に対し，$\mathscr{E}=\{E \mid E\subset X$ で，$F\subset E$ となる $F\in\mathscr{F}$ がある$\}$ は，$\mathscr{F}$ を含むフィルターとなる．$\mathscr{E}$ を，$\mathscr{F}$ が**生成するフィルター**という．

証明　$\mathscr{K}'$ が $\mathscr{K}$ を含むフィルター基底となることは明らか．$E_i\in\mathscr{E}\ (i=1,2)$ に対し，$F_i\subset E_i, F_i\in\mathscr{F}$ とする．$L\subset F_1\cap F_2, L\in\mathscr{F}$ に対し，$L\subset E_1\cap E_2$．よって $E_1\cap E_2\in\mathscr{E}$．よって，$\mathscr{E}$ はフィルターの条件 (a) を満たす．(b), (c) については明らかだから，$\mathscr{E}$ はフィルターである．▌

例 24.4　例 24.3 の $\mathscr{M}_0$ はフィルターである．例 24.1 の $\mathscr{A}$ はフィルター基底となるが，$\mathscr{A}$ が生成するフィルターは，$X=\boldsymbol{N}$ としたときの $\mathscr{M}_0$ に等しく，これを **Fréchet フィルター**という．——

フィルター $\mathscr{M}$ を含むフィルターが $\mathscr{M}$ 以外にないとき，$\mathscr{M}$ を**極大フィルター**(maximal filter, ultrafilter)という．

例 24.5　例 24.2 の $\mathscr{F}(x)$ は極大フィルターである．他方，上の $\mathscr{M}_0$ は極大フィルターではない．(証明．$X_0\subset X$ で，$X_0, X-X_0$ ともに無限集合とすると，$\mathscr{M}_0\cup\{X_0\}$ は有限交叉性をもつから，補題 24.2 により，$\mathscr{M}_0$ を真に含むフィルターがある．▌)

補題 24.3　X 上のフィルター $\mathscr{M}$ に対し，次の条件は同値である．

(i)　$\mathscr{M}$ は極大フィルターである．

(ii)　$A\subset X$ で，任意の $M\in\mathscr{M}$ に対し，$A\cap M\neq\phi \Longrightarrow A\in\mathscr{M}$．

(iii)　$A=A_1\cup\cdots\cup A_n\subset X$ で，$A\in\mathscr{M}$ なら，ある A_i は $\mathscr{M}$ に属する．

(iv)　$A\subset X \Longrightarrow A\in\mathscr{M}$ か，または $X-A\in\mathscr{M}$．

証明　(i)⇒(ii)　$M_i\in\mathscr{M}\ (i=1,\cdots,m)$ とすると，$\bigcap_i M_i\in\mathscr{M}$．よって，$A\cap\bigcap_i M_i\neq\phi$ より，$\mathscr{M}\cup\{A\}$ は有限交叉性をもつ．補題 24.

2より，$\mathcal{M}\cup\{A\}$を含むフィルター$\mathcal{M}'$がある．$\mathcal{M}$の極大性より，$\mathcal{M}=\mathcal{M}'$．よって，$\mathcal{M}\ni A$．

(ii)⇒(iii) いずれのA_iについても$A_i\notin\mathcal{M}$なら，(ii)より，各iに対し$A_i\cap M_i=\phi$となる$M_i\in\mathcal{M}$がある．このとき，$A\cap\bigcap_i M_i=\phi$で，$A\in\mathcal{M}$，$\bigcap_i M_i\in\mathcal{M}$より矛盾を生ずる．

(iii)⇒(iv) $X\in\mathcal{M}$で，$X=A\cup(X-A)$だから，(iii)より明らか．

(iv)⇒(i) $\mathcal{M}\subset\mathcal{M}'$となるフィルター$\mathcal{M}'$をとる．$A\in\mathcal{M}'$で，$A\notin\mathcal{M}$とすると，(iv)より，$X-A\in\mathcal{M}\subset\mathcal{M}'$．よって，$A\cap(X-A)=\phi$となって，$\mathcal{M}'$の有限交叉性に反する．よって，$A\in\mathcal{M}$．すなわち，$\mathcal{M}=\mathcal{M}'$．▮

補題 24.4 $(\Phi,\leqq)$の極大元は極大フィルターである．

証明 $\mathcal{M}$を$(\Phi,\leqq)$の極大元とすれば，補題24.2より，$\mathcal{M}$を含むフィルター$\mathcal{F}$がある．$\mathcal{F}$は有限交叉性をもつから，$\mathcal{F}\in\Phi$．$\mathcal{M}$の極大性より，$\mathcal{M}=\mathcal{F}$．よって，$\mathcal{M}$はフィルターとなる．同様にして，$\mathcal{M}$は極大フィルターとなる．▮

補題24.1，24.4により，次の定理が成り立つ．

定理 24.5 有限交叉性をもつXの部分集合の族$\mathcal{K}$に対し，$\mathcal{K}$を含むX上の極大フィルターが存在する．

注意 1 $\boldsymbol{N}$上の極大フィルター$\mathcal{M}$は，例24.5で述べた極大フィルター$\mathcal{F}(x)$ $(x\in\boldsymbol{N})$のいずれかと一致するか，またはFréchetフィルター$\mathcal{M}_0$を含む．(どの$\mathcal{F}(x)$にも等しくなければ，各$x\in\boldsymbol{N}$に対し，$\{x\}\notin\mathcal{M}$．よって，補題24.3により，$\boldsymbol{N}-\{x\}\in\mathcal{M}$．よって，有限個の$x_i\in X$ $(i=1,\cdots,n)$に対し，$\bigcap\{\boldsymbol{N}-\{x_i\}\mid i=1,\cdots,n\}\in\mathcal{M}$．よって，$\mathcal{M}_0\subset\mathcal{M}$．)

注意 2 $\boldsymbol{N}$上の極大フィルターは2^c個ある(例25.9参照)．

フィルター基底は，点列の概念を拡張した有向点列の概念と密接に関連する．以下これについて述べよう．

定義 24.3 集合Dの元の間の2項関係$<$が，条件

(i) $a \in D$ に対し，$a \prec a$,

(ii) $a \prec b,\ b \prec c \Longrightarrow a \prec c$,

(iii) 任意の $a, b \in D$ に対し，$a \prec c,\ b \prec c$ を満たす元 $c \in D$ が存在する，

を満たすとき，$\prec$ を**有向順序**，$(D, \prec)$ を**有向集合**という．$(D, \prec)$ の代りに，D と書くことが多い．

例 24.6 $\boldsymbol{N}$ は大小の順序により，有向集合となる．

例 24.7 1つの集合 Ω の部分集合(または有限部分集合)全体の族は，包含関係“$\subset$”により“$\prec$”を定めると，有向集合となる．

例 24.8 $I=[0, 1]$ において，閉被覆 $\varDelta=\{[x_{i-1}, x_i] \mid 1 \leqq i \leqq n\}$ $(0=x_0<x_1<\cdots<x_n=1)$ を I の分割，各 x_i を分点という．他の分割 $\varDelta'$ が，$\varDelta$ の分点はすべてそのままにして，さらに分点をつけ加えてできたものであるとき，$\varDelta'$ を $\varDelta$ の細分といい，$\varDelta \prec \varDelta'$ と表わす．細分 $\varDelta_1, \varDelta_2$ の分点すべてからなる分割 $\varDelta_3$ は，$\varDelta_1 \prec \varDelta_3$, $\varDelta_2 \prec \varDelta_3$ となるから，I の分割全体 $\mathscr{D}$ は，$\prec$ に関して有向集合となる．——

以下，X を位相空間とする．D を有向集合とするとき，写像 φ: $D \to X$ を，X における**有向点列**(または**有向点集合**)という．$x_0 \in X$ とし，x_0 の任意の近傍 $U(x_0)$ に対し，

$$d_0 \prec d \Longrightarrow \varphi(d) \in U(x_0) \tag{1}$$

となる $d_0 \in D$ が存在するとき，有向点列 φ は，点 x_0 に**収束**するといい，x_0 を φ の**極限**という．

例 24.6 により，この定義は，$D=\boldsymbol{N}$ の場合には通常の収束と一致する．

例 24.9 $\mathscr{D}$ を，例 24.8 の有向集合とする．f を I で連続な実数値関数とし，$\varDelta \in \mathscr{D}$, $\varDelta=\{[x_{i-1}, x_i] \mid 1 \leqq i \leqq n\}$ に対し，

$$\varphi_f(\varDelta) = \sum_{i=1}^{n} f(x_i)(x_i - x_{i-1})$$

とおけば，有向点列 $\varphi_f : \mathscr{D} \to \boldsymbol{R}$ は，積分 $\int_0^1 f(x)\,dx$ に収束する．——

有向点列を用いると，距離空間に関する性質(§10，問3)は次のように一般化される．

定理 24.6 X を位相空間，$A \subset X$，$x_0 \in X$ とするとき，$x_0 \in \mathrm{Cl}\,A$ となるためには，x_0 に収束する有向点列 $\varphi : D \to A$ が存在することが必要十分である．

証明 十分性．有向点列 $\varphi : D \to A$ が x_0 に収束すれば x_0 の任意の近傍 $U(x_0)$ に対し，(1) を満たす $d_0 \in D$ がある．$d_0 \prec d$，$d \in D$ に対し，$\varphi(d) \in U(x_0) \cap A$．よって，$U(x_0) \cap A \neq \phi$ より，$x_0 \in \mathrm{Cl}\,A$.

必要性．$\{U_\alpha(x_0) \mid \alpha \in \Omega\}$ を x_0 の近傍基とし，$U_\alpha(x_0) \subset U_\beta(x_0)$ のとき，$\beta \prec \alpha$ とすると，Ω は有向集合になる．$x_0 \in \mathrm{Cl}\,A$ ならば，$U_\alpha(x_0) \cap A \neq \phi$ だから，$U_\alpha(x_0) \cap A$ より1点 a_α を任意にとり，

$$\varphi : (\Omega, \prec) \longrightarrow A; \quad \varphi : \alpha \longmapsto a_\alpha$$

と定めれば，φ は x_0 に収束する有向点列である．▌

定理 24.7 位相空間 X に対し，次の条件は同値である．

(a) X は Hausdorff である．

(b) X における有向点列の極限はただ1通りに定まる．

証明 (a)⇒(b) 有向点列 $\varphi : D \to X$ が異なる2点 $x_1, x_2 \in X$ に収束するとする．(a) より，$x_i \in U_i$，$i=1,2$；$U_1 \cap U_2 = \phi$ となる開集合 U_i がある．U_i に対し，(1) を満たす d_i をとる．D は有向集合だから，$d_1 \prec d_3$，$d_2 \prec d_3$ となる $d_3 \in D$ をとれば，$\varphi(d_3) \in U_1 \cap U_2$．これは $U_1 \cap U_2 = \phi$ に矛盾する．

(b)⇒(a) (a) が成り立たないとすると，異なる2点 x, y の近傍基 $\{U_\alpha(x) \mid \alpha \in \Omega\}$, $\{V_\beta(y) \mid \beta \in \Omega'\}$ で，任意の α, β に対し，$U_\alpha(x) \cap V_\beta(y) \neq \phi$ となることがある．$\Omega \times \Omega'$ の元 (α, β), (α', β') に対し，$U_{\alpha'}(x) \subset U_\alpha(x)$，$V_{\beta'}(y) \subset V_\beta(y)$ のとき，$(\alpha, \beta) \prec (\alpha', \beta')$ と定めると，$(\Omega \times \Omega', \prec)$ は有向集合となる．各 (α, β) に対し，$U_\alpha(x) \cap V_\beta(y)$

の1点を対応させて有向点列$\varphi: \Omega\times\Omega'\to X$を作れば，$\varphi$は$x$および$y$に収束し，これは(b)に反する．▌

$\mathscr{F}$をXにおけるフィルター基底とする．$x_0\in X$とし，x_0の任意の近傍$U(x_0)$に対し，$F\subset U(x_0)$を満たす$F\in\mathscr{F}$があるとき，**$\mathscr{F}$はx_0に収束する**といい，x_0を**$\mathscr{F}$の極限**という．

例 24.10　$\varphi: D\to X$を有向点列とするとき，$d\in D$に対し，$A_d=\{\varphi(d')\mid d\prec d',\ d'\in D\}$とおけば，

$$d_i \prec d',\ i=1,2 \Longrightarrow A_{d'}\subset A_{d_1}\cap A_{d_2}$$

より，$\mathscr{F}_\varphi=\{A_d\mid d\in D\}$はフィルター基底である．このとき，

$$\varphi\text{が}x_0\in X\text{に収束する}\Longleftrightarrow\mathscr{F}_\varphi\text{が}x_0\text{に収束する}$$

となることが定義からわかる．

例 24.11　$\mathscr{F}$をXのフィルター基底とし，

$$D_{\mathscr{F}}=\{(a,A)\mid a\in A,\ A\in\mathscr{F}\}$$

とおき，$B\subset A$のとき，$(a,A)\prec(b,B)$と定めると，$(D_{\mathscr{F}},\prec)$は有向集合になる．$D_{\mathscr{F}}$の元$d=(a,A)$に対し，$\varphi_{\mathscr{F}}(d)=a$と定めると$\varphi_{\mathscr{F}}: D_{\mathscr{F}}\to X$は有向点列となり，$A\in\mathscr{F}$に対し，$A=\{\varphi_{\mathscr{F}}(d)\mid(a,A)\prec d,\ d\in D_{\mathscr{F}}\}$ $(a\in A)$となる．よって，

$$\mathscr{F}\text{が}x_0\in X\text{に収束する}\Longleftrightarrow\varphi_{\mathscr{F}}\text{が}x_0\text{に収束する}$$

が成り立つ．——

例24.10, 24.11により，有向点列の収束とフィルター基底の収束とは，同等な有効性をもつことがわかる．例えば，

定理 24.8　Xを位相空間，$A\subset X$，$x_0\in X$とするとき，$x_0\in \mathrm{Cl}\,A$となるためには，x_0に収束するAのフィルター基底が存在することが必要十分である．

定理 24.9　位相空間Xに対し，次の条件は同値である．

(a)　XはHausdorffである．

(b)　Xのフィルター基底の極限はただ1通りに定まる．——

フィルター基底の収束については，次の性質が成り立つ．

定理 24.10　$\mathscr{F}$ を位相空間 X 上のフィルター基底とすると，

(i)　$\mathscr{F}$ が点 $x_0 \in X$ に収束すれば，$x_0 \in \bigcap\{\mathrm{Cl}\,F \mid F \in \mathscr{F}\}$ であり，特に，X が Hausdorff なら，$\{x_0\} = \bigcap\{\mathrm{Cl}\,F \mid F \in \mathscr{F}\}$ が成り立つ．

(ii)　$\mathscr{F}$ が極大フィルターで，$x_0 \in \bigcap\{\mathrm{Cl}\,F \mid F \in \mathscr{F}\}$ なら，$\mathscr{F}$ は x_0 に収束する．

証明　(i)　$U(x_0)$ を x_0 の任意の近傍，$F \in \mathscr{F}$ とする．仮定より $F' \subset U(x_0)$ となる $F' \in \mathscr{F}$ がある．このとき，$U(x_0) \cap F \supset F' \cap F \neq \phi$. よって，$x_0 \in \mathrm{Cl}\,F$. よって，$x_0 \in \bigcap\{\mathrm{Cl}\,F \mid F \in \mathscr{F}\}$．$X$ が Hausdorff で，$x_0 \neq x$ とすると，$V(x_0) \cap W(x) = \phi$ となる近傍 $V(x_0)$, $W(x)$ があり，$V(x_0)$ に対し，$F'' \subset V(x_0)$ となる $F'' \in \mathscr{F}$ がある．このとき，$F'' \cap W(x) = \phi$ となるから，$x \notin \mathrm{Cl}\,F''$.

(ii)　x_0 の近傍 $U(x_0)$ に対し，すべての $F \in \mathscr{F}$ について，$U(x_0) \cap F \neq \phi$ となるから，補題 24.3 より，$U(x_0) \in \mathscr{F}$. よって，$\mathscr{F}$ は x_0 に収束する．▮

問　定理 24.10 で，$\mathscr{F}$ がフィルターであって，$\{x_0\} = \bigcap\{\mathrm{Cl}\,F \mid F \in \mathscr{F}\}$ であっても，$\mathscr{F}$ は一般に x_0 に収束しない．このような例をあげよ．

§25　Tychonoff の定理とコンパクト化

フィルターの概念によって，空間のコンパクト性を特徴づけることができる．

定理 25.1　位相空間 X に対し，次の各条件は同値である．

(a)　X はコンパクトである．

(b)　有限交叉性をもつ X の任意の部分集合の族 $\{F_\lambda \mid \lambda \in \Lambda\}$ に対し，$\bigcap\{\mathrm{Cl}\,F_\lambda \mid \lambda \in \Lambda\} \neq \phi$.

(c)　X 上の任意のフィルター $\{F_\lambda \mid \lambda \in \Lambda\}$ に対し，$\bigcap\{\mathrm{Cl}\,F_\lambda \mid \lambda \in \Lambda\} \neq \phi$.

(d) X 上の極大フィルター $\{F_\lambda \mid \lambda \in \Lambda\}$ に対し，$\bigcap\{\mathrm{Cl}\, F_\lambda \mid \lambda \in \Lambda\} \neq \phi$.

証明 (a)⇒(b) $\bigcap\{\mathrm{Cl}\, F_\lambda \mid \lambda \in \Lambda\} = \phi$ とすれば，

$$\bigcup\{X-\mathrm{Cl}\, F_\lambda \mid \lambda \in \Lambda\} = X - \bigcap\{\mathrm{Cl}\, F_\lambda \mid \lambda \in \Lambda\} = X$$

より，$\{X-\mathrm{Cl}\, F_\lambda \mid \lambda \in \Lambda\}$ は X の開被覆であって，X はコンパクトであるから，有限部分被覆をもつ．これを $\{X-\mathrm{Cl}\, F_{\lambda_i} \mid i=1, \cdots, n\}$ とすれば，$\bigcap\{\mathrm{Cl}\, F_{\lambda_i} \mid i=1, \cdots, n\} = \phi$．したがって，$F_{\lambda_i} \subset \mathrm{Cl}\, F_{\lambda_i}$ より，$\bigcap\{F_{\lambda_i} \mid i=1, \cdots, n\} = \phi$．これは，$\{F_\lambda \mid \lambda \in \Lambda\}$ の有限交叉性に反する．

(b)⇒(c) は明らかである．

(c)⇒(d) も明らかである．

(d)⇒(a) X がコンパクトでないとすれば，有限部分被覆をもたないような，X の開被覆 $\{G_\alpha \mid \alpha \in \Omega\}$ がある．$\mathscr{F} = \{X-G_\alpha \mid \alpha \in \Omega\}$ とおけば，任意の有限個の元 $\alpha_i \in \Omega$, $i=1, \cdots, n$ に対し，$\bigcup\{G_{\alpha_i} \mid i=1, \cdots, n\} \neq X$，すなわち，$\bigcap\{X-G_{\alpha_i} \mid i=1, \cdots, n\} \neq \phi$．よって，$\mathscr{F}$ は有限交叉性を持つ．定理 24.5 により，$\mathscr{F}$ を含む X 上の極大フィルター $\{M_\lambda \mid \lambda \in \Lambda\}$ が存在する．一方，

$$\begin{aligned}\bigcap\{\mathrm{Cl}\, M_\lambda \mid \lambda \in \Lambda\} &\subset \bigcap\{\mathrm{Cl}(X-G_\alpha) \mid \alpha \in \Omega\} \\ &= \bigcap\{X-G_\alpha \mid \alpha \in \Omega\} = X - \bigcup\{G_\alpha \mid \alpha \in \Omega\} = \phi\end{aligned}$$

となり，(d) に反する．よって，X はコンパクトである．▌

次の定理は，積空間の構成に際し，空間のコンパクト性が保たれることを示すもので，A. Tychonoff により始めて証明された．

定理 25.2 $\{X_\lambda \mid \lambda \in \Lambda\}$ を位相空間の族とする．各 X_λ がコンパクトならば，積空間 $X = \prod\{X_\lambda \mid \lambda \in \Lambda\}$ もコンパクトである．

証明 $\mathscr{M}$ を X 上の極大フィルターとする．X から X_λ への射影を $p_\lambda : X \to X_\lambda$ とする．このとき，各 $\lambda \in \Lambda$ に対し，$\{p_\lambda(M) \mid M \in \mathscr{M}\}$ は，X_λ の部分集合の族であって，有限交叉性を持つ．X_λ はコンパ

クトであるから,

$$\bigcap\{\mathrm{Cl}\, p_\lambda(M) \mid M \in \mathcal{M}\} \neq \phi.$$

そこで,この共通集合から,1点 $\tilde{x}_\lambda$ をとり,$U(\tilde{x}_\lambda)$ を点 $\tilde{x}_\lambda$ の X_λ における任意の近傍とすれば,各 $M \in \mathcal{M}$ に対し,

$$U(\tilde{x}_\lambda) \cap p_\lambda(M) \neq \phi,\ \text{すなわち},\ p_\lambda^{-1}(U(\tilde{x}_\lambda)) \cap M \neq \phi.$$

$\mathcal{M}$ は X 上の極大フィルターであるから,補題24.3により

$$p_\lambda^{-1}(U(\tilde{x}_\lambda)) \in \mathcal{M}.$$

各 $\lambda \in \Lambda$ に対する X_λ の点 $\tilde{x}_\lambda$ を集めて,積空間の点 $\tilde{x} = (\tilde{x}_\lambda)$ を考える.$U(\tilde{x})$ を点 $\tilde{x}$ の積空間 X における任意の近傍とすると,

$$\bigcap\{p_{\lambda_i}^{-1}(U(\tilde{x}_{\lambda_i})) \mid i=1, \cdots, m\} \subset U(\tilde{x})$$

を満たす,Λ の有限部分集合 $\{\lambda_i \mid i=1, \cdots, m\}$ と,各 $\tilde{x}_{\lambda_i}$ の X_{λ_i} における近傍 $U(\tilde{x}_{\lambda_i})$ が存在する.上に述べたように,各 λ_i に対し,$p_{\lambda_i}^{-1}(U(\tilde{x}_{\lambda_i})) \in \mathcal{M}$.よって,$\mathcal{M}$ がフィルターであるから,フィルターの条件(a), (b)により,$U(\tilde{x}) \in \mathcal{M}$.$\mathcal{M}$ の有限交叉性より,任意の $M \in \mathcal{M}$ に対し,

$$U(\tilde{x}) \cap M \neq \phi,$$

すなわち,$\tilde{x} \in \mathrm{Cl}\, M$.故に,$\tilde{x} \in \bigcap\{\mathrm{Cl}\, M \mid M \in \mathcal{M}\} \neq \phi$.よって,定理25.1により,$X$ はコンパクトである.▌

例 25.1 単位閉区間 I の $\mathfrak{m}$ 個の積空間 $I^{\mathfrak{m}}$ はコンパクト Hausdorff 空間である(ただし,$\mathfrak{m}$ は有限または無限の基数).$\mathfrak{m} = \aleph_0$ のときは,$I^{\aleph_0}$ は Hilbert 立方体と同相であるから,Hilbert 立方体はコンパクトである.

例 25.2 2点 $\{0, 1\}$ よりなる離散空間 D はコンパクトであるから,例14.10の Cantor 立方体 $D^{\mathfrak{m}}$ は,コンパクトである.特に,$D^{\aleph_0}$ と同相である Cantor の不連続体 C は,コンパクトである.一方,C は,I から開集合をとり去って得られる集合であるから,I の閉集合としても,コンパクトであることがわかる.——

例13.2で示したように，2次元球面S^2から1点qを除いて得られる空間$S^2-\{q\}$は$\boldsymbol{R}^2$と同相である．したがって，$\boldsymbol{R}^2$はS^2に埋蔵されていて，S^2は$\boldsymbol{R}^2$に1点qを付け加えてできたコンパクト空間とみることができる．

定義 25.1 Hausdorff空間Xに対し，あるコンパクトHausdorff空間$\hat{X}$と埋蔵$h: X\to\hat{X}$があり，$h(X)$が$\hat{X}$において稠密になるとき，$(\hat{X}, h)$をXの**コンパクト化**という．

注意 hが埋蔵とは，hがXを$\hat{X}$の部分空間$h(X)$の上へうつす位相写像を意味するから，Xと$h(X)$を同一視して，Xを$\hat{X}$の部分空間とみなすことが多い．

例 25.3 上で述べたS^2は，$\boldsymbol{R}^2$が$S^2-\{q\}$と同相で，しかも，$S^2-\{q\}$はS^2で稠密だから，S^2は$\boldsymbol{R}^2$のコンパクト化である．

例 25.4 例25.3と同様な考え方により，S^1は，$\boldsymbol{R}$に1点を付け加えてできるコンパクト化とみることができる．また一方，$\boldsymbol{R}$は開区間$(-1, 1)$と同相であって，$(-1, 1)$は$[-1, 1]$において稠密であるから，$[-1, 1]$もまた$\boldsymbol{R}$のコンパクト化である．——

上の例のように，空間Xに，Xに含まれない1点p_∞を付け加えてコンパクト化が得られるとき，このコンパクト化を**1点コンパクト化**，または**Alexandroffのコンパクト化**という．また，つけ加えた点p_∞を一般に**無限遠点**という．

空間が1点コンパクト化をもつための条件について述べよう．定理22.7より，局所コンパクト性は必要条件である．

定理 25.3 コンパクトでない局所コンパクトHausdorff空間Xは，つねに1点コンパクト化をもつ．

証明 (i) p_∞をXに含まれない点とし，$\hat{X}=X\cup\{p_\infty\}$とおく．$\mathcal{U}=\{\mathcal{U}(x)\mid x\in X\}$を$X$における近傍系とする．

$$\mathcal{W}(p_\infty)=\{(X-K)\cup\{p_\infty\}\mid K\text{ は }X\text{ のコンパクト集合}\}$$

とおく．このとき，$\{\mathcal{U}(x)\,|\,x\in X\}\cup\{\mathcal{W}(p_\infty)\}$ は $\hat{X}$ の近傍系となる．これを示すには，p_∞ について近傍の条件 $\mathrm{N}_1, \mathrm{N}_2, \mathrm{N}_3$ の成立をいえばよい．N_1 は明らかである．

$$((X-K_1)\cup\{p_\infty\})\cap((X-K_2)\cup\{p_\infty\})=(X-K_1\cup K_2)\cup\{p_\infty\}$$

であり，K_1, K_2 がコンパクトなら，$K_1\cup K_2$ もコンパクト．よって，N_2 が成り立つ．また，$W(p_\infty)=(X-K)\cup\{p_\infty\}\ni x$, $x\neq p_\infty$ ならば，$x\in X-K$. K はコンパクト，X は Hausdorff であるから，定理 22.4 より，K は閉集合．よって，$U(x)\subset X-K$ を満たす $U(x)\in\mathcal{U}(x)$ がある．このとき，$U(x)\subset W(p_\infty)$. よって，N_3 が成り立つ．そこで $\hat{X}$ に，この近傍系により定まる位相を導入する．

(ii) X は $\hat{X}$ の開集合であり，X の部分空間としての相対位相が，X に与えられている最初からの位相と一致することは，$\hat{X}$ の位相の定義から明らかである．また，p_∞ の近傍 $W(p_\infty)=(X-K)\cup\{p_\infty\}$ に対し，X がコンパクトでないから，$W(p_\infty)\cap X=X-K\neq\phi$. よって，$X$ は $\hat{X}$ において稠密である．

(iii) $\hat{X}$ は Hausdorff 空間である．$x, y\in\hat{X}$, $x\neq y$ とする．$x, y\in X$ のときは，X が Hausdorff であるから，$U(x)\cap U(y)=\phi$ を満たす点 x, y の X における近傍 $U(x)$, $U(y)$ があるが，これらは $\hat{X}$ における近傍でもある．$x\in X$, $y=p_\infty$ のときは，X が局所コンパクトなる故，$\mathrm{Cl}_X U(x)$ がコンパクトとなる x の近傍 $U(x)$ がある．$W(p_\infty)=(X-\mathrm{Cl}_X U(x))\cup\{p_\infty\}$ とおけば，$W(p_\infty)$ は p_∞ の $\hat{X}$ における近傍であり，$U(x)\cap W(p_\infty)=\phi$.

(iv) $\hat{X}$ がコンパクトとなることを示そう．$\mathcal{G}=\{G_\alpha\,|\,\alpha\in\Omega\}$ を $\hat{X}$ の開被覆とする．$p_\infty\in G_{\alpha_0}$, $G_{\alpha_0}\in\mathcal{G}$ とすれば，

$$W(p_\infty)=(X-K)\cup\{p_\infty\}\subset G_{\alpha_0}$$

となる X のコンパクト集合 K がある．$\{G_\alpha\cap K\,|\,\alpha\in\Omega\}$ は K の開被覆である故，有限部分被覆 $\{G_{\alpha_i}\cap K\,|\,i=1,\cdots,m\}$ をもつ．このとき，

$$\hat{X}=(\hat{X}-K)\cup K\subset G_{\alpha_0}\cup(G_{\alpha_1}\cup\cdots\cup G_{\alpha_m})$$
$$=\bigcup\{G_{\alpha_i}\mid i=0,1,\cdots,m\}$$

となるから，$\mathcal{G}$ は有限部分被覆をもつ．よって，$\hat{X}$ はコンパクトである．▌

例 25.5　例 19.6 の空間 $A(\Omega)$ は，離散空間 Ω の1点コンパクト化である．——

コンパクト Hausdorff 空間は完全正則であるから，定理 25.3 と系 18.8 により，

系 25.4　局所コンパクト Hausdorff 空間は完全正則である．——

一般に Hausdorff 空間 X がコンパクト化 $\hat{X}$ をもてば，X はコンパクト Hausdorff 空間 $\hat{X}$ の部分空間に同相であるから，X は完全正則でなければならない．では，逆に，すべての完全正則空間はコンパクト化をもつであろうか．答は肯定的である．以下，このことを示そう．

X を完全正則空間とし，X から閉区間 $I=[0,1]$ への連続写像の全体を $C(X,I)$ で表わす．各 $\varphi\in C(X,I)$ に対し，$I_\varphi=I$ とおき，φ を X から I_φ への写像とみなすことにする．G を X の任意の開集合とし，$x_0\in G$ とすれば，$x_0\notin X-G$ で，$X-G$ は X の閉集合．よって

$$\varphi(x_0)=0;\quad x\in X-G\Longrightarrow\varphi(x)=1$$

を満たす $\varphi\in C(X,I)$ がある．このとき，

$$x_0\in\varphi^{-1}([0,1))\subset G$$

となる．したがって，集合族

$$\{\varphi^{-1}(H)\mid H\text{ は }I_\varphi\text{ の開集合},\ \varphi\in C(X,I)\}$$

は，X の開基となる．また，$x_0,x_1\in X$，$x_0\neq x_1$ ならば，$\{x_1\}$ は X の閉集合であるから，上に示したように，$\varphi(x_0)\neq\varphi(x_1)$ となる $\varphi\in C(X,I)$ がある．そこで，積空間 $P(X)=\prod\{I_\varphi\mid\varphi\in C(X,I)\}$ を作り，

$P(X)$ から I_φ への射影を p_φ とし,

$$\Phi_X : X \longrightarrow P(X), \qquad \Phi_X(x) \text{ の } \varphi \text{ 座標} = \varphi(x)$$

によって，写像 Φ_X を定めれば,

(1) $$p_\varphi \circ \Phi_X = \varphi$$

となり，Φ_X は単射である．したがって，定理 15.6 の (a) から，直ちに次の定理が導かれる．

定理 25.5 $\Phi_X : X \to P(X)$ は埋蔵である．——

Y を完全正則空間とし，$P(Y)$ をつくる．連続写像 $f: X \to Y$ が与えられたときは，$\psi \in C(Y, I)$ に対し，$\psi \circ f \in C(X, I)$ となるから，$t \in P(X)$ に対し，写像 $P(f) : P(X) \to P(Y)$ を

$$P(f)(t) \text{ の } \psi \text{ 座標} = t \text{ の } \psi \circ f \text{ 座標}$$

によって定めると，p_ψ を $P(Y)$ から I_ψ への射影とすれば(ただし，$I_\psi = I_{\psi \circ f} = I$ として)

(2) $$p_\psi \circ P(f) = p_{\psi \circ f}.$$

したがって，定理 14.8 より，$P(f)$ は連続写像である．(1) と (2) から，$x \in X$ に対し

$$p_\psi((P(f) \circ \Phi_X)(x)) = p_{\psi \circ f}(\Phi_X(x)) = (\psi \circ f)(x) = \psi(f(x)),$$

$$p_\psi((\Phi_Y \circ f)(x)) = (p_\psi \circ \Phi_Y)(f(x)) = \psi(f(x)).$$

よって，$p_\psi \circ (P(f) \circ \Phi_X) = p_\psi \circ (\Phi_Y \circ f)$，したがって

(3) $$P(f) \circ \Phi_X = \Phi_Y \circ f.$$

$$\begin{array}{ccc} X & \xrightarrow{f} & Y \\ \Phi_X \downarrow & & \downarrow \Phi_Y \\ P(X) & \xrightarrow{P(f)} & P(Y) \end{array}$$

ここで，$Y = X$，$f = 1_X : X \to X$ ならば

(4) $$P(1_X) = 1_{P(X)} : P(X) \longrightarrow P(X)$$

が成り立つ．

さらに，もう1つの完全正則空間 Z と連続写像 $g: Y\to Z$ に対し，

$$(5)\qquad P(g\circ f)=P(g)\circ P(f): P(X)\longrightarrow P(Z)$$

が成り立つ．なぜならば，(2)により，$\chi\in C(Z,I)$ に対し，

$$p_\chi\circ(P(g\circ f))=p_{\chi\circ(g\circ f)},$$

$$p_\chi\circ(P(g)\circ P(f))=(p_\chi\circ P(g))\circ P(f)$$
$$=p_{\chi\circ g}\circ P(f)=p_{(\chi\circ g)\circ f}$$

となるからである．

さて，Tychonoff の定理により，$P(X)$ はコンパクト Hausdorff 空間であるから，

$$\beta(X)=\mathrm{Cl}\,\Phi_X(X),$$

$$\beta_X=\Phi_X: X\longrightarrow\beta(X)\qquad(\text{終域を }\beta(X)\text{ にする})$$

とおくと，$(\beta(X),\beta_X)$ は X のコンパクト化となる．これを，X の **Stone-Čech のコンパクト化**[1]という．連続写像 $f: X\to Y$ に対し，$P(f): P(X)\to P(Y)$ は連続写像であるから，

$$P(f)(\mathrm{Cl}\,\Phi_X(X))\subset\mathrm{Cl}\,(P(f)(\Phi_X(X)))$$
$$=\mathrm{Cl}(\Phi_Y\circ f)(X)\subset\mathrm{Cl}\,\Phi_Y(Y).$$

よって，$P(f)$ の定義域と終域を $\beta(X),\beta(Y)$ に制限した写像

$$\beta(f)=P(f)\mid\beta(X):\beta(X)\longrightarrow\beta(Y)$$

は，連続写像である．

以上をまとめると，次の定理が得られる．

定理 25.6　X, Y, Z を完全正則空間とすれば，連続写像 $f: X\to Y$, $g: Y\to Z$ に対し，連続写像 $\beta(f):\beta(X)\to\beta(Y)$，$\beta(g):\beta(Y)\to\beta(Z)$, $\beta(g\circ f):\beta(X)\to\beta(Z)$ が定まり，

(a)　$\beta(f)\circ\beta_X=\beta_Y\circ f$.

(b)　$\beta(g\circ f)=\beta(g)\circ\beta(f)$.

1)　M. H. Stone と E. Čech により独立に得られた(1937).

(c) 恒等写像 $1_X: X \to X$ に対し，$\beta(1_X) = 1_{\beta(X)}$.

すなわち，次の図式は可換である.

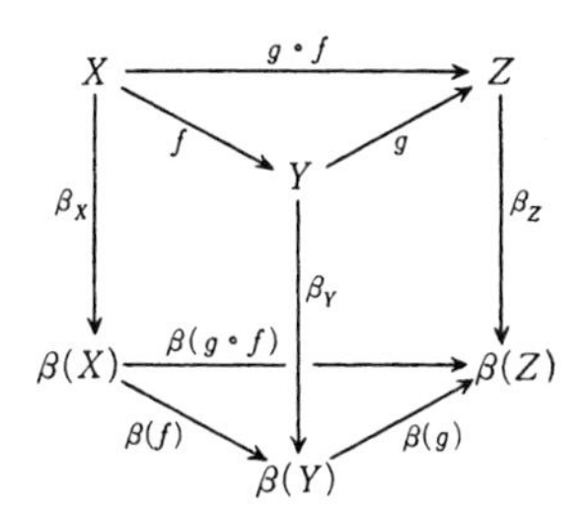

系 25.7 $f: X \cong Y$ ならば，$\beta(f): \beta(X) \cong \beta(Y)$.

証明 定理 25.6 の (b), (c) より，$\beta(f^{-1}) \circ \beta(f) = 1_{\beta(X)}$，$\beta(f) \circ \beta(f^{-1}) = 1_{\beta(Y)}$. よって，$\beta(f): \beta(X) \cong \beta(Y)$. ▮

次の定理は Stone-Čech のコンパクト化を特徴づけるものである.

定理 25.8 $(\beta(X), \beta_X)$ は，次の性質 (a), (b), (c) を満たす.

(a) 任意のコンパクト Hausdorff 空間 Y と任意の連続写像 $f: X \to Y$ に対し，$f = \tilde{f} \circ \beta_X$ を満たす連続写像 $\tilde{f}: \beta(X) \to Y$ がただ 1 通りに定まる.

(b) 任意の連続写像 $\varphi: X \to I = [0, 1]$ に対し，$\tilde{\varphi} \circ \beta_X = \varphi$ を満たす連続写像 $\tilde{\varphi}: \beta(X) \to I$ が存在する.

(c) X の任意のコンパクト化 $(\hat{X}, h)$ に対し，$\tilde{h} \circ \beta_X = h$ を満たす連続な全射 $\tilde{h}: \beta(X) \to \hat{X}$ が存在する.

逆に，X のあるコンパクト化 $(\tilde{X}, g)$ に対し，$\beta(X)$，β_X を $\tilde{X}, g$ にそれぞれ置き換えた (a), (b), (c) の性質のいずれかが満たされるならば，$\tilde{g} \circ \beta_X = g$ を満たす位相写像 $\tilde{g}: \beta(X) \cong \tilde{X}$ が存在する.

証明 (a) Y がコンパクトのときは，$\Phi_Y(Y)$ はコンパクト. よって，$\beta(Y) = \Phi_Y(Y)$ となり，$\beta_Y: Y \cong \beta(Y)$. よって，$\tilde{f} = \beta_Y^{-1} \circ \beta(f)$ とおけば，定理 25.6 の (a) により，$\tilde{f} \circ \beta_X = \beta_Y^{-1} \circ (\beta(f) \circ \beta_X)$

$=\beta_Y{}^{-1}\circ(\beta_Y\circ f)=f$. 他の $g:\beta(X)\to Y$ に対し，$g\circ\beta_X=f$ となれば，$\tilde{f}$ と g は $\beta(X)$ で稠密な集合 $\beta_X(X)=\Phi_X(X)$ の上で一致するから，定理 18.10 により，$g=\tilde{f}$.

(b)は，(a)より明らかである.

(c)　(a)により，$\tilde{h}\circ\beta_X=h$ を満たす連続写像 $\tilde{h}:\beta(X)\to\hat{X}$ がある. $\tilde{h}(\beta(X))$ は，Hausdorff 空間 $\hat{X}$ のコンパクト集合であるから，$\hat{X}$ の閉集合. よって，

$$\hat{X}=\mathrm{Cl}\,h(X)=\mathrm{Cl}\,(\tilde{h}\circ\beta_X(X))\subset\mathrm{Cl}\,\tilde{h}(\beta(X))=\tilde{h}(\beta(X))$$

となるから，$\tilde{h}$ は全射である.

X のあるコンパクト化 $(\tilde{X},g)$ に対し，(a), (b), (c) において，$\beta(X)$，h を $\tilde{X}$，g にそれぞれ置き換えて得られる条件を (a)′, (b)′, (c)′ とする. 明らかに，(a)′ が成り立てば，(b)′ が成り立つ.

いま，(b)′ が成り立つとする. 任意の $\varphi\in C(X,I)$ と $y\in\tilde{X}$ に対し，$f(y)$ の φ 座標$=\tilde{\varphi}(y)$ として，写像 $f:\tilde{X}\to P(X)=\prod\{I_\varphi\mid\varphi\in C(X,I)\}$ を定めると，$f\circ g=\beta_X$，$p_\varphi\circ f=\tilde{\varphi}$ となる. 後者から，定理 14.8 より，f の連続性がわかる. $f\circ g=\beta_X$ より，上の(c)の証明と同様にして，$f(\tilde{X})=\beta(X)$ が得られる. よって，f を連続な全射 $f:\tilde{X}\to\beta(X)$ とみることができる. また，(c)′ を仮定すれば，やはり，$f\circ g=\beta_X$ を満たす連続な全射 $f:\tilde{X}\to\beta(X)$ が存在することがわかる. 一方，(c)により，$\tilde{g}\circ\beta_X=g$ を満たす連続な全射 $\tilde{g}:\beta(X)\to\tilde{X}$ があるから，上の f について，

$$(f\circ\tilde{g})\circ\beta_X=f\circ(\tilde{g}\circ\beta_X)=f\circ g=\beta_X.$$

よって，$f\circ\tilde{g}$ は $\beta(X)$ で稠密である $\beta_X(X)$ 上で恒等写像と一致する. よって，定理 18.10 により，$f\circ\tilde{g}=1_{\beta(X)}$. よって，$\tilde{g}$ は単射，$\beta(X)$ はコンパクトであるから，定理 22.11 より $\tilde{g}$ は位相写像である. すなわち，定理の後半が証明できた. ▌

補題 25.9　定理 25.8 の(c)における $\tilde{h}:\beta(X)\to\hat{X}$ は，等式

$$\tilde{h}(\beta(X)-\beta_X(X)) = \hat{X}-h(X)$$

を満たす.

証明 $y_0 \in \beta(X)-\beta_X(X)$, $x_0 \in X$, $\tilde{h}(y_0)=h(x_0)$ となったとする. $\beta_X(x_0) \neq y_0$ となるから,

$$\beta_X(x_0) \in U, \quad y_0 \in V, \quad U \cap V = \phi$$

を満たす $\beta(X)$ の開集合 U, V がある.

$$y_0 \in V = V \cap \mathrm{Cl}\,\beta_X(X) \subset \mathrm{Cl}\,(V \cap \beta_X(X)) \quad (\text{定理 10.16 による})$$
$$\subset \mathrm{Cl}\,(\beta_X(X)-U) = \mathrm{Cl}\,(\beta_X(X-\beta_X{}^{-1}(U))).$$

よって,

$$h(x_0) = \tilde{h}(y_0) \in \tilde{h}(\mathrm{Cl}\,(\beta_X(X-\beta_X{}^{-1}(U))))$$
$$\subset \mathrm{Cl}\,(\tilde{h}\circ\beta_X)(X-\beta_X{}^{-1}(U)) = \mathrm{Cl}\,h(X-\beta_X{}^{-1}(U)).$$

$X-\beta_X{}^{-1}(U)$ は X の閉集合であって, h は埋蔵であるから,

$$h(x_0) \in h(X) \cap \mathrm{Cl}\,h(X-\beta_X{}^{-1}(U)) = h(X-\beta_X{}^{-1}(U)).$$

よって, $x_0 \in X-\beta_X{}^{-1}(U)$. これは $\beta_X(x_0) \in U$ に矛盾する. すなわち, $\tilde{h}(\beta(X)-\beta_X(X)) \subset \hat{X}-h(X)$ が成り立つ. 一方,

$$\hat{X}-h(X) = \tilde{h}(\beta(X))-\tilde{h}\circ\beta_X(X) \subset \tilde{h}(\beta(X)-\beta_X(X)).$$

よって, $\tilde{h}(\beta(X)-\beta_X(X)) = \hat{X}-h(X)$. ∎

以下, X と $\beta_X(X)$ を同一視して, X を $\beta(X)$ の部分空間と見る. したがって, 定理 25.8 の $\tilde{f}$, $\tilde{\varphi}$, $\tilde{h}$ はそれぞれ f, φ, h の拡張となる.

定理 25.8 によれば, X のコンパクト化はすべて $\beta(X)$ の商空間として得られ, $\beta(X)$ の重要性が知られる.

例 25.6 $\hat{X}=X \cup \{p_\infty\}$ を局所コンパクト Hausdorff 空間 X の1点コンパクト化とすれば, 定理 25.8 と補題 25.9 により, 連続写像 $\varphi: \beta(X) \to \hat{X}$ で, $\varphi | X = 1_X$, $\varphi(\beta(X)-X) = \hat{X}-X = \{p_\infty\}$ を満たすものがある. したがって, X は $\beta(X)$ の開集合で, $\hat{X}$ は, $\beta(X)$ の閉集合 $\beta(X)-X$ を1点に縮めて得られる $\beta(X)$ の商空間である.

一般に, X が簡単な空間であっても, $\beta(X)$ の構造は複雑である.

例 25.7　$\beta(\boldsymbol{R})-\boldsymbol{R}$ は，少なくとも $\mathfrak{c}$ 個の点を含む．（証明．連続写像 $f:\boldsymbol{R}\to S^1$ を，$f(x)=(\cos 2\pi x, \sin 2\pi x)$ により定める．定理 25.8 により，f の拡張 $\tilde{f}:\beta(\boldsymbol{R})\to S^1$ が存在する．$0<\alpha<1$ とし，

$$A_\alpha=\{n+\alpha \mid n\in \boldsymbol{N}\}$$

とおけば，A_α は $\boldsymbol{R}$ のコンパクトでない閉集合である．したがって，$\mathrm{Cl}_{\beta(\boldsymbol{R})}A_\alpha\subset\boldsymbol{R}$ となりえない．よって，1点 $p_\alpha\in\mathrm{Cl}_{\beta(\boldsymbol{R})}A_\alpha-\boldsymbol{R}$ をとることができる．このとき，

$$\tilde{f}(p_\alpha)\in\tilde{f}(\mathrm{Cl}_{\beta(\boldsymbol{R})}A_\alpha)\subset\mathrm{Cl}\,\tilde{f}(A_\alpha)=\mathrm{Cl}\,f(A_\alpha)=\{f(\alpha)\}.$$

よって，$\tilde{f}(p_\alpha)=f(\alpha)$．したがって，$0<\alpha,\ \beta<1,\ \alpha\neq\beta\Rightarrow p_\alpha\neq p_\beta$ となるから，$\beta(\boldsymbol{R})-\boldsymbol{R}$ の濃度は $\mathfrak{c}$ 以上である．▮）　なお，$\beta(\boldsymbol{R})-\boldsymbol{R}$ は，コンパクト集合であって，その連結成分の個数は2個であることが証明できる．したがって，同じ連結成分に属する点を同一視して得られる $\beta(\boldsymbol{R})$ の商空間は，$\boldsymbol{R}$ に2点をつけ加えてできるコンパクト化であり，これは例 25.4 の $\boldsymbol{R}$ のコンパクト化 $[-1,1]$ と同相である．また，$\boldsymbol{R}$ に3個以上の有限個の点をつけ加えて $\boldsymbol{R}$ のコンパクト化ができないことも上の事実より分かる．

例 25.8　$\boldsymbol{N}$ を離散空間とみるとき，$\mathrm{card}\,\beta(\boldsymbol{N})=2^{\mathfrak{c}}$．（証明．離散空間 $\boldsymbol{N}$ から I への連続写像全体の集合 $C(\boldsymbol{N},I)$ は，$I^{\boldsymbol{N}}$（§4）と一致するから，$\mathrm{card}\,C(\boldsymbol{N},I)=\mathfrak{c}^{\aleph_0}=\mathfrak{c}$．よって，$\mathrm{card}\,P(\boldsymbol{N})=\mathfrak{c}^{\mathfrak{c}}=2^{\mathfrak{c}}$．したがって，$\beta(\boldsymbol{N})\subset P(\boldsymbol{N})$ より（p. 190 参照），$\mathrm{card}\,\beta(\boldsymbol{N})\leqq 2^{\mathfrak{c}}$．

$F_0(I)$ を，I から I への写像全体の集合とし，例 9.3 の位相空間 $F(I)$ の部分空間とみる．$F_0(I)$ は，例 14.5 と同様の証明により，積空間 $\prod\{I_x \mid x\in I\}$（ただし，$I_x=I$ とおく）と同相になる．よって，$F_0(I)$ はコンパクト Hausdorff 空間である．

$C(I,I)$ を，I から I への連続写像全体の集合とする．$C(I,I)$ は，$F_0(I)$ において稠密である（例 10.6）．$f\in C(I,I)$，$\varepsilon>0$ とする．Weierstrass の多項式近似定理より，$|f(x)-\sum_{i=0}^{n}a_ix^i|<\varepsilon/2\ (x\in I)$

となる多項式 $\sum_{i=0}^{n} a_i x^i$ がある．$|a_i - r_i| < \varepsilon/2(n+1)$ $(0 \leqq i \leqq n)$ となる有理数 r_i をとれば，$\left| f(x) - \sum_{i=0}^{n} r_i x^i \right| < \varepsilon$ $(x \in I)$．このとき，$g(x) = \sum_{i=0}^{n} r_i x^i$ に対し，$g^* = \max(0, \min(1, g))$ とおけば，$g^* \in C(I, I)$，$|f(x) - g^*(x)| < \varepsilon$ $(x \in I)$．よって，

$$H = \left\{ g^* \mid g(x) = \sum_{i=0}^{n} r_i x^i,\ r_i \in \boldsymbol{Q},\ i = 0, \cdots, n;\ n \in \boldsymbol{N} \right\}$$

とおけば，H は可算集合であって，$C(I, I)$ において稠密である．よって，H は $F_0(I)$ において稠密である．

$H = \{h_n \mid n \in \boldsymbol{N}\}$ とし，$\varphi(n) = h_n$ $(n \in \boldsymbol{N})$ より写像 $\varphi : \boldsymbol{N} \to F_0(I)$ を定める．定理 25.8 により，φ の拡張 $\tilde{\varphi} : \beta(\boldsymbol{N}) \to F_0(I)$ がある．$\varphi(\boldsymbol{N}) = H$ は $F_0(I)$ で稠密であるから，$\tilde{\varphi}(\beta(\boldsymbol{N})) = F_0(I)$．よって，$\mathrm{card}\,\beta(\boldsymbol{N}) \geqq \mathrm{card}\,F_0(I) = \mathfrak{c}^{\mathfrak{c}} = 2^{\mathfrak{c}}$．ゆえに，$\mathrm{card}\,\beta(\boldsymbol{N}) = 2^{\mathfrak{c}}$．▮)

例 25.9 $\boldsymbol{N}$ の極大フィルターの全体 $\boldsymbol{\Phi}$ の濃度は $2^{\mathfrak{c}}$ である．(証明．$x \in \beta(\boldsymbol{N})$ に対し，$\mathrm{Cl}\,\boldsymbol{N} \ni x$ であるから，x に収束する $\boldsymbol{N}$ のフィルター基底 $\mathscr{F}$ があり，さらに $\mathscr{F}$ を含む $\boldsymbol{N}$ の極大フィルター $\mathscr{M}_x$ をとれば，$\mathscr{M}_x$ も x に収束する．よって，$\mathrm{card}\,\boldsymbol{\Phi} \geqq \mathrm{card}\,\beta(\boldsymbol{N}) = 2^{\mathfrak{c}}$．また，$\boldsymbol{N}$ の極大フィルターは $\boldsymbol{N}$ の部分集合の族であるから，$\mathrm{card}\,\boldsymbol{\Phi} \leqq 2^{2^{\aleph_0}} = 2^{\mathfrak{c}}$．よって，$\mathrm{card}\,\boldsymbol{\Phi} = 2^{\mathfrak{c}}$．▮)

例 25.10 $(D, \prec)$ を有向集合とし，D に離散位相をいれ，$\beta(D)$ をつくる．$d \in D$ に対し，$A_d = \{d' \in D \mid d \prec d'\}$ とおけば，$\{A_d \mid d \in D\}$ は有限交叉性をもつから，点 $\xi_0 \in \bigcap \{\mathrm{Cl}_{\beta(D)}\, A_d \mid d \in D\}$ がある．いま，$\varphi : D \to \boldsymbol{R}$ を有界な関数とすれば，φ は連続であるから，φ の拡張 $\tilde{\varphi} : \beta(D) \to \boldsymbol{R}$ がある．

(i) 実数 α, β に対し，$\widetilde{\alpha\varphi + \beta\psi}(\xi_0) = \alpha\tilde{\varphi}(\xi_0) + \beta\tilde{\psi}(\xi_0)$，

(ii) φ を $\boldsymbol{R}$ の有向点列とみたとき，φ が $\boldsymbol{R}$ の点 α_0 に収束すれば，$\tilde{\varphi}(\xi_0) = \alpha_0$．

(i)の証明．$\widetilde{\alpha\varphi+\beta\psi}$, $\alpha\tilde{\varphi}+\beta\tilde{\psi}:\beta(D)\to\boldsymbol{R}$ は，ともに $\alpha\varphi+\beta\psi$ の拡張であるから，両者は一致し，(i)が成り立つ．▌

(ii)の証明．ε を任意の正数とする．φ が α_0 に収束すること，および $\tilde{\varphi}$ の連続性により

$$d\in A_{d_0}\Longrightarrow|\varphi(d)-\alpha_0|<\varepsilon;$$
$$x\in U(\xi_0)\Longrightarrow|\tilde{\varphi}(x)-\tilde{\varphi}(\xi_0)|<\varepsilon$$

となる $d_0\in D$ および ξ_0 の近傍 $U(\xi_0)$ がある．$d\in A_{d_0}\cap U(\xi_0)$ をとれば，$\varphi(d)=\tilde{\varphi}(d)$ より，$|\alpha_0-\tilde{\varphi}(\xi_0)|<2\varepsilon$ となる．ε は任意の正数なる故，$\alpha_0=\tilde{\varphi}(\xi_0)$．よって，(ii)が成り立つ．▌

この例において，$D=\boldsymbol{N}$ とし，有界実数列 $\{a_n\}$ に対し，$\varphi:\boldsymbol{N}\to\boldsymbol{R}$ を $\varphi(n)=a_n$ により定め，$\operatorname*{Lim}_{n\to\infty}a_n=\tilde{\varphi}(\xi_0)$ とおく．このとき，上の(i), (ii)により，

(i)′　実数 α,β に対し，$\operatorname*{Lim}_{n\to\infty}(\alpha a_n+\beta b_n)=\alpha\operatorname*{Lim}_{n\to\infty}a_n+\beta\operatorname*{Lim}_{n\to\infty}b_n$,

(ii)′　$\{a_n\}$ が収束すれば，$\operatorname*{Lim}_{n\to\infty}a_n=\lim_{n\to\infty}a_n$

が成り立つ．$\operatorname*{Lim}_{n\to\infty}a_n$ は，(i)′, (ii)′ より数列の極限と類似した性質をもつため，これを Banach の**一般極限**という．

また，D を例24.8の有向集合 $\mathcal{D}$ にとり，f を I の有界関数とする．$\Delta\in\mathcal{D}$ に対し例24.9の $\varphi_f(\Delta)$ を定めれば，対応 $\Delta\mapsto\varphi_f(\Delta)$ により，有界関数 $\varphi_f:\mathcal{D}\to\boldsymbol{R}$ が定まる．このとき，上の例により，$J(f)=\tilde{\varphi}_f(\xi_0)$ とおけば，

(i)″　実数 α,β に対し，$J(\alpha f+\beta g)=\alpha J(f)+\beta J(g)$,

(ii)″　f が連続ならば，例24.9と(ii)より，$J(f)=\int_0^1 f(x)\,dx$

となる．$J(f)$ は上述の一般極限にならって言えば，有界関数の一般積分というべきものである．

注意　上述の一般極限と上極限，下極限の間には

$$\liminf_{n\to\infty}a_n\leqq\operatorname*{Lim}_{n\to\infty}a_n\leqq\limsup_{n\to\infty}a_n,$$

一般積分と Riemann の上積分，下積分の間には

$$\underline{\int_0^1} f(x)\,dx \leqq J(f) \leqq \overline{\int_0^1} f(x)\,dx$$

が成り立つことが証明できる．

練 習 問 題 6

1 (X, ρ) をコンパクト距離空間とするとき，X の任意の開被覆 $\mathcal{U}$ に対し，実数 $\lambda>0$ を，$\delta(A)<\lambda$ となる X の任意の部分集合 A は，ある $U \in \mathcal{U}$ に含まれるように，定められることを証明せよ．(このような λ を $\mathcal{U}$ の **Lebesgue 数**という．)

2 距離空間 (X, ρ) において，A はコンパクト集合，B は閉集合で，$A \cap B=\phi$ とすれば，$\rho(A, B)>0$ となることを証明せよ．一般に，A, B が閉集合で $A \cap B=\phi$ であっても，$\rho(A, B)>0$ とはならないことを例により示せ．

3 $f: X \to Y$ を全射，連続とする．X がコンパクト距離空間，Y が T_2 空間ならば，Y もコンパクト距離空間となることを示せ．

4 距離空間 (X, ρ) において，次の (i)-(iii) を証明せよ．

(i) X の点列 $\{x_n\}$ のいかなる部分列も収束しなければ，$\{x_n\}$ は集合とみて，X の閉集合であり，かつ離散な部分空間となる．

(ii) (i) の点列 $\{x_n\}$ に対し，$f(x_n)=n$ $(n=1, 2, \cdots)$ を満たす連続写像 $f: X \to \boldsymbol{R}$ が存在する．

(iii) X 上の任意の連続関数 $f: X \to \boldsymbol{R}$ が有界 ($|f(x)| \leqq M$ $(x \in X)$ を満たす $M>0$ がある) ならば，X はコンパクトである．

5 位相空間 X がコンパクトであるためには，X の任意の極大フィルターが収束することが必要十分であることを証明せよ．

6 $\mathcal{F}$ を $\boldsymbol{N}$ 上のフィルターとし，p を $\boldsymbol{N}$ に含まれない元とする．$X=\boldsymbol{N} \cup \{p\}$ の各元 x に対し，$x \in \boldsymbol{N}$ なら $\{x\}$，$x=p$ なら $F \cup \{p\}$ $(F \in \mathcal{F})$ をそれぞれ近傍と定めると，X は位相空間となることを示し，さらに次の (i), (ii) を証明せよ．

(i) $\mathcal{F}$ が Fréchet フィルターなら，X はコンパクト T_2 空間である．

(ii)　$\mathscr{F}$ が極大フィルターなら，X のコンパクト集合はすべて有限集合である．したがって，X はコンパクトでない．

7　(i)　X がコンパクトならば，射影 $p: X\times Y\to Y$ は閉写像となることを証明せよ．

(ii)　X を完全正則空間とするとき，射影 $p: X\times\beta(X)\to\beta(X)$ が閉写像なら，X はコンパクトであることを証明せよ．

8　$\beta(X)$ が距離化可能ならば，X はコンパクトとなることを証明せよ．

9　K をコンパクト T_2 空間とするとき，接着空間 $(X\times K)\underset{g}{\cup}(Y\times K)$ は，積空間 $(X\underset{f}{\cup}Y)\times K$ と同相になることを証明せよ．ただし，$g=f\times 1_K$ とする．

10　(i)　X を局所コンパクト T_2 空間，$\mathscr{K}$ を X のコンパクト集合全体からなる族とすると，$\mathscr{K}$ は次の条件(w)を満たすことを証明せよ．

(w)　各 $K\in\mathscr{K}$ に対し，$G\cap K$ が K の開集合 $\Longrightarrow$ G は X の開集合

(ii)　$\mathscr{A}=\{A_\alpha\,|\,\alpha\in\Omega\}$ を，位相空間 X の被覆とし，$S=\bigoplus\{A_\alpha\times\{\alpha\}\,|\,\alpha\in\Omega\}$ を直和空間とする．写像 $\varphi: S\to X$ を，$\varphi(x,\alpha)=x$ $(x\in A_\alpha)$ により定めると，φ は全射，連続で，

$$\mathscr{A}\text{ が (i) の (w) を満たす}\Longleftrightarrow\varphi\text{ が商写像}$$

となることを証明せよ．

注意　$\mathscr{A}$ が(i)の条件(w)($\mathscr{K}$ の代りに $\mathscr{A}$ をとって)を満たすとき，X は $\mathscr{A}$ に関し**弱位相**をもつという．p. 249 参照.

第7章　完備距離空間

すでに§6でも述べたように，実数のもつ重要な性質として，Cauchyの収束条件が成り立つこと，すなわち，完備性がある．完備性を備えた距離空間を完備距離空間というが，完備距離空間の1つの著しい性質は，Baireの定理の成立であって，ある条件を満たす写像などの存在定理の証明などに，トポロジーのみならず解析学など他の分野への広汎な応用が知られている．C. Méray と G. Cantor の有理数から実数を構成する考え方は，距離空間の完備化として一般化された．この考え方は，解析学や代数学(例えばp進数)などで広く利用されている．

§26　完備距離空間とBaireの定理

定義 26.1　$\{x_n\}$が距離空間(X, ρ)における点列であって，任意の正数εに対し，

$$m, n > m_0 \Longrightarrow \rho(x_m, x_n) < \varepsilon$$

が成り立つように，1つの自然数m_0を定めることができるとき，点列$\{x_n\}$を **Cauchy 列**という．

補題 26.1　距離空間(X, ρ)において，収束する点列はすべてCauchy列である．

証明　点列$\{x_n\}$が点$a \in X$に収束するとする．$\varepsilon > 0$が与えられたとする．$x_n \to a$より，$\dfrac{\varepsilon}{2}$に対し，

$$n > n_0 \Longrightarrow \rho(a, x_n) < \frac{\varepsilon}{2}$$

となる$n_0 \in \boldsymbol{N}$がある．このとき，$m, n > n_0$ならば，

$$\rho(x_m, x_n) \leqq \rho(x_m, a) + \rho(a, x_n) < \frac{\varepsilon}{2} + \frac{\varepsilon}{2} = \varepsilon$$

となるから，$\{x_n\}$ は Cauchy 列である．▌

実数空間 $\boldsymbol{R}$ における Cauchy 列はすべて収束するが(§6 参照)，補題 26.1 の逆は一般の距離空間では成立しない．

定義 26.2　距離空間 (X, ρ) の任意の Cauchy 列が収束するとき，(X, ρ) は，**完備**であるという．

例 26.1　$\boldsymbol{R}$ は完備である．一般に，n 次元 Euclid 距離空間 $(\boldsymbol{R}^n, d_n)$ も完備である．(証明．$x^{(k)}=(x_1{}^{(k)}, \cdots, x_n{}^{(k)}) \in \boldsymbol{R}^n$ とし，点列 $\{x^{(k)}\}$ を Cauchy 列とする．このとき，各 i $(1 \leqq i \leqq n)$ に対し，数列 $\{x_i{}^{(k)} \mid k \in \boldsymbol{N}\}$ は

$$|x_i{}^{(k)}-x_i{}^{(l)}| \leqq \sqrt{\sum_{i=1}^{n}(x_i{}^{(k)}-x_i{}^{(l)})^2} = d_n(x^{(k)}, x^{(l)})$$

より，$\boldsymbol{R}$ の Cauchy 列となる．$\boldsymbol{R}$ は完備であるから，数列 $\{x_i{}^{(k)} \mid k \in \boldsymbol{N}\}$ はある $a_i \in \boldsymbol{R}$ に収束する．このとき，$a=(a_1, \cdots, a_n)$ とすれば，$\{x^{(k)}\}$ は a に収束する．よって，$\boldsymbol{R}^n$ は完備である．▌)

例 26.2　Hilbert 空間 $(\boldsymbol{R}^\infty, d_\infty)$ は，完備である．(証明．$x^{(k)}=(x_1{}^{(k)}, x_2{}^{(k)}, \cdots) \in \boldsymbol{R}^\infty$ とし，$\{x^{(k)}\}$ を $\boldsymbol{R}^\infty$ の Cauchy 列とする．例 26.1 と同様にして，各 $i \in \boldsymbol{N}$ に対し，数列 $\{x_i{}^{(k)} \mid k \in \boldsymbol{N}\}$ は $\boldsymbol{R}$ の Cauchy 列となることがわかるから，$\{x_i{}^{(k)} \mid k \in \boldsymbol{N}\}$ は，ある $a_i \in \boldsymbol{R}$ に収束する．いま，$a=(a_1, a_2, \cdots)$ とおけば，$a \in \boldsymbol{R}^\infty$，すなわち，$\sum_i a_i{}^2$ は収束し，かつ $x^{(k)} \to a$ となることを示そう．$\varepsilon>0$ とする．$\{x^{(k)}\}$ は Cauchy 列であるから，

$$m, n \geqq n_0 \Longrightarrow d_\infty(x^{(n)}, x^{(m)}) = \sqrt{\sum_{i=1}^{\infty}(x_i{}^{(n)}-x_i{}^{(m)})^2} < \frac{\varepsilon}{2}$$

となる $n_0 \in \boldsymbol{N}$ がある．よって，

$$\sqrt{\sum_{i=1}^{k}(x_i{}^{(n)})^2} \leqq \sqrt{\sum_{i=1}^{k}(x_i{}^{(n_0)})^2} + \sqrt{\sum_{i=1}^{k}(x_i{}^{(n)}-x_i{}^{(n_0)})^2}$$

$$\leqq \sqrt{\sum_{i=1}^{\infty}(x_i{}^{(n_0)})^2}+d_\infty(x^{(n)}, x^{(n_0)})$$

$$< \sqrt{\sum_{i=1}^{\infty}(x_i{}^{(n_0)})^2}+\frac{\varepsilon}{2}.$$

ここで，$n\to\infty$ とすると

$$\sqrt{\sum_{i=1}^{k}a_i{}^2} \leqq \sqrt{\sum_{i=1}^{\infty}(x_i{}^{(n_0)})^2}+\frac{\varepsilon}{2}$$

となる．さらに，$k\to\infty$ とすれば，

$$\sqrt{\sum_{i=1}^{\infty}a_i{}^2} \leqq \sqrt{\sum_{i=1}^{\infty}(x_i{}^{(n_0)})^2}+\frac{\varepsilon}{2}$$

であり，$x^{(n_0)}\in \boldsymbol{R}^\infty$ であるから，$\sqrt{\sum_{i=1}^{\infty}(x_i{}^{(n_0)})^2}$ は収束する．よって，$\sum_{i=1}^{\infty}a_i{}^2$ も収束する．また，$m, n\geqq n_0$ のとき，$\sqrt{\sum_{i=1}^{k}(x_i{}^{(n)}-x_i{}^{(m)})^2}<\varepsilon/2$. よって，$m\to\infty$ とすると，$\sqrt{\sum_{i=1}^{k}(x_i{}^{(n)}-a_i)^2}\leqq\varepsilon/2$. よって，$k\to\infty$ とすれば，$\sqrt{\sum_{i=1}^{\infty}(x_i{}^{(n)}-a_i)^2}\leqq\varepsilon/2$. すなわち，

$$n\geqq n_0 \Longrightarrow d_\infty(a, x^{(n)}) \leqq \frac{\varepsilon}{2} < \varepsilon.$$

よって，$\{x^{(n)}\}$ は a に収束する．▮)

定理 26.2　$\{(X_i, \rho_i)\,|\,i\in \boldsymbol{N}\}$ は完備距離空間の族で，各 X_i の直径 $\delta(X_i)$ が 1 以下ならば，$x=(x_i)$，$y=(y_i)\in\prod_{i=1}^{\infty}X_i$ に対し，

(a)　$\rho(x, y)=\sqrt{\sum_{i=1}^{\infty}\left(\frac{1}{i}\rho_i(x_i, y_i)\right)^2}$,

(b)　$\rho_*(x, y)=\sup\left\{\frac{1}{i}\rho_i(x_i, y_i)\,\middle|\,i=1, 2, \cdots\right\}$

とおくとき，$\left(\prod_{i=1}^{\infty}X_i, \rho\right)$ および $\left(\prod_{i=1}^{\infty}X_i, \rho_*\right)$ は完備距離空間になる．

注意　$\delta(X_i)>1$ のときは，$\rho_i{}'(x, y)=\min(1, \rho_i(x, y))$ $(x, y\in X_i)$ とお

くと，(X_i, ρ_i) が完備ならば，(X_i, ρ_i') も完備となるから，ρ_i の代りに ρ_i' を用いると，定理が応用できる．

証明　$X=\prod_{i=1}^{\infty} X_i$ とおく．ρ, ρ_* が距離関数となることは，定理14.12で既に証明したから，完備性についてだけ証明すればよい．

(a)　$\{x^{(n)}\}$ を (X, ρ) における Cauchy 列とすれば，例26.2と同様にして，各 $i \in \boldsymbol{N}$ に対し，$\{x_i^{(n)} \mid n \in \boldsymbol{N}\}$ は X_i の Cauchy 列となるから，$\{x_i^{(n)} \mid n \in \boldsymbol{N}\}$ は X_i の1点 a_i に収束する．$a=(a_1, a_2, \cdots)$ とおけば，$a \in X$ である．よって，例26.2における証明と同様にして(いまの場合，$\sum a_i^2$ の収束に相当する部分は $a \in X$ が分かっているから不要)，$\rho(x^{(n)}, a) \to 0$ が証明される．▌

問1　$\left(\prod_{i=1}^{\infty} X_i, \rho_*\right)$ が完備となることを証明せよ．

定理26.3(関数空間)　位相空間 X 上の有界実数値連続関数の全体からなる集合を $C^*(X)$ で表わす．$C^*(X)$ の2元 f, g に対し，

$$\rho_*(f, g) = \sup_{x \in X} |f(x)-g(x)|$$

と定めると，ρ_* は $C^*(X)$ 上の距離関数となり，距離空間 $(C^*(X), \rho_*)$ は完備である．

証明　$\{f_n\}$ を $(C^*(X), \rho_*)$ の Cauchy 列とすると，各 $x \in X$ に対し，

$$|f_n(x)-f_m(x)| \leqq \rho_*(f_n, f_m)$$

となるから，実数列 $\{f_n(x)\}$ は $\boldsymbol{R}$ の Cauchy 列となる．したがって，$\{f_n(x)\}$ は収束する．この極限値を $f(x)$ とすれば，写像 $f: X \to \boldsymbol{R}$ が得られる．このとき，$f \in C^*(X)$ であり，$\{f_n\}$ は f に収束することを示そう．$\varepsilon>0$ とする．$\{f_n\}$ は $(C^*(X), \rho_*)$ の Cauchy 列であるから，

$$n, m \geqq n_0 \Longrightarrow \rho_*(f_n, f_m) = \sup_{x \in X} |f_n(x)-f_m(x)| < \varepsilon/2$$

となる $n_0 \in \boldsymbol{N}$ がある．各点 $x \in X$ に対し，

$$|f_n(x)-f_m(x)| \leqq \rho_*(f_n, f_m) < \varepsilon/2$$

となるから，$m\to\infty$ とすれば，

$$(1) \qquad |f_n(x)-f(x)| \leqq \varepsilon/2 < \varepsilon.$$

よって，$\{f_n\}$ は f に一様収束し，各 f_n は連続であるから，定理 12.11 より，f は連続である．また，(1) より，

$$|f(x)| \leqq |f_{n_0}(x)|+\varepsilon/2$$

となるから，$f\in C^*(X)$ であって，かつ $\rho_*(f_n, f)\to 0$．よって，$(C^*(X), \rho_*)$ は完備である．▌

定理 26.4　(X, ρ) を完備距離空間，(A, ρ) を (X, ρ) の部分距離空間とするとき，(A, ρ) が完備であるためには，A が (X, ρ) の閉集合となることが必要十分である．

証明　(i)　(A, ρ) が完備とする．$x\in \mathrm{Cl}\,A$ とすれば，A の点列 $\{a_n\}$ で，x に収束するものがある．よって，補題 26.1 により，$\{a_n\}$ は (X, ρ) の Cauchy 列となる．よって，(A, ρ) の Cauchy 列でもある．(A, ρ) は完備であるから，$\{a_n\}$ は A の点 a_0 に収束する．X は Hausdorff であるから，$a_0=x$ (定理 18.10)．よって，$x\in A$，すなわち $\mathrm{Cl}\,A\subset A$ となり，A は閉集合である．

(ii)　A が閉集合で，$\{x_n\}$ が (A, ρ) の Cauchy 列のとき，$\{x_n\}$ は (X, ρ) の Cauchy 列でもあるから，$\{x_n\}$ は X の点 x_0 に収束する．A は閉集合であるから，$x_0\in \mathrm{Cl}\,A=A$．よって，(A, ρ) は完備である．▌

例 26.3　$(\boldsymbol{R}, d_1)$ の部分距離空間として，無理数全体の集合 $\boldsymbol{P}$，有理数全体の集合 $\boldsymbol{Q}$ は，ともに $\boldsymbol{R}$ の閉集合ではないから，完備ではない．——

距離空間については，コンパクト性は完備性より強い性質である．

定義 26.3　距離空間 (X, ρ) が，任意の $\varepsilon>0$ に対し，直径 ε 以下の有限個の部分集合の和となるとき，(X, ρ) は**全有界**であるという．

問2 “全有界”は，任意の$\varepsilon>0$に対し，$X=\bigcup\{U(x_i;\varepsilon)\mid 1\leqq i\leqq n\}$となる有限個の点$x_i$ $(1\leqq i\leqq n)$の存在と同値であることを証明せよ．

定理26.5 距離空間(X,ρ)がコンパクトであるためには，(X,ρ)が全有界でかつ完備となることが必要十分である．

証明 (i) (X,ρ)がコンパクトとする．(X,ρ)が全有界となることは，$\delta(U(x;\varepsilon/2))\leqq\varepsilon$であるから，定理22.2の(iii)⇒(i)の証明の(a)より明らかである．次に，$\{x_n\}$をCauchy列とし，$\varepsilon>0$とすれば，

(2) $$n,m\geqq n_0\Longrightarrow\rho(x_n,x_m)<\varepsilon/2$$

となる$n_0\in\boldsymbol{N}$がある．定理22.2の(iii)により，$\{x_n\}$は，Xの点x_0に収束する部分列$\{x_{n_i}\mid i\in\boldsymbol{N}\}$をもつ．(2)で，$m=n_i$, $i\to\infty$とすれば，$n\geqq n_0\Rightarrow\rho(x_n,x_0)\leqq\varepsilon/2<\varepsilon$となる．よって，$\{x_n\}$は$x_0$に収束する．

(ii) (X,ρ)は全有界でかつ完備とし，Aを(X,ρ)の無限部分集合とする．(X,ρ)は全有界であるから，任意の$\varepsilon>0$に対し，

$$X=B_1\cup\cdots\cup B_m;\quad \delta(B_i)\leqq\varepsilon\qquad(i=1,\cdots,m)$$

を満たす有限個の集合B_i $(i=1,\cdots,m)$がある．Aは無限集合だから，$A=\bigcup(A\cap B_i)$より，少なくとも1つの集合$A\cap B_i$は無限集合である．すなわち，任意の無限集合は，任意の$\varepsilon>0$に対し，$\delta(B)\leqq\varepsilon$となる無限部分集合$B$を含む．よって，

$$A\supset A_1\supset A_2\supset\cdots\supset A_n\supset\cdots;\quad \delta(A_n)\leqq 2^{-n}$$

を満たす無限集合$A_1,A_2,\cdots$を順次に定めることができる．各A_iが無限集合だから，$a_i\in A_i$ $(i\in\boldsymbol{N})$を$i=1$から順次に定め，a_iがすべて異なるようにすることができる．このとき，点列$\{a_i\}$はCauchy列となる．なぜならば，$\varepsilon>0$に対し，$\varepsilon>2^{-n_0}$となるn_0をとれば，

$$\begin{aligned}m,n\geqq n_0&\Longrightarrow a_m,a_n\in A_{n_0}\\&\Longrightarrow\rho(a_m,a_n)\leqq\delta(A_{n_0})\leqq 2^{-n_0}<\varepsilon\end{aligned}$$

となるからである．(X, ρ)は完備であるから，$\{a_n\}$は1点$a_0 \in X$に収束する．$\{a_n\}$はAの異なる点からなる点列であるから，a_0はAの集積点である．よって，定理22.2により，Xはコンパクトである．▮

問3　距離空間(X, ρ)が全有界ならば，有界となることを証明せよ．

問4　Hilbert空間$(\boldsymbol{R}^\infty, d_\infty)$において，第$n$座標だけが1で他の座標がすべて0となる点を$p_n$とすれば，$B=\{p_n \mid n \in \boldsymbol{N}\}$は有界だが全有界でないことを示せ．

例26.4　$(\boldsymbol{R}^n, d_n)$の部分集合Aが有界ならば全有界である．(証明．Aが有界であるから，閉区間$[a_i, b_i]$ $(1 \leqq i \leqq n)$を

$$A \subset [a_1, b_1] \times \cdots \times [a_n, b_n]$$

を満たすようにとれる．右辺はコンパクトであるから，定理26.5より，全有界．したがって，これの部分集合Aも全有界である．▮)

注意　この例により，定理23.2は定理26.5, 26.4の直接の帰結である．

さて，完備距離空間の著しい性質について述べよう．

D_1, D_2を位相空間Xの稠密な部分集合とするとき，共通部分$D_1 \cap D_2$はXにおいて稠密とは限らない．(例えば，$X=\boldsymbol{R}$, $D_1=\boldsymbol{Q}$, $D_2=\boldsymbol{P}$のとき，$D_1 \cap D_2=\phi$.)　ところが，D_1, D_2がともに開集合であれば，$D_1 \cap D_2$は稠密となる．一般に，有限個の稠密な開集合の共通部分は稠密である．しかし，可算個の稠密な開集合の共通部分は，一般に稠密ではない．例えば，$\boldsymbol{Q}$において，$\boldsymbol{Q}=\{q_i \mid i \in \boldsymbol{N}\}$とするとき，$G_i=\boldsymbol{Q}-\{q_i\}$は$\boldsymbol{Q}$の稠密な開集合であるが，$\bigcap_{i \in \boldsymbol{N}} G_i=\phi$となって，稠密ではない．ところが，完備距離空間の下では稠密となる．これが次のBaireの定理と呼ばれるものである．

定理26.6(Baire)　(X, ρ)を完備距離空間とするとき，可算個の稠密な開集合G_i $(i \in \boldsymbol{N})$の共通部分$\bigcap_i G_i$は稠密である．

証明　xをXの任意の点，$U(x\,;\varepsilon)$をxの任意の近傍とする．

G_1 は X で稠密であるから，$U(x\,;\varepsilon)\cap G_1$ は1点 x_1 を含む．(X,ρ) の正則性により，x_1 の近傍 $U(x_1\,;\varepsilon_1)$ で

$$0<\varepsilon_1<1/2, \qquad \mathrm{Cl}\,U(x_1\,;\varepsilon_1)\subset U(x\,;\varepsilon)\cap G_1$$

を満たすものがある．G_2 は X で稠密であるから，上と同様に，$U(x_1\,;\varepsilon_1)\cap G_2$ の1点 x_2 と x_2 の近傍 $U(x_2\,;\varepsilon_2)$ で

$$0<\varepsilon_2<1/2^2, \qquad \mathrm{Cl}\,U(x_2\,;\varepsilon_2)\subset U(x_1\,;\varepsilon_1)\cap G_2$$

を満たすものがある．以下この操作を繰り返し，点列 $\{x_n\}$ と，各 x_n の近傍 $U(x_n\,;\varepsilon_n)$ を

$$0<\varepsilon_n<1/2^n, \qquad \mathrm{Cl}\,U(x_n\,;\varepsilon_n)\subset U(x_{n-1}\,;\varepsilon_{n-1})\cap G_n$$

となるようにとる．このとき，

$$U(x_{n+i}\,;\varepsilon_{n+i})\subset U(x_{n+i-1}\,;\varepsilon_{n+i-1})\subset\cdots\subset U(x_{n+1}\,;\varepsilon_{n+1})$$
$$\subset U(x_n,\varepsilon_n)$$

となるから，

$$\rho(x_{n+i},x_n)<\varepsilon_n<1/2^n$$

が任意の $\boldsymbol{n},\boldsymbol{i}\in\boldsymbol{N}$ に対し成り立つ．よって，$\{x_n\}$ は (X,ρ) の Cauchy 列である．(X,ρ) は完備であるから，$\{x_n\}$ は X の点 $\boldsymbol{a}$ に収束する．このとき，$\boldsymbol{n}\in\boldsymbol{N}$ に対し，

$$a\in\mathrm{Cl}\,\{x_k\mid k\geqq n\}$$

であり，$x_k\in U(x_n\,;\varepsilon_n)\ (k\geqq n)$ となるから，

$$a\in\mathrm{Cl}\,U(x_n\,;\varepsilon_n)\subset U(x_{n-1}\,;\varepsilon_{n-1})\cap G_n, \qquad n=1,2,\cdots.$$

ただし，$x_0=x$，$\varepsilon_0=\varepsilon$ とおく．したがって，

$$a\in\left(\bigcap_{n=1}^{\infty}G_n\right)\cap U(x_0,\varepsilon_0)=\left(\bigcap_{n=1}^{\infty}G_n\right)\cap U(x\,;\varepsilon)$$

となる．よって，$\bigcap_{n=1}^{\infty}G_n$ は X で稠密である．▌

例 26.5　$\boldsymbol{R}$ において，$\boldsymbol{Q}$ は G_δ 集合ではない．(証明．$\boldsymbol{Q}=\bigcap_{i=1}^{\infty}G_i$ となる $\boldsymbol{R}$ の開集合 $G_i\ (i\in\boldsymbol{N})$ があれば，G_i は稠密で，$\boldsymbol{Q}=\{q_i\mid i\in\boldsymbol{N}\}$ とするとき，$H_i=\boldsymbol{R}-\{q_i\}$ も $\boldsymbol{R}$ で稠密な開集合であるから，

$\left[\bigcap_i G_i\right] \cap \left[\bigcap_i H_i\right] = \boldsymbol{Q} \cap (\boldsymbol{R}-\boldsymbol{Q}) = \phi$ は，上の定理により，$\boldsymbol{R}$ で稠密でなければならないことになり，矛盾．▮)

上の定理 26.6 に述べた性質をもつ位相空間を Baire 空間ともいう．

Baire の定理には，応用に便利なように種々の形が与えられている．これを次に述べよう．

位相空間 X の部分集合 A が，

$$\mathrm{Cl}(X-\mathrm{Cl}\,A) = X$$

を満たすとき，すなわち，$\mathrm{Cl}\,A$ の補集合が X で稠密となるとき，A は X において**疎**であるという．公式(定理 10.5 参照) $\mathrm{Cl}(X-\mathrm{Cl}\,A) = X-\mathrm{Int}(\mathrm{Cl}\,A)$ により，

$$A \text{ は } X \text{ において疎} \Longleftrightarrow \mathrm{Int}(\mathrm{Cl}\,A) = \phi$$

が成り立つ．特に，A が閉集合のときは，$\mathrm{Int}\,A=\phi$ と同値である．

例 26.6　$\boldsymbol{R}$ において，有限部分集合，$\boldsymbol{Z}, \boldsymbol{N}$ は疎である．他方，$\boldsymbol{Q}, \boldsymbol{P}$ は疎ではない．

例 26.7　Cantor の不連続体 C (例 14.10) は I で疎である．なぜならば，C は閉集合であって，$\mathrm{Int}\,C \neq \phi$ ならば，C はある開区間 (α, β) を含むことになる．しかし，C は完全不連結だから(例 16.4)，2 点以上からなる連結集合を含み得ない．

定義 26.4　位相空間 X の部分集合 A が，X において疎な部分集合の可算個の和として表わせるとき，A は X において**第 1 類**であるという．A が第 1 類でないとき，A は**第 2 類**であるという．

例 26.8　$\boldsymbol{Q}$ は，$\boldsymbol{Q}$ の各点が $\boldsymbol{R}$ または $\boldsymbol{Q}$ で疎で，これらの可算和であるから，$\boldsymbol{R}$ または $\boldsymbol{Q}$ で第 1 類である．

定理 26.7　位相空間 X において，次は同値である．

(a)　X の開集合 G_i $(i \in \boldsymbol{N})$ に対し，各 G_i が稠密ならば，$\bigcap_{i=1}^{\infty} G_i$ も稠密である．

(b)　X の空でない開集合は，第2類集合である．

(c)　X の閉集合 F_i $(i \in \boldsymbol{N})$ に対し，$\mathrm{Int}\left(\bigcup_{i=1}^{\infty} F_i\right) \neq \phi$ ならば，少なくとも1つの F_i に対し，$\mathrm{Int}\, F_i \neq \phi$．

証明　(a)⇒(b)　X の開集合 H が第1類であれば，$H = \bigcup_{i=1}^{\infty} B_i$ となる疎な集合 B_i $(i \in \boldsymbol{N})$ がある．$X - \mathrm{Cl}\, B_i$ は稠密な開集合だから，(a)により，$X = \mathrm{Cl}\left(\bigcap_i (X - \mathrm{Cl}\, B_i)\right)$．よって，

$$X = \mathrm{Cl}\left(X - \bigcup_i \mathrm{Cl}\, B_i\right) \subset \mathrm{Cl}\left(X - \bigcup_i B_i\right) = \mathrm{Cl}(X - H) = X - H$$

より，$H = \phi$ となる．

(b)⇒(c)　$H = \mathrm{Int}\left(\bigcup_i F_i\right)$ とおき，各 i に対し $\mathrm{Int}\, F_i = \phi$ と仮定すれば，各 F_i は X で疎であり，したがって，$H \cap F_i$ も疎であって，$H = \bigcup_i (H \cap F_i)$ となるから，H は第1類．よって，(b)より，$H = \phi$ となり，$H \neq \phi$ に反する．

(c)⇒(a)　$F_i = X - G_i$ とおけば，F_i は閉集合で，$\mathrm{Int}\, F_i = X - \mathrm{Cl}(X - F_i) = X - \mathrm{Cl}\, G_i = \phi$ より，F_i は X で疎．よって，(c)より，$\mathrm{Int}\left(\bigcup_i F_i\right) = \phi$．すなわち，$\mathrm{Cl}\left(\bigcap_i G_i\right) = X - \mathrm{Int}\left(\bigcup_i F_i\right) = X$． ▮

注意　定理26.7を用いて，定理26.6の結論を言い換えたものを Baire のカテゴリー定理という．(類はカテゴリーの訳語である．ただし，現代の数学全般における基礎概念のひとつとして，カテゴリーという概念があり，圏と訳されているが，それは上述のカテゴリーとは意味が違うから注意を要する．)

閉区間 $I = [0, 1]$ 上の連続関数で I の各点で微係数をもたないものは，K. Weierstrass により始めて具体的に与えられたが，ここでは Baire の定理を用いてこのような関数の存在を示そう．

例 26.9　定理26.3の $(C^*(X), \rho_*)$ は，$X = I$ のときは，例7.2の $(C(I), d)$ と一致し，$(C(I), d)$ は完備距離空間となる．各 $n \in \boldsymbol{N}$ に対し，

$$F_n=\{f\in C(I)\mid |f(x)-f(x_0)|\leqq n|x-x_0| \text{ が任意の } x\in I \text{ に対し成り立つような } x_0\in I \text{ が存在する}\}$$

とおく．$f\in C(I)$ が 1 点 x_0 で微分可能ならば，

$$|x-x_0|<\delta \Longrightarrow |f(x)-f(x_0)|/|x-x_0| \leqq |f'(x_0)|+1/2$$

となる $\delta>0$ があり，$I-(x_0-\delta, x_0+\delta)$ では，$|f(x)-f(x_0)|/|x-x_0|$ は連続だから有界，したがって，$f\in F_n$ となる $n\in \boldsymbol{N}$ がある．よって，$g\in C(I)-\bigcup_n F_n$ は I の各点で微係数をもたない連続関数となる．そこで，

(i) 各 F_n は閉集合，　(ii) 各 $C(I)-F_n$ は $C(I)$ で稠密

を証明すれば，Baire の定理によって，$\bigcap(C(I)-F_n)=C(I)-\bigcup F_n$ は $C(I)$ で稠密，よって空でなく，上の g の存在がわかる．

(i)の証明．$f_i\in F_n$ $(i\in \boldsymbol{N})$，$f\in C(I)$，$d(f_i, f)\to 0$ $(i\to\infty)$ とする．各 f_i に対しては，F_n の定義から，ある $x_i\in I$ に対し，

$$x\in I \Longrightarrow |f_i(x)-f_i(x_i)| \leqq n|x-x_i| \tag{3}$$

が成り立つ．I はコンパクトだから，I のある点 x_0 に収束する $\{x_i\}$ の部分列 $\{x_{m_i}\}$ がある．f_{m_i}, x_{m_i} を f_i, x_i と書き改めることにより，$x_i\to x_0$ と仮定して差支えない．いま，

$$|x-x_0|<\delta \Longrightarrow |f(x)-f(x_0)|<\varepsilon/2,$$
$$i>n_0 \Longrightarrow d(f_i, f)<\varepsilon/2,$$
$$i>n_0 \Longrightarrow |x_i-x_0|<\delta$$

となるように，$\delta>0$ をきめ，次に n_0 をきめると，

$$i>n_0 \Longrightarrow |f_i(x_i)-f(x_0)| \leqq |f_i(x_i)-f(x_i)|+|f(x_i)-f(x_0)| < \frac{\varepsilon}{2}+\frac{\varepsilon}{2}=\varepsilon$$

より，$\lim_{i\to\infty} f_i(x_i)=f(x_0)$．(3) において $i\to\infty$ とすると，

$$|f(x)-f(x_0)| \leqq n|x-x_0|$$

となるから，$f\in F_n$．よって，F_n は閉集合である．∎

(ii)の証明. $f\in C(I)$, $\varepsilon>0$ が与えられたとき, Weierstrass の多項式近似定理により, $d(f,p)<\varepsilon/2$ となる多項式 $p(x)$ がある. $(p(x)-p(y))/(x-y)$ は, x,y に関する多項式だから, 連続. よって, $x,y\in I$ のとき有界である. よって,

$$x,y\in I\Longrightarrow |p(x)-p(y)|\leqq\alpha|x-y|$$

を満たす $\alpha>0$ がある. 傾きが $\pm(\alpha+n+1)$ で, 高さが $\varepsilon/2$ を超えない下図のような折線を作り, これをグラフにもつ連続関数を h とする. このとき,

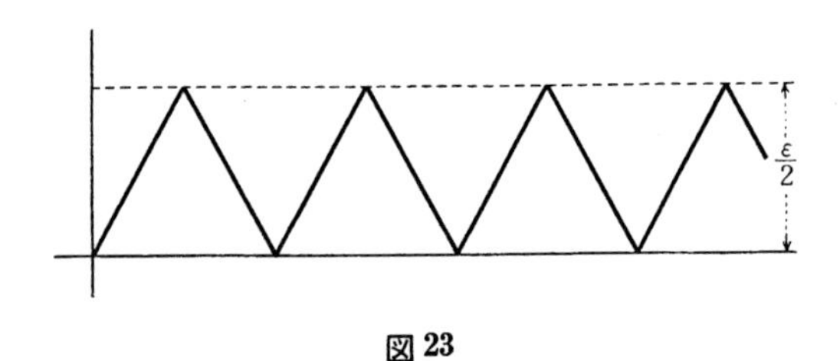

図 23

$$\begin{aligned}|(p+h)(x)-(p+h)(y)| &\geqq |h(x)-h(y)|-|p(x)-p(y)|\\ &\geqq(\alpha+n+1)|x-y|-\alpha|x-y|>n|x-y|\end{aligned}$$

が, $x,y\in I$, $x\neq y$ に対し成り立つ. よって, $p+h\notin F_n$. 一方,

$$d(f,p+h)\leqq d(f,p)+d(p,p+h)<\frac{\varepsilon}{2}+\frac{\varepsilon}{2}=\varepsilon.$$

よって, $C(I)-F_n$ は $C(I)$ で稠密である. ▌

注意 “実数全体の濃度は非可算であり, 代数的数(=有理係数の多項式の根となる実数)の全体の濃度は可算であるから, 代数的数でない実数, すなわち超越数は非可算個存在する”というのが Cantor の論法であった(1874). この論法は上の例の場合には適用できない. なぜなら, $\bigcup_n F_n$ は定値関数 $f(x)=\alpha$ $(\alpha\in\boldsymbol{R})$ を含み, $C(I)$ と同じ濃度 $\mathfrak{c}$ をもつからである. $C(I)$ に位相を導入し, その位相構造によって, $C(I)-\bigcup F_n\neq\phi$ を証明する上の論法は, より高度であるといえよう.

§27　距離空間の完備化

定義 27.1　(X, ρ), (Y, ρ') を距離空間とし，$f: X \to Y$ を写像とする．任意の $\varepsilon > 0$ に対し，

$$(1) \qquad \rho(x, x') < \delta \Longrightarrow \rho'(f(x), f(x')) < \varepsilon$$

を満たす $\delta > 0$ があるとき，f は**一様連続**であるという．――

これは，$X, Y \subset \boldsymbol{R}$ の場合，微積分で学ぶ一様連続関数と一致する．f が連続ならば，X の各点 x に対し，(1) を満たす $\delta_x > 0$ が存在するが，δ_x は x とともに変わるのが普通である．点 x が動いても，δ_x を x に関係しない $\delta > 0$ にとれるというのが，一様連続のことである．したがって，f が一様連続ならば連続であるが，逆は一般に成立しない．

例 27.1　$f: (0, +\infty) \to (0, +\infty)$; $f: x \mapsto 1/x$ は連続だが，一様連続でない．(証明．$\varepsilon = 1$ とするとき，任意の $\delta > 0$ に対し，$1/n < \delta$ となる $n \in \boldsymbol{N}$ をとれば，

$$\left| \frac{1}{n} - \frac{1}{2n} \right| = \frac{1}{2n} < \delta$$

であるが，$|f(1/n) - f(1/2n)| = n \geqq 1$ となるから，$\varepsilon = 1$ に対し，(1) を満たす δ は存在しない．∎)

定理 27.1　コンパクト距離空間 (X, ρ) から距離空間 (Y, ρ') への任意の連続写像 $f: (X, \rho) \to (Y, \rho')$ は一様連続である．

証明　$\varepsilon > 0$ とする．f の連続性によって，各点 $x \in X$ に対し，$\rho(x, x') < \delta_x \Rightarrow \rho'(f(x), f(x')) < \varepsilon/2$ を満たす $\delta_x > 0$ が存在する．$\{U(x\,;\delta_x/2) \mid x \in X\}$ は (X, ρ) の開被覆であり，(X, ρ) はコンパクトであるから，有限個の点 $x_1, \cdots, x_n$ で

$$X = \bigcup \{U(x_i\,;\delta_{x_i}/2) \mid i = 1, \cdots, n\}$$

を満たすものがある．$\delta = \min\{\delta_{x_i}/2 \mid 1 \leqq i \leqq n\}$ とおき，$x, x' \in X$, $\rho(x, x') < \delta$ とする．$x \in U(x_i\,;\delta_{x_i}/2)$ となる x_i をとれば，

$$\rho(x_i, x') \leqq \rho(x_i, x) + \rho(x, x')$$
$$< \delta_{x_i}/2 + \delta \leqq \delta_{x_i}/2 + \delta_{x_i}/2 = \delta_{x_i}.$$

よって,

$$\rho'(f(x), f(x')) \leqq \rho'(f(x), f(x_i)) + \rho'(f(x_i), f(x'))$$
$$< \varepsilon/2 + \varepsilon/2 = \varepsilon.$$

よって, f は一様連続である. ▌

定理 27.1 より, 微積分でよく知られた次の例を得る.

例 27.2 閉区間で連続な関数は一様連続である.

補題 27.2 $f:(X, \rho) \to (Y, \rho')$ を一様連続写像とするとき, $\{x_n\}$ が (X, ρ) の Cauchy 列ならば, $\{f(x_n)\}$ も (Y, ρ') の Cauchy 列である.

証明 $\varepsilon > 0$ とする. f は一様連続であるから, $\rho(x, x') < \delta \Rightarrow \rho'(f(x), f(x')) < \varepsilon$ を満たす $\delta > 0$ がある. $\{x_n\}$ は Cauchy 列であるから, δ に対し, $m, n \geqq n_0 \Rightarrow \rho(x_m, x_n) < \delta$ となる $n_0 \in \boldsymbol{N}$ がある. このとき, $\rho'(f(x_m), f(x_n)) < \varepsilon$ であるから, $\{f(x_n)\}$ は Cauchy 列である. ▌

定理 27.3 $(X, \rho), (Y, \rho')$ を完備距離空間とし, A は X で稠密な集合, $f:(A, \rho) \to (Y, \rho')$ は一様連続とする. このとき, f は, 一様連続写像 $\varphi:(X, \rho) \to (Y, \rho')$ へただ1通りに拡張される.

証明 $x \in X$ に対し, $x \in \mathrm{Cl}\, A$ より, x に収束する A の点列 $\{a_n\}$ がある. $\{a_n\}$ は, A の Cauchy 列となるから, 補題 27.2 により, $\{f(a_n)\}$ は (Y, ρ') の Cauchy 列, よって, Y の1点 y に収束する. f は一様連続であるから, $\varepsilon > 0$ に対し,

$$(2) \qquad x, x' \in A,\ \rho(x, x') < \delta \Longrightarrow \rho'(f(x), f(x')) < \varepsilon/2$$

となる $\delta > 0$ がある. いま, A の点列 $\{a_n'\}$ が $x' \in X$ に収束するとすれば, $n \to \infty$ のとき, $\rho(a_n, a_n') \to \rho(x, x')$. よって, $\rho(x, x') < \delta$ ならば,

(3) $$n \geqq n_0 \Longrightarrow \rho(a_n, a_n') < \delta$$

となる $n_0 \in \boldsymbol{N}$ がある．よって，(2), (3) より，

(4) $$n \geqq n_0 \Longrightarrow \rho'(f(a_n), f(a_n')) < \varepsilon/2$$

となる．とくに，$x=x'$ のときは，(4) より，$\{f(a_n)\}$, $\{f(a_n')\}$ は Y の同一点に収束する．この点を $\varphi(x)$ とおけば，x に収束する A の点列 $\{a_n\}$ のとり方によらずに $\varphi(x)$ が確定し，$\varphi | A=f$ となる．$x \neq x'$ の場合に戻り，(4) において，$n \to \infty$ とするとき，$\rho'(f(a_n), f(a_n')) \to \rho'(\varphi(x), \varphi(x'))$ より，

(5) $$\rho(x, x') < \delta \Longrightarrow \rho'(\varphi(x), \varphi(x')) \leqq \varepsilon/2 < \varepsilon$$

となる．よって，φ は一様連続写像となる．また，定理 18.10 より φ はただ 1 通りに定まる．▌

定義 27.2 距離空間 (X, ρ), (Y, ρ') の間の全単射 $f: X \to Y$ が一様連続であり，かつ $f^{-1}: Y \to X$ も一様連続のとき，f を**一様位相写像**または**一様同相写像**という．また，このような f があるとき，距離空間 (X, ρ), (Y, ρ') は互いに**一様同相**または**一様位相同型**であるという．——

一様位相写像は位相写像であるが，逆は成立しない．

例 27.3 例 27.1 の写像 $f: (0, +\infty) \to (0, +\infty)$ は位相写像であるが，一様位相写像ではない．——

一様位相写像により保存される性質を一様位相的性質という．位相的性質は，一様位相的性質である．

次の定理は，定理 12.7, 補題 27.2 により直ちに得られる．

定理 27.4 距離空間 (X, ρ), (Y, ρ') が互いに一様同相のとき，(X, ρ) が完備なら (Y, ρ') も完備である．

例 27.4 $\boldsymbol{R}$ から $(-1, 1)$ への写像 $f(x)=x/(1+|x|)$ は同相写像である．$\boldsymbol{R}$ は完備であり，$(-1, 1)$ は，定理 26.4 により完備ではない．したがって，定理 27.4 より，$\boldsymbol{R}$ と $(-1, 1)$ は同相であるが一様

同相ではなく，また，完備性は一様位相的性質であるが，位相的性質ではないことがわかる．

定義 27.3 距離空間 (X, ρ), (Y, ρ') の間の写像 $f: X \to Y$ が，任意の $x, x' \in X$ に対し，$\rho(x, x') = \rho'(f(x), f(x'))$ を満たすとき，f を**等距離**(または**等長**)**写像**という．——

等距離写像 $f: (X, \rho) \to (Y, \rho')$ は，明らかに，(X, ρ) と $(f(X), \rho')$ の間の一様位相写像になる．

さて，Méray-Cantor が，有理数から実数を構成したのが，完備化の始まりである．

定義 27.4 (X, ρ), $(\hat{X}, \hat{\rho})$ を距離空間とするとき，等距離写像 h: $(X, \rho) \to (\hat{X}, \hat{\rho})$ があり，$(\hat{X}, \hat{\rho})$ が完備，$h(X)$ が $\hat{X}$ で稠密となるとき，$\{(\hat{X}, \hat{\rho}), h\}$ を (X, ρ) の**完備化**という．

定理 27.5 任意の距離空間 (X, ρ) に対し，完備化 $\{(\hat{X}, \hat{\rho}), h\}$ が存在する．$\{(\tilde{X}, \tilde{\rho}), h'\}$ も (X, ρ) の完備化ならば，全射の等距離写像 $\varphi: (\hat{X}, \hat{\rho}) \to (\tilde{X}, \tilde{\rho})$ で，

$$h' = \varphi \circ h$$

$$\begin{array}{ccc} (\hat{X}, \hat{\rho}) & \xrightarrow{\varphi} & (\tilde{X}, \tilde{\rho}) \\ & {}_{h}\nwarrow \quad \nearrow_{h'} & \\ & (X, \rho) & \end{array}$$

となるものがある．よって，完備化は等距離写像を除いて，ただ1通りに定まる．

証明 (i) X の1点 a を固定し，各 $x \in X$ に対し，

$$\varphi_x(x') = \rho(x, x') - \rho(a, x') \qquad (x' \in X)$$

とおいて写像 $\varphi_x: X \to \boldsymbol{R}$ を定めれば，$|\varphi_x(x')| \leqq \rho(a, x)$ より，φ_x は有界連続関数となる．すなわち，$\varphi_x \in C^*(X)$ (定理 26.3 参照)．ここで，

$$\Phi: X \longrightarrow C^*(X); \quad \Phi(x) = \varphi_x, \quad x \in X$$

とおく．$x_1, x_2 \in X$ に対し，

$$|\varphi_{x_1}(x') - \varphi_{x_2}(x')| \leqq \rho(x_1, x_2);$$
$$|\varphi_{x_1}(x_1) - \varphi_{x_2}(x_1)| = \rho(x_1, x_2),$$

$$\rho_*(\varphi_{x_1}, \varphi_{x_2}) = \sup\{|\varphi_{x_1}(x') - \varphi_{x_2}(x')| \mid x' \in X\}$$

より,

$$\rho_*(\Phi(x_1), \Phi(x_2)) = \rho(x_1, x_2).$$

よって, Φ は等距離写像である. $\hat{X} = \mathrm{Cl}\,\Phi(X)$, $\hat{\rho} = \rho_*$ の $\hat{X}$ への制限, とすれば, $\{(\hat{X}, \hat{\rho}), \Phi\}$ は (X, ρ) の完備化である.

(ii) $\{(\hat{X}, \hat{\rho}), h\}$, $\{(\tilde{X}, \tilde{\rho}), h'\}$ を (X, ρ) の 2 つの完備化とすれば, $h' \circ h^{-1}$ は $\hat{X}$ で稠密な部分集合 $h(X)$ から完備距離空間 $(\tilde{X}, \tilde{\rho})$ への一様連続写像である. よって, 定理 27.3 により, $h' \circ h^{-1}$ は一様連続写像 $\varphi : (\hat{X}, \hat{\rho}) \to (\tilde{X}, \tilde{\rho})$ へ拡張される. 定理 27.3 の証明から分かるように, $h' \circ h^{-1}$ が等距離写像であるから, φ も等距離写像である. 同様に, $h \circ (h')^{-1}$ は, 等距離写像 $\psi : (\tilde{X}, \tilde{\rho}) \to (\hat{X}, \hat{\rho})$ へ拡張される. $\varphi \circ \psi$ は, $h'(X)$ 上で $\tilde{X}$ 上の恒等写像と一致するから, $\varphi \circ \psi = 1_{\tilde{X}}$. よって, φ は全射である. ▮

例 27.5 例 7.5 で $\boldsymbol{Z}$ に p 進付値を定義し, それにより $\boldsymbol{Z}$ は距離空間となることを示したが, この距離空間の完備化の元を **p 進整数**という. $0 \leqq a_i < p$ を満たす整数 a_i $(i = 0, 1, 2, \cdots)$ に対し, $\left\{\sum_{i=0}^{n} a_i p^i \,\middle|\, n \in \boldsymbol{N}\right\}$ は, この距離において, Cauchy 列となるから, その極限を $\sum_{i=0}^{\infty} a_i p^i$ と書けば, すべての p 進整数はこの(べき級数の)形に表わされることが示される. 例えば, $-1 = \sum_{i=0}^{\infty} (p-1) p^i$ となる.

例 27.6 $[0, 1]$ 上の連続関数全体の集合に, 例 7.4 の積分により距離を導入した場合, 完備とはならない. Lebesgue 可測な関数で, 2 乗が Lebesgue 積分可能となるものを, 追加したものが, この場合の完備化となることが知られている.

注意 定理 27.5 の完備化の方法は, Fréchet-Kuratowski による. Méray-Cantor の方法を一般化した Hausdorff による完備化の方法は, 次の通りである. (1) 距離空間 (X, ρ) におけるすべての Cauchy 列全体の集合 E をとり, 2 つの Cauchy 列 $\{x_i\}$, $\{y_i\}$ は, $\lim_{i \to \infty} \rho(x_i, y_i) = 0$ のと

き $\{x_i\}\sim\{y_i\}$ として同値関係 $\sim$ をいれ，商集合 $E/\sim=\tilde{X}$ をつくる．(2) Cauchy 列 $\{x_i\}$, $\{y_i\}$ の属する同値類 α, β に対し，$\tilde{\rho}(\alpha, \beta)=\lim_{i\to\infty}\rho(x_i, y_i)$ とおくと，α, β の代表元 $\{x_i\}$, $\{y_i\}$ のとり方に関係なく，$\tilde{\rho}(\alpha, \beta)$ の値が確定し，$\tilde{\rho}$ は $\tilde{X}$ 上の距離関数となる．(3) 各 $x\in X$ に対し，x のみよりなる Cauchy 列 $\{x\}$ の属する同値類を対応させる写像 $h: X\to\tilde{X}$ は等距離写像であり，$(\tilde{X}, h)$ は X の完備化である．

問 上の注意の (2), (3) を証明せよ．

完備距離空間のもつ著しい性質として，§26 で Baire の定理を証明したが，Baire の定理に示された結論は位相的性質である．完備距離空間と同相な位相空間を**完備距離化可能**といい，このための条件を求めることが問題となる．以下，X のコンパクト化というときは，それらはすべて X を含むものと考えることにする．

定義 27.5 完全正則空間 X が Stone-Čech のコンパクト化 $\beta(X)$ の G_δ 集合となるとき，X は **Čech 完備**であるという．

例 27.7 例 25.6 により，局所コンパクト Hausdorff 空間 X は，$\beta(X)$ の開集合である．したがって，X は Čech 完備である．

定理 27.6 距離化可能空間 X に対し，次の各条件は同値である．

(a) X は完備距離化可能である．

(b) X は Čech 完備である．

(c) X を部分空間として含む任意の距離化可能空間 T に対し，X は T の G_δ 集合である．

(d) X はある完備距離空間 T の部分空間でかつ T の G_δ 集合である．

証明 (a)⇒(b) (X, ρ) は完備距離空間とする．X における点 x の ε 近傍 $U(x;\varepsilon)$ に対し，$W\cap X=U(x;\varepsilon)$ となる $\beta(X)$ の開集合 W を一つとり，それを $W(x;\varepsilon)$ で表わす．

$$G_i=\bigcup\{W(x;1/i)\mid x\in X\}$$

とおけば，G_i は $\beta(X)$ の開集合で，$X\subset\bigcap\{G_i\mid i\in \boldsymbol{N}\}$．いま，$z\in\bigcap_i G_i$ とすると，各 i に対し，$z\in W(x_i\,;1/i)$ となる $x_i\in X$ がある．V を z の任意の近傍とすると，各 n に対し，$\bigcap\{W(x_i\,;1/i)\mid i\leqq n\}\cap V$ は z を含むから空ではない．X は $\beta(X)$ で稠密だから，点

(6)　$$x_n'\in\bigcap\{W(x_i\,;1/i)\mid i\leqq n\}\cap V\cap X$$

が存在する．$W(x_i\,;1/i)\cap X=U(x_i\,;1/i)$ より

(7)　$$m>n\Longrightarrow\rho(x_m',x_n)<1/n;\quad \rho(x_n',x_n)<1/n.$$

したがって，

(8)　$$m>n\Longrightarrow\rho(x_m',x_n')<2/n.$$

よって，(8) より，$\{x_n'\}$ は Cauchy 列である．(X,ρ) は完備だから，$\{x_n'\}$ は X の 1 点 x_0 に収束する．(7) より，$\{x_n\}$ も x_0 に収束する．よって，x_0 は V に関係なく定まる点である．(6) より，$x_0\in\mathrm{Cl}_{\beta(X)}\{x_n'\mid n\in \boldsymbol{N}\}\subset\mathrm{Cl}_{\beta(X)}V$．$V$ は z の任意の近傍で，$\beta(X)$ は正則だから，$z=x_0\in X$．よって，$X=\bigcap\{G_i\mid i\in \boldsymbol{N}\}$ が成り立つ．

(b)⇒(c)　$\mathrm{Cl}_TX=T$ の場合に証明すればよい(この場合に(c)が成り立てば，X は Cl_TX の G_δ 集合となり，Cl_TX は T の G_δ 集合だから，X は T の G_δ 集合となる)．このとき，$\beta(T)$ は X のコンパクト化となるから，$\varphi(X)=X$，$\varphi(\beta(X)-X)=\beta(T)-X$ を満たす連続写像 $\varphi:\beta(X)\to\beta(T)$ が存在する．仮定から，$\beta(X)-X=\bigcup\{F_i\mid i\in \boldsymbol{N}\}$ となる $\beta(X)$ の閉集合 F_i $(i\in \boldsymbol{N})$ がある．各 F_i はコンパクトだから，$\varphi(F_i)$ もコンパクト，したがって $\beta(T)$ の閉集合である．$\beta(T)-X=\varphi(\beta(X)-X)=\bigcup_i\varphi(F_i)$ より，X は $\beta(T)$ の G_δ 集合，したがって，X は T の G_δ 集合でもある．

(c)⇒(d)　定理 27.5 により，X を含む完備距離空間 (T,ρ) が存在する．(c) により，X は T の G_δ 集合である．

(d)⇒(a)　(T,ρ) を，X を G_δ 集合として含む完備距離空間とする．したがって，$T-X=\bigcup\{F_i\mid i\in \boldsymbol{N}\}$ を満たす T の閉集合 F_i $(i$

$\in \boldsymbol{N}$) がある．いま，$X_0=T$，$X_i=\boldsymbol{R}$ $(i\in \boldsymbol{N})$ とおき，$f_0: X\to X_0$ を包含写像，$f_i: X\to X_i$ を

$$f_i(x) = 1/\rho(x, F_i) \qquad (i\in \boldsymbol{N})$$

で定めると，f_i は連続写像となる．写像 $f_s: X\to X_s$ と位相空間 X_s $(s=0, 1, 2, \cdots)$ によって，集合 X 上に誘導される位相は(f_0 と X_0 によって誘導される位相が既に X の位相と一致するから)，X の位相と一致する．よって，

$$f: X \longrightarrow \prod\{X_s \mid s=0, 1, 2, \cdots\}; \qquad f: x \longmapsto (f_s(x))$$

は，埋蔵である(定理 15.6)．この積空間を Y とすると，定理 26.2 により，Y は完備距離空間となる．次に，$y=(y_s)\in \mathrm{Cl}_Y f(X)$ とすれば，Y は距離空間だから，$f(x^{(n)})\to y$ となる X の点列 $\{x^{(n)} \mid n\in \boldsymbol{N}\}$ がある．よって，$n\to\infty$ のとき，

$$x^{(n)} \longrightarrow y_0; \qquad f_i(x^{(n)}) \longrightarrow y_i \qquad (i>0).$$

前者より，$\rho(x^{(n)}, F_i)\to\rho(y_0, F_i)$．よって，後者から，

$$1 = \rho(x^{(n)}, F_i) f_i(x^{(n)}) \longrightarrow \rho(y_0, F_i) y_i.$$

よって，$\rho(y_0, F_i) y_i=1$．したがって，$y_0 \notin F_i$ $(i>0)$．よって，$y_0 \in T-\bigcup_i F_i=X$ であって，$y=f(y_0)$ により，$y\in f(X)$．よって，$\mathrm{Cl}_Y f(X)=f(X)$ となり，$f(X)$ は Y の閉集合である．したがって，定理 26.4 より，$f(X)$ は完備距離空間である．∎

例 27.8 無理数全体の集合 $\boldsymbol{P}$ は，$\boldsymbol{R}$ の部分距離空間としては完備ではないが，$\boldsymbol{R}$ の G_δ 集合であるから，定理 27.6 より完備距離化可能である．

練 習 問 題 7

1 距離空間 (X, ρ) の異なる点からなる Cauchy 列 $\{x_n\}$ が集合とみて集積点 a をもてば，$\{x_n\}$ は a に収束することを証明せよ．

2 距離空間 (X, ρ) が完備であるためには，

$$F_n \supset F_{n+1}\ (n=1, 2, \cdots); \quad \lim_{n\to\infty} \delta(F_n) = 0$$

を満たす任意の空でない閉集合の列 $\{F_n\}$ に対し，$\bigcap_n F_n \neq \phi$ となることが必要十分であることを証明せよ．

3　写像 $f: (X, \rho) \to (Y, \rho')$ が一様連続であるためには，$\lim_{n\to\infty} \rho(x_n, x_n') = 0$ となる X の任意の点列 $\{x_n\}$, $\{x_n'\}$ に対し，$\lim_{n\to\infty} \rho'(f(x_n), f(x_n')) = 0$ となることが必要十分であることを証明せよ．

4　(X, ρ) を距離空間，$A \subset X$ とするとき，写像 $f: X \to \boldsymbol{R}$; $f(x) = \rho(x, A)$ は，一様連続であることを証明せよ．

5　(X, ρ) を完備距離空間，$\mathrm{card}\, X \leqq \aleph_0$ とすると，X は孤立点を含むことを証明せよ．$\mathrm{card}\, X = \aleph_0$ ならば，孤立点は無限個含まれることを示せ．

6　X を距離空間 (Y, ρ) の稠密な部分集合とする．部分距離空間 (X, ρ) の任意の Cauchy 列が Y において収束するならば，(Y, ρ) は完備であることを証明せよ．

7　(X, ρ) を完備距離空間とするとき，写像 $f: X \to X$ が，ある定数 α $(0 < \alpha < 1)$ により

$$\rho(f(x), f(x')) \leqq \alpha\rho(x, x') \qquad (x, x' \in X)$$

を満たすならば，$f(x_0) = x_0$ となる点 $x_0 \in X$ がただ1つ存在することを証明せよ．

8　(i)　X をコンパクト T_2 空間とするとき，可算個の稠密な開集合 G_i $(i \in \boldsymbol{N})$ に対し，$\bigcap_i G_i$ も X で稠密となることを証明せよ．

(ii)　(i) は，X を Čech 完備としても成り立つことを証明せよ．

9　完全正則空間 X のあるコンパクト化 $\hat{X}$ において X は G_δ 集合であるとすると，X は $\beta(X)$ においても G_δ 集合となることを証明せよ．

10　X_n $(n \in \boldsymbol{N})$ が Čech 完備ならば，積空間 $\prod_n X_n$ も Čech 完備であることを証明せよ．

第8章　パラコンパクト空間と一様位相空間

コンパクト空間の一般化として，1944年J. Dieudonnéは，パラコンパクト空間の概念を導入した．1948年A. H. Stoneは，距離空間のパラコンパクト性を証明したが，この結果は位相空間の研究に大きな影響を与え，著しい進歩をもたらした．パラコンパクト空間は，距離空間やコンパクト空間とともに，最も重要な空間である．

本章では，いくつかの基本的事項の解説のあと，パラコンパクト性と正規被覆との関連について述べる．正規被覆は，一般の距離化定理や，J. W. Tukeyによる一様位相空間の理論において重要な概念の1つである．

積空間はどのような場合に正規となるか，積空間の正規性は，位相空間論において重要かつ興味ある問題である．最後の節では，パラコンパクト性と積空間の正規性との関連について述べ，ホモトピー理論で有用なCW複体のパラコンパクト性についても触れることにしよう．

§28　パラコンパクト空間

定義28.1　位相空間Xの部分集合の族$\mathcal{M}$が**局所有限**とは，Xの任意の点xに対し，$U(x)\cap M\neq\phi$となる$M\in\mathcal{M}$が高々有限個しかないような，xの近傍$U(x)$が存在することをいう．

例28.1　$\boldsymbol{R}$において，次の2つの集合族はともに局所有限である．

$$\mathcal{M}_1=\{\{n\}\mid n\in \boldsymbol{Z}\};\qquad \mathcal{M}_2=\{[n,n+1]\mid n\in\boldsymbol{Z}\}.$$

例28.2　$\boldsymbol{R}$において，集合族$\mathcal{M}=\{\{1/n\}\mid n\in\boldsymbol{N}\}$は局所有限ではない．なぜなら，原点$O$の任意の$\varepsilon$近傍$U(0;\varepsilon)$に対し，$1/n\in U(0;\varepsilon)$となる$1/n$は無限個あるからである．

注意 例28.2において，部分空間 $Y=\{1/n \mid n\in N\}$ は離散空間になるから，$\mathcal{M}$ を Y の部分集合の族とみれば，局所有限である．したがって，局所有限性はその集合族が含まれる空間に依存して定まる概念である．

$f: X\to Y$ を連続写像とするとき，Y の部分集合の族 $\mathcal{H}$ に対し，集合族 $\{f^{-1}(H) \mid H\in\mathcal{H}\}$ を $f^{-1}(\mathcal{H})$ で表わす．

問1 $\mathcal{H}$ が局所有限ならば，$f^{-1}(\mathcal{H})$ も局所有限であることを証明せよ．

位相空間 X の部分集合の族 $\mathcal{M}$ に対し，集合族 $\{\mathrm{Cl}\, M \mid M\in\mathcal{M}\}$ を $\mathrm{Cl}\,\mathcal{M}$ で表わす．

次の補題はしばしば用いられる．

補題 28.1 位相空間 X の部分集合の族 $\mathcal{M}$ が局所有限ならば，$\mathcal{M}$ の任意の部分族 $\mathcal{M}'$ も $\mathrm{Cl}\,\mathcal{M}$ も局所有限である．さらに，次の等式が成り立つ．

$$(1)\qquad \bigcup\{\mathrm{Cl}\, M \mid M\in\mathcal{M}\} = \mathrm{Cl}(\bigcup\{M \mid M\in\mathcal{M}\}).$$

特に，各 $M\in\mathcal{M}$ が閉集合ならば，$\bigcup\{M \mid M\in\mathcal{M}\}$ は閉集合である．

証明 $\mathcal{M}'$ の局所有限性は明らか．X の任意の点 x は，$U_0(x)\cap M\neq\phi$ となる $M\in\mathcal{M}$ が有限個しかないような，近傍 $U_0(x)$ をもつ．このとき，このような $M\in\mathcal{M}$ を $M_i\,(i=1,\cdots,n)$ とすると，$x\in \mathrm{Cl}(\bigcup\{M \mid M\in\mathcal{M}\})\Rightarrow x\in\mathrm{Cl}(\bigcup\{M_i \mid i=1,\cdots,n\})=\bigcup\{\mathrm{Cl}\, M_i \mid i=1,\cdots,n\}\subset\bigcup\{\mathrm{Cl}\, M \mid M\in\mathcal{M}\}$．よって，(1)の左辺は右辺を含む．右辺が左辺を含むことは明らか．よって，(1)が成り立つ．

また，$U_0(x)$ は開集合であるから，$U_0(x)\cap M=\phi\Leftrightarrow U_0(x)\cap \mathrm{Cl}\, M=\phi$．よって，$\mathrm{Cl}\,\mathcal{M}$ は局所有限である．▮

例 28.3 例28.2において，

$$\mathrm{Cl}(\bigcup\{\{1/n\} \mid n\in N\}) = \mathrm{Cl}\{1/n \mid n\in N\} = \{0\}\cup\{1/n \mid n\in N\}.$$

よって，上の等式(1)は，局所有限の仮定がないと成立しない．

定義 28.2 $\mathcal{G},\mathcal{H}$ を位相空間 X の2つの被覆とする．$\mathcal{H}$に属する任意の集合 H が，$\mathcal{G}$ に属するある集合に含まれるとき，$\mathcal{H}$ は $\mathcal{G}$ の

細分である，または $\mathcal{H}$ は $\mathcal{G}$ を**細分する**といい，記号で $\mathcal{H}<\mathcal{G}$ と表わす．——

細分に関して，次の性質が成り立つ．

1. 被覆 $\mathcal{G}$ の部分被覆は，すべて $\mathcal{G}$ の細分である．

2. 被覆 $\mathcal{G}, \mathcal{H}$ に対し，集合族 $\{G\cap H \mid G\in\mathcal{G},\ H\in\mathcal{H}\}$ も被覆であって，$\mathcal{G}, \mathcal{H}$ 両方の細分である．これを，$\mathcal{G}$ と $\mathcal{H}$ の**交わり**といい，$\mathcal{G}\wedge\mathcal{H}$ で表わす．

3. $\mathcal{G}, \mathcal{H}, \mathcal{F}$ を被覆とするとき，$\mathcal{F}<\mathcal{H},\ \mathcal{H}<\mathcal{G} \Longrightarrow \mathcal{F}<\mathcal{G}$.

注意　$\mathcal{H}<\mathcal{G},\ \mathcal{G}<\mathcal{H}$ でも $\mathcal{G}=\mathcal{H}$ とは限らない．例えば，$X=\boldsymbol{R}$，$\mathcal{G}=\{(-\infty, n) \mid n\in\boldsymbol{N}\}$，$\mathcal{H}=\{(-\infty, n+1/2) \mid n\in\boldsymbol{N}\}$．

定義 28.3　位相空間 X の任意の開被覆 $\mathcal{G}$ に対し，$\mathcal{G}$ を細分する局所有限な開被覆 $\mathcal{H}$ が存在するとき，X は**パラコンパクト**(paracompact)であるという．

例 28.4　離散空間 X においては，$\{\{x\} \mid x\in X\}$ は局所有限な開被覆で，かつ X の任意の開被覆の細分となるから，X はパラコンパクトである．

定理 28.2　コンパクト空間はパラコンパクトである．

証明　コンパクト空間 X の任意の開被覆 $\mathcal{G}$ は，有限部分被覆 $\mathcal{G}'$ をもつ．$\mathcal{G}'$ は局所有限かつ $\mathcal{G}$ の細分となるから，X はパラコンパクトである．▌

注意　パラコンパクト空間の定義では，コンパクト空間の定義とは違って，任意の開被覆が局所有限の“部分被覆”をもつことを要求しているのではない．例えば，X を濃度が無限の離散空間とすると，例 28.4 より，X はパラコンパクトであるが，点 $a\in X$ に対し，開被覆 $\{\{x, a\} \mid x\in X\}$ のいかなる部分被覆も局所有限ではない．

補題 28.3　X を正則空間とするとき，任意の開被覆 $\mathcal{G}$ に対し，$\mathrm{Cl}\,\mathcal{H}<\mathcal{G}$ を満たす開被覆 $\mathcal{H}$ が存在する．

証明　X の各点 x に対し，$x \in G_x$ となる $G_x \in \mathcal{G}$ をとる．X は正則であるから，$\mathrm{Cl}\,U(x) \subset G_x$ となる x の近傍 $U(x)$ がとれる．このとき，$\mathcal{H} = \{U(x) \mid x \in X\}$ は求める開被覆となる．▮

補題 28.4　T_1 空間 X の任意の有限開被覆 $\mathcal{G}$ に対し，$\mathcal{F} < \mathcal{G}$ となる局所有限な閉被覆 $\mathcal{F}$ があれば，X は正規である．

証明　E_1, E_2 は X の閉集合で $E_1 \cap E_2 = \phi$ とする．$G_i = X - E_i$ $(i=1,2)$ とおけば，$\mathcal{G} = \{G_1, G_2\}$ は X の開被覆で，仮定より，$\mathcal{F} < \mathcal{G}$ となる局所有限な閉被覆 $\mathcal{F}$ がある．

$$K_1 = \bigcup\{F \mid F \in \mathcal{F},\ F \subset G_1\},$$

$$K_2 = \bigcup\{F \mid F \in \mathcal{F},\ F \not\subset G_1,\ F \subset G_2\}$$

とおけば，各 K_i は，補題 28.1 より，閉集合で，$K_1 \cup K_2 = X$, $K_1 \subset G_1$, $K_2 \subset G_2$. よって，$H_i = X - K_i$ $(i=1,2)$ は開集合で，

$$E_1 \subset H_1, \qquad E_2 \subset H_2, \qquad H_1 \cap H_2 = \phi. \qquad ▮$$

定理 28.5　パラコンパクト T_2 空間は正規空間である．

証明　補題 28.1, 28.3, 28.4 より，X の正則性を示せばよい．$x_0 \in X$, F は X の閉集合とし，$x_0 \notin F$ とする．X は T_2 だから，F の各点 y に対し，$x_0 \notin \mathrm{Cl}\,V(y)$ となる y の近傍 $V(y)$ がある．X のパラコンパクト性より，X の開被覆

$$\mathcal{V} = \{V(y) \mid y \in F\} \cup \{X - F\}$$

に対し，$\mathcal{H} < \mathcal{V}$ となる X の局所有限な開被覆 $\mathcal{H}$ がある．

$$V = \bigcup\{H \mid H \cap F \neq \phi,\ H \in \mathcal{H}\}$$

とおけば，V は X の開集合で，$F \subset V$. 一方，$H \cap F \neq \phi$, $H \in \mathcal{H}$ に対し，$\mathcal{H} < \mathcal{V}$ より，$H \subset V(y)$ となる $V(y) \in \mathcal{V}$ がある．$x_0 \notin \mathrm{Cl}\,V(y)$ より，$x_0 \notin \mathrm{Cl}\,H$. よって，補題 28.1 より，$x_0 \notin \mathrm{Cl}\,V$. このとき，$U = X - \mathrm{Cl}\,V$ は開集合で，$x_0 \in U$, $F \subset V$, $U \cap V = \phi$. ▮

例 28.5　例 5.5 の整列集合 $\boldsymbol{W}$ の各元 α に対し，左半開区間 $(\beta, \alpha]$ の全体 $\{(\beta, \alpha] \mid \beta < \alpha\}$ ($\boldsymbol{W}$ の最小元 0 においては，$\{0\}$ のみ)を，

α の近傍系にとることにより，位相を導入すると，$\boldsymbol{W}$ は，例 19.2 と同様にして，正規空間となることがわかる．しかし，$\boldsymbol{W}$ はパラコンパクトではない．(証明．$G_\alpha=\{\gamma\in\boldsymbol{W}\mid\gamma<\alpha\}$ とおく．$\mathcal{G}=\{G_\alpha\mid\alpha\in\boldsymbol{W}\}$ は $\boldsymbol{W}$ の開被覆であるが，$\mathcal{U}<\mathcal{G}$ となる $\boldsymbol{W}$ の局所有限開被覆 $\mathcal{U}$ はない．仮に，あったと仮定しよう．$\alpha_1\in\boldsymbol{W}$ をとり，$\alpha_1\in U_1$ となる $U_1\in\mathcal{U}$ をとる．$\mathcal{U}<\mathcal{G}$ より，$U_1\subset G_{\alpha_2}$ となる $\alpha_2\in\boldsymbol{W}$ がある．以下同様にして，

$$\alpha_i\in U_i,\qquad U_i\in\mathcal{U}\,;\quad U_i\subset G_{\alpha_{i+1}}\qquad (i\geqq 2)$$

となるように，$\alpha_{i+1}\in\boldsymbol{W}$ $(i\geqq 2)$ をとっていく．例 5.5 で示したように，$\alpha=\sup\{\alpha_i\mid i\in\boldsymbol{N}\}\in\boldsymbol{W}$ が存在する．$\beta<\alpha$ とすれば，$\beta<\alpha_{i_0}\leqq\alpha$ となる α_{i_0} が必ずある．α_i の定め方から，

$$i_0<i\Longrightarrow\beta<\alpha_{i_0}<\alpha_i\leqq\alpha.$$

よって，$\alpha_i\in U_i\cap(\beta,\alpha]$ $(i\geqq i_0)$ となり，α の近傍 $(\beta,\alpha]$ は無限個の U_i と交わる．これは $\mathcal{U}$ の局所有限性に反する．▮)

定理 28.6　正則な Lindelöf 空間はパラコンパクトである．

証明　X は正則な Lindelöf 空間，$\mathcal{G}$ は X の任意の開被覆とする．X は正則だから，補題 28.3 により，$\mathrm{Cl}\,\mathcal{H}<\mathcal{G}$ となる開被覆 $\mathcal{H}$ がある．X は Lindelöf だから，$\mathcal{H}$ は可算な部分被覆 $\{H_i\mid i\in\boldsymbol{N}\}$ をもつ．$\mathrm{Cl}\,\mathcal{H}<\mathcal{G}$ より，各 $i\in\boldsymbol{N}$ に対し

$$\text{(2)}\qquad \mathrm{Cl}\,H_i\subset G_i,\qquad G_i\in\mathcal{G}$$

となる G_i がある．定理 21.4 により，X は正規であるから，

$$\text{(3)}\qquad \mathrm{Cl}\,H_i\subset G_{in}\subset\mathrm{Cl}\,G_{in}\subset G_{i,n+1}\subset G_i,\qquad n=i,i+1,\cdots$$

を満たす開集合 G_{in} がある．

$$\text{(4)}\qquad U_n=\bigcup\{G_{in}\mid i\leqq n\}\qquad (n\in\boldsymbol{N})\,;\qquad U_0=\phi$$

とおく．$\bigcup_{i\leqq n}\mathrm{Cl}\,H_i\subset U_n$，$\mathrm{Cl}\,U_n=\bigcup\{\mathrm{Cl}\,G_{in}\mid i\leqq n\}\subset\bigcup\{G_{i,n+1}\mid i\leqq n\}\subset U_{n+1}$ より，

$$\text{(5)}\qquad X=\bigcup\{U_n\mid n\in\boldsymbol{N}\}\,;\qquad U_n\subset\mathrm{Cl}\,U_n\subset U_{n+1}\qquad (n\in\boldsymbol{N}).$$

よって，$X=\bigcup\{U_{n+1}-\mathrm{Cl}\,U_{n-1}\mid n\in N\}$ となる．そこで，

$$V_{in}=G_{i,n+1}\cap(U_{n+1}-\mathrm{Cl}\,U_{n-1}),\qquad i\leqq n+1$$

とおけば，(4)より，$\mathcal{V}=\{V_{in}\mid i\leqq n+1,\ n\in N\}$ は，X の開被覆で，(3)より，$\mathcal{V}<\mathcal{G}$．$i\leqq n+1$, $j\leqq m+1$ のとき，

$$n+1\leqq m-1\Longrightarrow V_{in}\cap V_{jm}\subset U_{n+1}\cap(U_{m+1}-\mathrm{Cl}\,U_{m-1})=\phi$$

となるから，V_{in} と交わる $\mathcal{V}$ の集合は有限個しかない．よって，$\mathcal{V}$ は局所有限である．∎

注意　上の被覆 $\mathcal{V}$ のように，集合族 $\mathcal{M}$ の任意の集合 M に対し，$M\cap M'\neq\phi$ となる $M'\in\mathcal{M}$ が有限個しかないとき，$\mathcal{M}$ は**星型有限**であるという．星型有限の開被覆は局所有限である．X の任意の開被覆が星型有限の開被覆で細分されるとき，**強パラコンパクト**という．

局所コンパクトな位相群 G(演算・に関し群をなしかつ T_1 空間で，写像 $G\times G\ni(x,y)\mapsto x\cdot y^{-1}\in G$ が連続となるもの)は，強パラコンパクトであることが証明される．しかし，一般にパラコンパクト空間は，強パラコンパクトではない．

例 28.6　Sorgenfrey 直線は，例 21.6 により，正則 Lindelöf．よって，パラコンパクトである．

§29　被覆の正規性と距離化定理

与えられた位相空間が距離化可能となるための位相的条件を始めて見出したのは，P. Alexandroff と P. Urysohn である(1923)．彼等は，ある特別の性質をもつ被覆の列の存在によって距離位相を特徴づけた．1940 年 J. W. Tukey は，これから着想を得て，被覆に関する組織的理論を展開したが，A. H. Stone の定理によって，パラコンパクト性との関連も明らかにされた．ここでは，これらについて述べることにしよう．以下 X は位相空間とする．

定義 29.1　$\mathcal{U}$ を X の被覆とする．$A\subset X$ に対し，

$$\mathrm{St}(A,\mathcal{U})=\bigcup\{U\mid U\cap A\neq\phi,\ U\in\mathcal{U}\}$$

とおき，これを$\mathcal{U}$に関するAの**星型集合**という．Aが1点xのみの集合のときは，$\mathrm{St}(x,\mathcal{U})$と書く．また，

$$\mathrm{St}^n(A,\mathcal{U})=\mathrm{St}(\mathrm{St}^{n-1}(A,\mathcal{U}),\mathcal{U}),\quad n=2,3,\cdots$$

と定める．被覆$\mathcal{U}$に対し，

$$\mathcal{U}^{\Delta}=\{\mathrm{St}(x,\mathcal{U})\mid x\in X\},\quad \mathcal{U}^*=\{\mathrm{St}(U,\mathcal{U})\mid U\in\mathcal{U}\}$$

とおき，被覆$\mathcal{V}$に対し，

$\mathcal{U}^{\Delta}<\mathcal{V}$のとき，$\mathcal{U}$は$\mathcal{V}$の**$\Delta$細分**(または**重心細分**)，

$\mathcal{U}^*<\mathcal{V}$のとき，$\mathcal{U}$は$\mathcal{V}$の**星型細分**

という．

例 29.1　(X,ρ)を距離空間とし，$\mathcal{U}(\varepsilon)=\{U(x;\varepsilon)\mid x\in X\}$とおく．このとき，次のことが成り立つ．

(a)　$\mathrm{St}(U(x;\delta),\mathcal{U}(\varepsilon))\subset U(x;\delta+2\varepsilon)$，

(b)　$\mathrm{St}^m(U(x;\delta),\mathcal{U}(\varepsilon))\subset U(x;\delta+2m\varepsilon),\quad m\geqq 1$，

(c)　$\mathcal{U}(\varepsilon)^{\Delta}<\mathcal{U}(2\varepsilon),\quad \mathcal{U}(\varepsilon)^*<\mathcal{U}(3\varepsilon)$.

問1　上の例の(a), (b), (c)を証明せよ．

さて，次の補題は基本的である．

補題 29.1　$A,B\subset X$，$\mathcal{U},\mathcal{V}$はXの被覆とする．

(1)　$\mathrm{St}(A,\mathcal{U})=\bigcup\{\mathrm{St}(x,\mathcal{U})\mid x\in A\}$.

(2)　$\mathcal{U}<\mathcal{V}$，$A\subset B\Longrightarrow\mathrm{St}(A,\mathcal{U})\subset\mathrm{St}(B,\mathcal{V})$.

(3)　$x,y\in X$のとき，$x\in\mathrm{St}(y,\mathcal{U})\Longleftrightarrow y\in\mathrm{St}(x,\mathcal{U})$.

(4)　$\mathrm{St}^{m+n}(A,\mathcal{U})=\mathrm{St}^m(\mathrm{St}^n(A,\mathcal{U}))$.

(5)　$A\cap\mathrm{St}^n(B,\mathcal{U})\neq\phi\Longleftrightarrow\mathrm{St}^n(A,\mathcal{U})\cap B\neq\phi$.

(6)　$\mathrm{St}^2(A,\mathcal{U})=\mathrm{St}(A,\mathcal{U}^{\Delta}),\quad \mathrm{St}^3(A,\mathcal{U})=\mathrm{St}(A,\mathcal{U}^*)$.

(7)　$\mathcal{U}<\mathcal{U}^{\Delta}<\mathcal{U}^*<\mathcal{U}^{\Delta\Delta}$.

(8)　$\mathcal{U}$がXの開被覆のとき，$\mathrm{Cl}\,A\subset\mathrm{St}(A,\mathcal{U})$.

証明　(1)-(4)は明らか．

(5)　$n=1$のとき，$A\cap\mathrm{St}(B,\mathcal{U})\neq\phi\Longleftrightarrow$“$A\cap U\neq\phi$, $U\cap B\neq\phi$を

満たす $U\in\mathscr{U}$ がある" $\Longleftrightarrow B\cap \mathrm{St}(A,\mathscr{U})\neq\phi$. 以下，$n$ についての数学的帰納法により ((4) を用いて)，証明される.

(6)　$x\in\mathrm{St}^2(A,\mathscr{U})$ とすると，$x\in U$, $U\cap\mathrm{St}(A,\mathscr{U})\neq\phi$ となる $U\in\mathscr{U}$ がある. 後者から，$U\cap U'\neq\phi$, $U'\cap A\neq\phi$ となる $U'\in\mathscr{U}$ がある. $y\in U\cap U'$ をとると，$x\in U\subset\mathrm{St}(y,\mathscr{U})\in\mathscr{U}^{\Delta}$, $A\cap\mathrm{St}(y,\mathscr{U})\supset A\cap U'\neq\phi$ より，$x\in\mathrm{St}(A,\mathscr{U}^{\Delta})$. 逆に，$x\in\mathrm{St}(A,\mathscr{U}^{\Delta})$ ならば，$x\in\mathrm{St}(y,\mathscr{U})$, $\mathrm{St}(y,\mathscr{U})\cap A\neq\phi$ となる $y\in X$ がある. (5) により，$y\in\mathrm{St}(A,\mathscr{U})$. よって，$x\in\mathrm{St}(y,\mathscr{U})\subset\mathrm{St}(\mathrm{St}(A,\mathscr{U}),\mathscr{U})=\mathrm{St}^2(A,\mathscr{U})$.

(7)　$U\in\mathscr{U}$, $x\in U$ とすると，$U\subset\mathrm{St}(x,\mathscr{U})$. よって，$\mathrm{St}(U,\mathscr{U})\subset\mathrm{St}(\mathrm{St}(x,\mathscr{U}),\mathscr{U})=\mathrm{St}^2(x,\mathscr{U})=\mathrm{St}(x,\mathscr{U}^{\Delta})\in\mathscr{U}^{\Delta\Delta}$. よって，$\mathscr{U}^*<\mathscr{U}^{\Delta\Delta}$. $\mathscr{U}^{\Delta}<\mathscr{U}^*$ は定義から明らか.

(8)
$$x\in\mathrm{Cl}\,A\Longrightarrow\mathrm{St}(x,\mathscr{U})\cap A\neq\phi\Longrightarrow x\in\mathrm{St}(A,\mathscr{U}).$$ ∎

問2　(6) の第2式を証明せよ.

補題 29.2　各 $\alpha\in\Omega$ に対し，G_α は X の開集合，F_α は X の閉集合で，$F_\alpha\subset G_\alpha$ とする. Ω の有限部分集合 γ の全体を Γ とし，

$$\mathscr{M}=\{M_\gamma\mid\gamma\in\Gamma\},\qquad M_\gamma=(\bigcap\{G_\alpha\mid\alpha\in\gamma\})\cap(X-\bigcup\{F_\alpha\mid\alpha\notin\gamma\})$$

とおく. このとき，$\{G_\alpha\mid\alpha\in\Omega\}$ が局所有限ならば，$\mathscr{M}$ は局所有限で X の開被覆である. さらに，$\mathrm{St}(F_\alpha,\mathscr{M})\subset G_\alpha$ が成り立つ.

証明　(i)　γ は有限集合だから，$\bigcap\{G_\alpha\mid\alpha\in\gamma\}$ は X の開集合. 一方，$\{F_\alpha\mid\alpha\in\Omega\}$ は局所有限だから，$\bigcup\{F_\alpha\mid\alpha\notin\gamma\}$ は閉集合. よって，M_γ は開集合である.

(ii)　$x\in X$ とすると，$\{G_\alpha\mid\alpha\in\Omega\}$ は局所有限であるから，$\gamma_0=\{\alpha\in\Omega\mid G_\alpha\cap U(x)\neq\phi\}$ が有限集合となるような x の近傍 $U(x)$ がある. $\gamma_1=\{\alpha\in\Omega\mid x\in F_\alpha\}$ とおけば，$\gamma_1\subset\gamma_0$ で，

$$x\in M_{\gamma_1};\qquad M_\gamma\cap U(x)\neq\phi\Longrightarrow\gamma\subset\gamma_0$$

が成り立つ ($\gamma_1=\phi$ の場合も起り得る). よって，$\mathscr{M}$ は X の被覆で局所有限である.

(iii)　$\alpha \notin \gamma$ ならば，$F_\alpha \cap M_\gamma = \phi$．よって，$F_\alpha \cap M_\gamma \neq \phi \Rightarrow \alpha \in \gamma \Rightarrow M_\gamma \subset G_\alpha$．よって，$\mathrm{St}(F_\alpha, \mathcal{M}) \subset G_\alpha$．▌

補題 29.3　X を正規空間，$\mathcal{G} = \{G_\alpha \mid \alpha \in \Omega\}$ を X の局所有限な開被覆とする．このとき，各 $\alpha \in \Omega$ に対し，$\mathrm{Cl}\, H_\alpha \subset G_\alpha$ となる X の開被覆 $\mathcal{H} = \{H_\alpha \mid \alpha \in \Omega\}$ が存在する．

証明　Ω に順序をいれ，$(\Omega, \leqq)$ が整列集合となるようにする．超限帰納法により，

(i)　$\mathrm{Cl}\, H_\alpha \subset G_\alpha$,

(ii)　$\{H_\beta \mid \beta \leqq \alpha\} \cup \{G_\gamma \mid \gamma > \alpha\} = X$

を満たす開集合 H_α を作るため，$\tau \in \Omega$ とし，$\alpha < \tau$ を満たすすべての α に対し，(i), (ii) を満たす H_α が作られたと仮定する．このとき，

$$F_\tau = X - \bigcup \{H_\alpha \mid \alpha < \tau\} \cup \left(\bigcup \{G_\gamma \mid \gamma > \tau\}\right) \subset G_\tau$$

となることを示そう．仮に，$x \in F_\tau \cap (X - G_\tau)$ とし，$\mathcal{G}$ の局所有限性より，$x \in G_\alpha$ となる α を α_i $(1 \leqq i \leqq n)$ とすると，$\alpha_0 = \max\{\alpha_1, \cdots, \alpha_n\}$ とおけば，$\alpha_0 < \tau$, $x \notin G_\gamma$ $(\gamma > \alpha_0)$ となる．よって，(ii) より，$x \in \bigcup \{H_\alpha \mid \alpha \leqq \alpha_0\}$ となり，$x \in F_\tau$ と矛盾する．よって，$F_\tau \subset G_\tau$．さて，F_τ は閉集合で，X は正規だから，$F_\tau \subset H_\tau$, $\mathrm{Cl}\, H_\tau \subset G_\tau$ となる開集合 H_τ をとれば，(i), (ii) が $\alpha = \tau$ の場合にも成り立つ．よって，超限帰納法により，すべての $\alpha \in \Omega$ に対し，(i), (ii) が成り立つように H_α を作ることができる．

いま $x \in X$ とし，$x \in G_\alpha$ となる α を α_i $(i = 1, \cdots, n)$ とし，$\alpha_0 = \max\{\alpha_i \mid 1 \leqq i \leqq n\}$ とすると，$x \notin G_\gamma$, $\gamma > \alpha_0$ となるから，(ii) により，$x \in H_\alpha$ となる $\alpha \leqq \alpha_0$ がある．よって，$\{H_\alpha \mid \alpha \in \Omega\}$ は X の被覆である．▌

定理 29.4　$\mathcal{G}$ を正規空間 X の局所有限の開被覆とすれば，$\mathcal{G}$ の星型細分となる X の局所有限な開被覆がある．

証明　$\mathcal{G} = \{G_\alpha \mid \alpha \in \Omega\}$ とすると，補題 29.3 により，各 α に対し，

$\mathrm{Cl}\,H_\alpha \subset G_\alpha$ を満たす開被覆 $\mathcal{H}=\{H_\alpha \mid \alpha \in \Omega\}$ がある．$F_\alpha=\mathrm{Cl}\,H_\alpha$ とおいて補題 29.2 の被覆 $\mathcal{M}$ をつくり，$\mathcal{M} \wedge \mathcal{H}=\mathcal{L}$ をつくると，$\mathcal{L}$ は局所有限の開被覆である．$\mathcal{L}$ の元 $M \cap H_\alpha$ $(M \in \mathcal{M},\ H_\alpha \in \mathcal{H})$ に対し，補題 29.1 より

$$\mathrm{St}(M \cap H_\alpha, \mathcal{L}) \subset \mathrm{St}(H_\alpha, \mathcal{M}) \subset \mathrm{St}(\mathrm{Cl}\,H_\alpha, \mathcal{M}) \subset G_\alpha$$

となる．よって，$\mathcal{L}^* < \mathcal{G}$．▌

定義 29.2(J. W. Tukey)　X の被覆の列 $\{\mathcal{U}_1, \mathcal{U}_2, \cdots\}$ が

$$\mathcal{U}_{n+1}{}^* < \mathcal{U}_n, \qquad n \in \boldsymbol{N}$$

を満たすとき，**正規被覆列**または**正規列**という．X の開被覆 $\mathcal{G}$ に対し，$\mathcal{U}_1 < \mathcal{G}$ を満たす X の正規開被覆列 $\{\mathcal{U}_n\}$ が存在するとき，$\mathcal{G}$ は**正規**(または**正規被覆**)であるという．

例 29.2　(X, ρ) を距離空間とすると，例 29.1 より，$\{\mathcal{U}(\varepsilon/3^n) \mid n \in \boldsymbol{N}\}$ は正規被覆列である．よって，$\mathcal{U}(\varepsilon)$ は正規である．

系 29.5　正規空間における局所有限開被覆は正規である．特に，パラコンパクト T_2 空間の開被覆は正規である．

問 3　$f: X \to Y$ は連続写像，$\mathcal{G}, \mathcal{H}$ は Y の開被覆とするとき，次のことを証明せよ．

(a)　$\mathcal{H}^* < \mathcal{G} \Longrightarrow f^{-1}(\mathcal{H})^* < f^{-1}(\mathcal{G})$,

(b)　$\mathcal{H}$ が正規被覆 $\Longrightarrow f^{-1}(\mathcal{H})$ が正規被覆．

さて，集合 X 上の 2 変数の関数 $d(x, y)$ が，距離関数の条件(p. 31 参照)のうち，“$d(x, y)=0 \Rightarrow x=y$” 以外の条件を満たすとき，**準距離関数**という．

次の定理は，正規列に関する基本定理である．

定理 29.6　$\{\mathcal{U}_n\}$ を X の正規被覆列とすれば，次の条件を満たす X 上の準距離関数 $d(x, y)$ が存在する．

(a)　$y \in \mathrm{St}(x, \mathcal{U}_n) \Longrightarrow d(x, y) < 1/2^{n-2} \qquad (n \in \boldsymbol{N})$,

(b)　$d(x, y) < 1/2^n \Longrightarrow y \in \mathrm{St}(x, \mathcal{U}_n) \qquad (n \in \boldsymbol{N})$.

証明　$z \in X$ とし，t を実数とする．

$$G(z;t) = \begin{cases} \phi, & t<0 \text{ のとき}, \\ X, & t \geqq 1 \text{ のとき}, \end{cases}$$

$$G(z;0) = \{z\}, \qquad G(z;1/2) = \mathrm{St}(z, \mathcal{U}_1)$$

とおく．$0 \leqq k/2^n < 1$ (以下，常に $k=0$ または $k \in \boldsymbol{N}$, $n \in \boldsymbol{N}$) に対して，$G(z;k/2^n)$ が定義されたとき，

$$(1) \qquad G(z;k/2^n+1/2^{n+1}) = \mathrm{St}(G(z;k/2^n), \mathcal{U}_{n+1})$$

とおけば，帰納法により，すべての $k/2^n$ に対し，$G(z;k/2^n)$ がきまる．そうすると，$0 \leqq k/2^n$ に対し，

$$(2) \qquad \mathrm{St}(G(z;k/2^n), \mathcal{U}_n) \subset G(z;(k+1)/2^n)$$

が成り立つ．これを n に関する数学的帰納法によって証明しよう．

$k/2^n=0$ または $k/2^n \geqq 1$ のときは，(2) の成立は定義より明らか．よって，$0<k/2^n<1$ について考えればよい．

まず，$n=1$ のときは，$k=1$ となり，(2) の成立は明らか．

$n \geqq 1$ とし，n のとき成り立つと仮定する．

(i)　$k/2^{n+1}=k'/2^n+1/2^{n+1}$ の場合．(1) と補題29.1の(6)と，正規列の条件を順次に使えば，

$$\begin{aligned} \mathrm{St}(G(z;k/2^{n+1}), \mathcal{U}_{n+1}) &= \mathrm{St}(\mathrm{St}(G(z;k'/2^n), \mathcal{U}_{n+1}), \mathcal{U}_{n+1}) \\ &= \mathrm{St}(G(z;k'/2^n), \mathcal{U}_{n+1}{}^{\Delta}) \subset \mathrm{St}(G(z;k'/2^n), \mathcal{U}_n). \end{aligned}$$

よって，帰納法の仮定を用いると ($0 \leqq k'/2^n$ に注意)，

$$\mathrm{St}(G(z;k'/2^n), \mathcal{U}_n) \subset G(z;(k'+1)/2^n).$$

よって，$(k+1)/2^{n+1}=(k'+1)/2^n$ より，(2) は $n+1$ のときも成り立つ．

(ii)　$k/2^{n+1}=k'/2^n$ の場合．$n+1$ のときの式(2)は，(1)の式よりすぐ出るから，もちろん(2)が成り立つ．

以上により，(2) は証明された．ここで，

$$\varphi_z(x) = \inf\{k/2^n \mid x \in G(z;k/2^n)\}$$

とおく．そうすると，$0 \leqq \varphi_z(x) \leqq 1$，$\varphi_z(z)=0$ が成り立つ．

いま，$t=\varphi_z(x)$，$0 \leqq k/2^n \leqq t < (k+1)/2^n$ とすれば，

$$x \notin G(z\,;(k-1)/2^n), \qquad x \in G(z\,;(k+1)/2^n).$$

よって，$y \in \mathrm{St}(x, \mathcal{U}_n)$ とすると，(2) より

$$y \notin G(z\,;(k-2)/2^n), \qquad y \in G(z\,;(k+2)/2^n).$$

よって，$(k-2)/2^n \leqq \varphi_z(y) \leqq (k+2)/2^n$．したがって，

(3) $$y \in \mathrm{St}(x, \mathcal{U}_n) \Longrightarrow |\varphi_z(x)-\varphi_z(y)| \leqq 3/2^n.$$

次に，

(4) $$d(x, y) = \sup\{|\varphi_z(x)-\varphi_z(y)| \mid z \in X\}$$

とおけば，d が準距離関数であることは定義から明らかである．(3) より，

(5) $$y \in \mathrm{St}(x, \mathcal{U}_n) \Longrightarrow d(x, y) \leqq 3/2^n < 1/2^{n-2}.$$

また，$d(x, y) < 1/2^n$ ならば，$|\varphi_z(x)-\varphi_z(y)| \leqq d(x, y) < 1/2^n$．この式で，$z=x$ とすれば，$\varphi_x(x)=0$ より，$0 \leqq \varphi_x(y) < 1/2^n$．よって，$y \in G(x\,;1/2^n) = \mathrm{St}(x, \mathcal{U}_n)$．∎

補題 29.7 d を X 上の準距離関数とすると，$d(x, y)=0$ のとき，$x \sim y$ と定義して得られる同値関係 $\sim$ による商集合 $X^*=X/\sim$ は，$d^*(\{x\}, \{y\})=d(x, y)$ により距離空間となる．

証明は明らかであろう．

補題 29.8 定理 29.6 の準距離関数 $d(x, y)$ から，補題 29.7 によって作った距離空間 (X^*, d^*) における ε 近傍を $V(t\,;\varepsilon)$ と書く．また，X から X^* への射影を φ とすれば，

(a) $\varphi(\mathrm{St}(x, \mathcal{U}_n)) \subset V(\varphi(x)\,;1/2^{n-2})$，

(b) $\varphi^{-1}(V(t\,;1/2^n)) \subset \mathrm{St}(x, \mathcal{U}_n)$，ただし，$\varphi(x)=t$．

証明は定理 29.6 より明らか．

定理 29.9(Alexandroff-Urysohn-Tukey) T_1 空間 X が距離化可能となるためには，X の各点 x に対し，$\{\mathrm{St}(x, \mathcal{U}_n) \mid n \in N\}$ が近

傍基となるような，X の正規開被覆列 $\{\mathcal{U}_n \mid n \in \boldsymbol{N}\}$ が存在することが必要十分である．

証明　(i)　必要性．X の位相が距離関数 ρ により定められる場合は，例29.2で示したように，$\{\mathcal{U}(1/3^n) \mid n \in \boldsymbol{N}\}$ は X の正規開被覆列である．$\mathrm{St}(x, \mathcal{U}(1/3^n)) \subset U(x\,;2/3^n)$ より，$\{\mathrm{St}(x\,;\mathcal{U}(1/3^n)) \mid n \in \boldsymbol{N}\}$ は x の近傍基である．

(ii)　十分性．定理の条件を満たす $\{\mathcal{U}_n \mid n \in \boldsymbol{N}\}$ に対し，定理29.6の準距離関数 d をつくれば，$x \neq x'$ のとき，$x' \notin \mathrm{St}(x, \mathcal{U}_n)$ となる n があるから，$d(x, x') \geqq 1/2^n > 0$．よって，補題29.8において，φ は恒等写像となり，(a), (b) により X の位相は d の定める位相と一致する．▌

次の定理は，Stone の定理の一般化である．

定理 29.10　X は位相空間，$\mathcal{G}$, $\mathcal{U}_n$ $(n \in \boldsymbol{N})$ は X の開被覆とし，任意の $x \in G$, $G \in \mathcal{G}$ に対して，$\mathrm{St}^5(x, \mathcal{U}_n) \subset G$ を満たす $n \in \boldsymbol{N}$ があるとする．このとき，$\mathcal{H} < \mathcal{G}$ となる X の局所有限開被覆 $\mathcal{H}$ が存在する．

証明　$\mathcal{G} = \{G_\alpha \mid \alpha \in \Omega\}$，$\Omega$ は整列集合 $(\Omega, \leqq)$ としておく．

(6)　$$A_{n\alpha} = \{x \in X \mid \mathrm{St}^5(x, \mathcal{U}_n) \subset G_\alpha\} \qquad (n \in \boldsymbol{N},\ \alpha \in \Omega),$$

(7)　$$B_{n\alpha} = A_{n\alpha} - \bigcup\{G_\beta \mid \beta < \alpha\},$$

(8)　$$B_n = \bigcup\{B_{n\alpha} \mid \alpha \in \Omega\},$$

(9)　$$H_{1\alpha} = \mathrm{St}^2(B_{1\alpha}, \mathcal{U}_1)\,;$$
$$H_{n\alpha} = \mathrm{St}^2(B_{n\alpha}, \mathcal{U}_n) - \bigcup\{\mathrm{Cl}(\mathrm{St}(B_j, \mathcal{U}_j)) \mid j < n\} \qquad (n > 1),$$

(10)　$$\mathcal{H} = \{H_{n\alpha} \mid n \in \boldsymbol{N},\ \alpha \in \Omega\}$$

とおく．$\mathrm{St}^5(B_{n\beta}, \mathcal{U}_n) \subset \mathrm{St}^5(A_{n\beta}, \mathcal{U}_n) \subset G_\beta$ であって，(7) より

(11)　$$\beta < \alpha \Longrightarrow \mathrm{St}^5(B_{n\beta}, \mathcal{U}_n) \cap B_{n\alpha} = \phi.$$

よって，$x \in X$ に対し，$x \in U$, $U \in \mathcal{U}_n$ をとると，

$$U \cap \mathrm{St}^2(B_{n\beta}, \mathcal{U}_n) \neq \phi, \qquad U \cap \mathrm{St}^2(B_{n\alpha}, \mathcal{U}_n) \neq \phi$$

が同時に成り立つことはない．(同時に成り立つと，$\mathrm{St}^3(B_{n\beta}, \mathcal{U}_n) \cap \mathrm{St}^2(B_{n\alpha}, \mathcal{U}_n) \neq \phi$ となり，補題 29.1 の(4)，(5)により，(11)と矛盾する結果となる．) よって，

(12) $\{\mathrm{St}^2(B_{n\alpha}, \mathcal{U}_n) \mid \alpha \in \Omega\}$ は局所有限

である．

さて，$x \in X$ に対し，$x \in G_\alpha$ となる最小の α をとれば，$\mathrm{St}^5(x, \mathcal{U}_n) \subset G_\alpha$ となる $n \in N$ があるから，$x \in B_{n\alpha}$．よって，

(13) $$X = \bigcup\{B_n \mid n \in N\}.$$

次に，$x \in X$ に対し，(13)より，$x \in \mathrm{Cl}(\mathrm{St}(B_n, \mathcal{U}_n))$ となる最小の n をとる．(8)より，$\mathrm{St}(B_n, \mathcal{U}_n) = \bigcup\{\mathrm{St}(B_{n\alpha}, \mathcal{U}_n) \mid \alpha \in \Omega\}$ で，(12)より，$\{\mathrm{St}(B_{n\alpha}, \mathcal{U}_n) \mid \alpha \in \Omega\}$ は局所有限，よって，$x \in \mathrm{Cl}(\mathrm{St}(B_{n\alpha}, \mathcal{U}_n))$ となる $\alpha \in \Omega$ がある．補題 29.1 の(8)より，$x \in \mathrm{St}^2(B_{n\alpha}, \mathcal{U}_n)$．よって，$n=1$ ならば，$x \in H_{1\alpha}$．$n>1$ ならば，$x \in \mathrm{St}^2(B_{n\alpha}, \mathcal{U}_n) - \bigcup\{\mathrm{Cl}(\mathrm{St}(B_j, \mathcal{U}_j)) \mid j<n\} = H_{n\alpha}$．よって，$\mathcal{H}$ は X の開被覆である．一方，(6)，(7)，(9)より，$H_{n\alpha} \subset G_\alpha$．よって，$\mathcal{H} < \mathcal{G}$．

さて，$x \in X$ に対し，(13)より，$x \in B_n$ となる n をとると，$\mathrm{St}(x, \mathcal{U}_n) \subset \mathrm{Cl}(\mathrm{St}(B_n, \mathcal{U}_n))$ となり，(9)より，

$$m > n \Longrightarrow H_{m\alpha} \cap \mathrm{St}(x, \mathcal{U}_n) = \phi$$

であり，(12)より，$\{H_{j\alpha} \mid j=1, \cdots, n\,;\ \alpha \in \Omega\}$ は局所有限だから，$\mathcal{H}$ は局所有限であることがわかる．▌

定理 29.11 (A. H. Stone) 距離空間はパラコンパクトである．

証明 距離空間 (X, ρ) に対し，$\mathcal{U}_n = \mathcal{U}(1/10n)$ とおけば，例 29.1 より，$\mathrm{St}^5(x, \mathcal{U}_n) \subset U(x\,;1/n)$．よって，$\{\mathcal{U}_n \mid n \in N\}$ は，X の任意の開被覆 $\mathcal{G}$ に対し，定理 29.10 の条件を満たす．よって，$\mathcal{G}$ は局所有限の開被覆で細分される．▌

定理 29.12 位相空間 X の開被覆 $\mathcal{G}$ が正規であるための必要十分条件は，距離空間 T と X から T への連続写像 φ と，T の開被覆

$\mathscr{H}$ があって，$\varphi^{-1}(\mathscr{H})<\mathscr{G}$ となることである．

証明　(i)　十分性．定理 29.11，系 29.5 により，定理の $\mathscr{H}$ は正規である．よって，$\varphi^{-1}(\mathscr{H})$ も正規であり(問3参照)，したがって，$\mathscr{G}$ も正規である．

(ii)　必要性．$\mathscr{G}$ が正規であれば，$\mathscr{U}_1<\mathscr{G}$ を満たす X の正規開被覆列 $\{\mathscr{U}_n \mid \boldsymbol{n} \in \boldsymbol{N}\}$ がある．$\{\mathscr{U}_n \mid \boldsymbol{n} \in \boldsymbol{N}\}$ に対し，補題 29.8 の距離空間 $(X^*, \boldsymbol{d}^*)$ を考えれば，$\mathscr{H}=\{V(t\,;1/2^2) \mid t \in X^*\}$ とおくと，補題 29.8(b) より，$\varphi^{-1}(\mathscr{H})<\mathscr{U}_2{}^{\Delta}<\mathscr{U}_1<\mathscr{G}$．▌

定理 29.13(A. H. Stone)　T_2 空間 X がパラコンパクトとなるための必要十分条件は，X の任意の開被覆が正規となることである．

証明　(i)　必要性．系 29.5 による．

(ii)　十分性．X の任意の開被覆 $\mathscr{G}$ に対し，定理 29.12 の開被覆 $\mathscr{H}$ をとれば，定理 29.11 により，T の局所有限開被覆 $\mathscr{K}$ で，$\mathscr{K}<\mathscr{H}$ となるものがある．このとき，$\varphi^{-1}(\mathscr{K})$ も局所有限で，$\varphi^{-1}(\mathscr{K})<\varphi^{-1}(\mathscr{H})<\mathscr{G}$．よって，$X$ はパラコンパクトである．▌

定理 29.14　T_1 空間 X が正規となるための必要十分条件は，X の任意の有限開被覆が正規となることである．

証明　(i)　必要性．系 29.5 による．

(ii)　十分性．X の任意の有限開被覆 $\mathscr{G}$ に対し，上の定理の証明で，さらに $\mathscr{K}$ を，$\mathrm{Cl}\,\mathscr{K}<\mathscr{H}$ となるようにとれば，$\varphi^{-1}(\mathrm{Cl}\,\mathscr{K})<\mathscr{G}$．よって，補題 28.4 より，$X$ は正規である．▌

さて，距離化定理としては，上述の定理 29.9 のほかに多くのものがあるが，ここでは次の定理を述べておこう．

定理 29.15(長田潤一–Yu. M. Smirnov)　正則空間 X が距離化可能となるための必要十分条件は，X が σ 局所有限の開基をもつことである．

定理 29.16　T_1 空間 X が距離化可能となるためには，X の各点

x に対し，$\{\mathrm{St}(\mathrm{St}(x, \mathcal{U}_i), \mathcal{U}_j) \mid i, j \in \boldsymbol{N}\}$ が x の近傍基となるような，X の開被覆の列 $\{\mathcal{U}_i \mid i \in \boldsymbol{N}\}$ が存在することが必要十分である．——

ここで，集合族が局所有限の部分族の可算和となるとき，**σ 局所有限**という．定理 29.15 は Urysohn の定理 20.4 の拡張である．

証明　ここでは，両定理を一括して証明しよう．

(i)　X を距離空間とする．例 29.1 の被覆 $\mathcal{U}(1/n)$ に対し，定理 29.11 により，$\mathcal{V}_n < \mathcal{U}(1/n)$ となる局所有限開被覆 $\mathcal{V}_n$ をとると，$\mathcal{V} = \bigcup \mathcal{V}_n$ は X の σ 局所有限な開基である．よって，定理 29.15 の条件が成り立つ．

(ii)　$\mathcal{V} = \bigcup \mathcal{V}_i$ は X の開基で，各 $\mathcal{V}_i$ は局所有限とし，$\mathcal{V}_i = \{V_{i\alpha} \mid \alpha \in \Omega_i\}$ とする．各 $i, j \in \boldsymbol{N}$, $\alpha \in \Omega_i$ に対し，

$$F_{i\alpha, j} = \bigcup \{\mathrm{Cl}\, V \mid V \in \mathcal{V}_j,\ \mathrm{Cl}\, V \subset V_{i\alpha}\}$$

とおく．$\mathcal{V}_j$ は局所有限だから，補題 28.1 により，$F_{i\alpha, j}$ は閉集合で，$F_{i\alpha, j} \subset V_{i\alpha}$ $(\alpha \in \Omega_i)$．これに対し，補題 29.2 の結論を満たす X の開被覆 $\mathcal{M}_{ij}$ をつくる．$x \in X$ の任意の近傍 U に対し，X の正則性と $\mathcal{V}$ が開基であることより，

$$x \in V_{i\alpha} \subset U,\ \alpha \in \Omega_i; \quad x \in V_{j\beta},\ \mathrm{Cl}\, V_{j\beta} \subset V_{i\alpha},\ \beta \in \Omega_j;$$
$$x \in V_{k\gamma},\ \mathrm{Cl}\, V_{k\gamma} \subset V_{j\beta},\ \gamma \in \Omega_k$$

を満たす i, α ; j, β ; k, γ がある．$\mathcal{M}_{ij}$, $\mathcal{M}_{jk}$ の性質より，

$$\mathrm{St}(\mathrm{St}(x, \mathcal{M}_{jk}), \mathcal{M}_{ij}) \subset \mathrm{St}(\mathrm{St}(F_{j\beta, k}, \mathcal{M}_{jk}), \mathcal{M}_{ij})$$
$$\subset \mathrm{St}(V_{j\beta}, \mathcal{M}_{ij}) \subset \mathrm{St}(F_{i\alpha, j}, \mathcal{M}_{ij}) \subset V_{i\alpha} \subset U.$$

よって，$\{\mathcal{M}_{ij} \mid i, j \in \boldsymbol{N}\}$ は，定理 29.16 の条件を満たす．

(iii)　定理 29.16 の条件が成り立つとする．$\mathcal{V}_i = \bigwedge_{j=1}^{i} \mathcal{U}_j$ とおけば，仮定より，$\{\mathrm{St}^2(x, \mathcal{V}_i) \mid i \in \boldsymbol{N}\}$ は x の近傍基である．$\mathrm{St}(x, \mathcal{V}_i)$ に対し，$\mathrm{St}^2(x, \mathcal{V}_k) \subset \mathrm{St}(x, \mathcal{V}_i)$ となる k があるから，$\{\mathrm{St}^3(x, \mathcal{V}_i) \mid i \in \boldsymbol{N}\}$ も x の近傍基となり，同様に，$\{\mathrm{St}^5(x, \mathcal{V}_i) \mid i \in \boldsymbol{N}\}$ も x の近傍基となる．よって，定理 29.10 により，X はパラコンパクトであ

る．また，$x' \notin \mathrm{St}^2(x, \mathscr{V}_i) \Rightarrow \mathrm{St}(x, \mathscr{V}_i) \cap \mathrm{St}(x', \mathscr{V}_i) = \phi$．よって，$X$ は T_2 であることがわかるから，定理 29.13 により，

$$\mathscr{W}_1 = \mathscr{V}_1; \quad \mathscr{W}_n{}^* < \mathscr{V}_n, \quad \mathscr{W}_n{}^* < \mathscr{W}_{n-1}, \quad n = 2, 3, \cdots$$

を満たすように，X の正規開被覆列 $\{\mathscr{W}_n \mid n \in \boldsymbol{N}\}$ を定めることができる．このとき，$\{\mathrm{St}(x, \mathscr{W}_n) \mid n \in \boldsymbol{N}\}$ は x の近傍基となり，定理 29.9 より，X は距離化可能である．▌

§30　一様位相空間

定義 30.1　T_1 空間 X の開被覆の集合 $\Phi = \{\mathscr{U}_\alpha \mid \alpha \in \Omega\}$ が

(i)　$\alpha, \beta \in \Omega$ に対し，$\mathscr{U}_\gamma < \mathscr{U}_\alpha$, $\mathscr{U}_\gamma < \mathscr{U}_\beta$ を満たす $\gamma \in \Omega$ が存在する．

(ii)　$\alpha \in \Omega$ に対し，$\mathscr{U}_\beta{}^* < \mathscr{U}_\alpha$ となる $\beta \in \Omega$ が存在する．

(iii)　$\{\mathrm{St}(x, \mathscr{U}_\alpha) \mid \alpha \in \Omega\}$ は各 $x \in X$ の近傍基である．

を満たすとき，Φ を**一様被覆系**といい，(X, Φ) を**一様位相空間**という．

条件(ii)により，Φ に属する被覆はすべて正規である．

例 30.1　距離空間 (X, ρ) において，$\mathscr{U}(1/n) = \{U(x\,; 1/n) \mid x \in X\}$ とおくとき，$\{\mathscr{U}(1/n) \mid n \in \boldsymbol{N}\}$ は一様被覆系である(例 29.1)．——

$(X, \Phi), (Y, \Psi)$ を一様位相空間とするとき，写像 $f: X \to Y$ が条件
“任意の $\mathscr{V} \in \Psi$ に対し，$\mathscr{U} < f^{-1}(\mathscr{V})$ を満たす $\mathscr{U} \in \Phi$ が存在する”
を満たすとき，**一様連続**という．

例 30.2　距離空間の一様連続写像は，例 30.1 により，一様位相空間としての一様連続写像となる．——

写像 $f: X \to Y$ は，一様連続なら連続である．f が全単射で，f, f^{-1} ともに一様連続のとき，f は**一様位相写像**という．

X の 2 つの一様被覆系 Φ, Ψ があって，これらの一様被覆系により定まる 2 つの一様位相空間の間の恒等写像 1_X が一様位相写像と

なるとき，Φ と Ψ は同値という．

定義 30.2 T_1 空間 X において，1つの添字集合 Ω の各元 α に対し，X の各点 x の近傍 $U_\alpha(x)$ が定められ，条件

(i)′ 任意の $\alpha, \beta \in \Omega$ に対し，X の各点 x において，

$$U_\gamma(x) \subset U_\alpha(x) \cap U_\beta(x)$$

が成り立つような，$\gamma \in \Omega$ が存在する．

(ii)′ 任意の $\alpha \in \Omega$ に対し，

$$x \in U_\beta(z),\ \ y \in U_\beta(z) \Longrightarrow y \in U_\alpha(x)$$

が成り立つような，$\beta \in \Omega$ が存在する．

(iii)′ $\{U_\alpha(x) \mid \alpha \in \Omega\}$ は，各点 x において近傍基である．

を満たすとき，$\{U_\alpha(x) \mid \alpha \in \Omega,\ x \in X\}$ を X の**一様近傍系**という．

例 30.3 距離空間(X, ρ)において，$\{U(x\,;1/n) \mid n \in \boldsymbol{N}, x \in X\}$ は，X の一様近傍系である．

例 30.4 G を位相群とする．$\{U_\alpha \mid \alpha \in \Omega\}$ を G の単位元 e の近傍基とし，$x \in G$ に対し，$U_\alpha(x) = xU_\alpha = \{xy \mid y \in U_\alpha\}$ とおくと，$\{U_\alpha(x) \mid \alpha \in \Omega,\ x \in G\}$ は，G の一様近傍系をなす．——

距離空間の1つの特徴は，異なる2点 x, y に対し，点 x' が点 x に近い程度と点 y' が点 y に近い程度が距離関数という同一の尺度によって比較できることである．一般の位相空間においては，このようなことはできないが，距離空間の場合と同様なことを，何らかの方法でできないものかというのが，一様位相空間の概念の起源であり，A. Weil が上述の一様近傍系を用いて，始めてこれを論じた(1937)．一様被覆系を用いて論じたのは J. W. Tukey である(1940)．実際，次の2定理により，一様位相空間は一様被覆系，一様近傍系それぞれの立場から考察できることがわかる．

定理 30.1 X の一様近傍系 $\{U_\alpha(x) \mid \alpha \in \Omega,\ x \in X\}$ に対し，$\mathcal{U}_\alpha = \{U_\alpha(x) \mid x \in X\}$ とおけば，$\{\mathcal{U}_\alpha \mid \alpha \in \Omega\}$ は，X の一様被覆系をなす．

証明　(i)の成立は(i)′より明らか．次に，$\alpha\in\Omega$ に対し，(ii)′で定まる β をとると，$y\in \mathrm{St}(x,\mathcal{U}_\beta)$ なら，$x,y\in U_\beta(z)$ となる $z\in X$ があるから，(ii)′より，$y\in U_\alpha(x)$．よって，$\mathrm{St}(x,\mathcal{U}_\beta)\subset U_\alpha(x)$ となるから，(iii)が成立し，かつ $\mathcal{U}_\beta{}^\Delta<\mathcal{U}_\alpha$．さらに，$\mathcal{U}_\gamma{}^\Delta<\mathcal{U}_\beta$ とすれば，補題29.1,(7)より，$\mathcal{U}_\gamma{}^*<\mathcal{U}_\alpha$．よって，(ii)も成り立つ．∎

定理 30.2　$\Phi=\{\mathcal{U}_\alpha\mid\alpha\in\Omega\}$ を X の一様被覆系とすれば，$\{\mathrm{St}(x,\mathcal{U}_\alpha)\mid\alpha\in\Omega,\ x\in X\}$ は X の一様近傍系をなし，$\mathcal{V}_\alpha=\{\mathrm{St}(x,\mathcal{U}_\alpha)\mid x\in X\}$ とおけば，一様被覆系 $\{\mathcal{V}_\alpha\mid\alpha\in\Omega\}$ は Φ と同値である．

証明　(i)′, (iii)′の成立は，(i), (iii)より明らか．$\alpha\in\Omega$ に対し，(ii)で定まる β をとると，$x,y\in\mathrm{St}(z,\mathcal{U}_\beta)$ ならば，

$$y\in\mathrm{St}(\mathrm{St}(x,\mathcal{U}_\beta),\mathcal{U}_\beta)=\mathrm{St}(x,\mathcal{U}_\beta{}^\Delta)\subset\mathrm{St}(x,\mathcal{U}_\beta{}^*)\subset\mathrm{St}(x,\mathcal{U}_\alpha)$$

より，(ii)′が成り立つ．また，

$$\mathcal{V}_\beta=\mathcal{U}_\beta{}^\Delta<\mathcal{U}_\beta{}^*<\mathcal{U}_\alpha,\qquad \mathcal{U}_\alpha<\mathcal{U}_\alpha{}^\Delta=\mathcal{V}_\alpha$$

となるから，後半の同値性も成り立つ．∎

以下，一様被覆系により一様位相空間について述べることにする．位相的性質は被覆に反映することが多いからである．

また，空間は，断わらない限り，T_1 空間であるとする．

補題 30.3　X が一様被覆系 $\Phi=\{\mathcal{U}_\alpha\mid\alpha\in\Omega\}$ をもつとき，X の部分空間 Y に対し，$\mathcal{V}_\alpha=\{U\cap Y\mid U\in\mathcal{U}_\alpha\}$ とおくとき，$\Phi'=\{\mathcal{V}_\alpha\mid\alpha\in\Omega\}$ は，Y の一様被覆系である．

証明は明らかである．このとき，(Y,Φ') を (X,Φ) の**一様部分空間**という．

補題 30.4　X がパラコンパクト T_2 空間ならば，X の開被覆の全体は，X の一様被覆系である．

証明　系29.5により，X の開被覆はすべて正規であるから，定義30.1の(ii)が成り立つ．$x\in X$ で，U を x の近傍とすると，$\mathcal{V}=\{X-\{x\},U\}$ は X の開被覆で，$\mathrm{St}(x,\mathcal{V})\subset U$．よって，(iii)も成

り立つ. ▌

補題 30.5 $\mathcal{U}$ を X の正規開被覆とし, $A \subset X$ とすると,

$$x \in A \Longrightarrow h(x)=0; \quad x \in X-\mathrm{St}(A, \mathcal{U}) \Longrightarrow h(x)=1$$

を満たす連続関数 $h: X \to I$ が存在する.

証明 $\mathcal{U}$ に対し, 定理 29.12 の $\varphi: X \to T$, $\mathcal{H}$ をとる. $\mathrm{Cl}\,\varphi(A) \subset \mathrm{St}(\varphi(A), \mathcal{H})$ で, T は正規だから, 連続関数 $f: T \to I$ で

$$t \in \mathrm{Cl}\,\varphi(A) \Longrightarrow f(t)=0, \quad t \in T-\mathrm{St}(\varphi(A), \mathcal{H}) \Longrightarrow f(t)=1$$

となるものがある. $\varphi^{-1}(\mathcal{H}) < \mathcal{U}$ より, $\varphi^{-1}(\mathrm{St}(\varphi(A), \mathcal{H})) = \mathrm{St}(A, \varphi^{-1}(\mathcal{H})) \subset \mathrm{St}(A, \mathcal{U})$. よって, $h = f \circ \varphi$ が求める連続関数となる. ▌

定理 30.6 完全正則空間において正規開被覆の全体は一様被覆系をなす. 逆に, T_1 空間 X が一様被覆系をもてば, X は完全正則である.

証明 X を完全正則空間とすれば, X のコンパクト化 $\beta(X)$ があるから, 補題 30.3, 30.4 より, X は一様被覆系 Φ をもつ. Φ の各開被覆は正規だから, X の正規開被覆の全体も一様被覆系をなす. 後半は補題 30.5 より明らか. ▌

一様位相空間に対しては, 距離空間に対するのと同様な理論が展開される.

定義 30.3 一様被覆系 $\Phi = \{\mathcal{U}_\alpha \mid \alpha \in \Omega\}$ をもつ一様位相空間 X において, フィルター基底 $\mathcal{F}$ が(Φ に関する)**Cauchy フィルター基底**とは, 任意の $\alpha \in \Omega$ に対し, $F \subset U$ を満たす $F \in \mathcal{F}$, $U \in \mathcal{U}_\alpha$ が存在することをいう.

収束するフィルター基底は Cauchy であるが, 逆は一般に成立しない. 任意の Cauchy フィルター基底が X のある点に収束するとき, X は(Φ に関して)**完備**であるという.

例 30.5 距離空間 (X, ρ) における点列 $\{x_n\}$ に対し, $\mathcal{F} = \{F_n \mid n \in \boldsymbol{N}\}$ $(F_n = \{x_i \mid i \geqq n\})$ はフィルター基底であって,

$\{x_n\}$ は Cauchy 点列 $\Longleftrightarrow$ $\mathcal{F}$ は一様被覆系 $\{\mathcal{U}_n \mid n \in \boldsymbol{N}\}$ に関して Cauchy．ただし，$\mathcal{U}_n = \{U(x\,;1/n) \mid x \in X\}$

となるから，

(X, ρ) が完備距離空間 $\Longleftrightarrow$ X は $\{\mathcal{U}_n \mid n \in \boldsymbol{N}\}$ に関し完備

が成り立つ．よって，一様位相空間の完備性は距離空間の場合の拡張である．

補題 30.7　$\mathcal{F}$ は (X, Φ) の Cauchy フィルター基底とする．

(a)　$\mathcal{U} \in \Phi$ に対し，$\mathrm{St}(F, \mathcal{V}) \subset U$ となる $F \in \mathcal{F}$，$\mathcal{V} \in \Phi$，$U \in \mathcal{U}$ がある．

(b)　$\bigcap\{\mathrm{Cl}\,F \mid F \in \mathcal{F}\} \neq \phi$ ならば，$\mathcal{F}$ は1点に収束する．

証明　(a)　$\mathcal{V}^* < \mathcal{U}$, $\mathcal{V} \in \Phi$ とし，$\mathcal{F}$ が Cauchy なることより，$F \subset V$ となる $F \in \mathcal{F}$，$V \in \mathcal{V}$ をとる．$\mathrm{St}(V, \mathcal{V}) \subset U$ となる $U \in \mathcal{U}$ に対し，$\mathrm{St}(F, \mathcal{V}) \subset \mathrm{St}(V, \mathcal{V}) \subset U$.

(b)　$x_0 \in \bigcap\{\mathrm{Cl}\,F \mid F \in \mathcal{F}\}$，$\mathcal{U} \in \Phi$ とする．(a) より，$\mathrm{St}(F, \mathcal{V}) \subset U$, $U \in \mathcal{U}$ とすると，$x_0 \in \mathrm{Cl}\,F \subset \mathrm{St}(F, \mathcal{V}) \subset U$. よって，$F \subset U \subset \mathrm{St}(x_0, \mathcal{U})$ で，$\{\mathrm{St}(x, \mathcal{U}) \mid \mathcal{U} \in \Phi\}$ は x_0 の近傍基だから，$\mathcal{F}$ は x_0 に収束する．▌

定理 30.8　パラコンパクト T_2 空間は正規開被覆の全体からなる一様被覆系に関し完備である．

証明　X をパラコンパクト T_2 空間，$\mathcal{F}$ を Cauchy フィルター基底とする．$\bigcap\{\mathrm{Cl}\,F \mid F \in \mathcal{F}\} = \phi$ とすると，$\mathcal{G} = \{X - \mathrm{Cl}\,F \mid F \in \mathcal{F}\}$ は開被覆であって，仮定より $\mathcal{G}$ は正規である．$\mathcal{F}$ は Cauchy であるから，$F \subset G$ を満たす $F \in \mathcal{F}$, $G \in \mathcal{G}$ がある．$G = X - \mathrm{Cl}\,F'$, $F' \in \mathcal{F}$ とすると，$F \cap F' = \phi$ となり，$\mathcal{F}$ がフィルター基底であることに矛盾する．よって，$\bigcap\{\mathrm{Cl}\,F \mid F \in \mathcal{F}\} \neq \phi$ となるから補題 30.7 より，$\mathcal{F}$ は X の1点に収束する．▌

完全正則空間がある一様被覆系に関し完備となるとき，**位相完備**

または**Dieudonné 完備**という．例 30.5 より，完備距離空間は位相完備であるが，定理 30.8 より，パラコンパクト T_2 空間も位相完備となるから，一般の距離空間も位相完備である．

定理 30.9　(X, Φ), (Y, Ψ) を完備な一様位相空間，A は X で稠密な集合とする．$f: A \to Y$ を一様部分空間 A から Y への一様連続写像とすると，f は一様連続写像 $\varphi: X \to Y$ にただ1通りに拡張される．

証明　Φ' を補題 30.3 で定めた A の一様被覆系とする．$x \in X$ に対し，$x \in \mathrm{Cl}\, A$ より，x に収束する A のフィルター基底 $\mathscr{F}$ がある．$\mathscr{F}$ は Φ' に関し Cauchy となるから，f の一様連続性より，$f(\mathscr{F}) = \{f(F) \mid F \in \mathscr{F}\}$ は Y の Cauchy フィルター基底となる．よって，Y の完備性より $f(\mathscr{F})$ は1点 $y \in Y$ に収束する．f は一様連続であるから，$\mathscr{V} \in \Psi$ に対し

$$(1) \qquad \mathscr{U}' < f^{-1}(\mathscr{W}), \qquad \mathscr{W}^* < \mathscr{V}$$

となる $\mathscr{W} \in \Psi$, $\mathscr{U}' \in \Phi'$ がある．$\mathscr{U}' = \{U \cap A \mid U \in \mathscr{U}\}$, $\mathscr{U} \in \Phi$ とする．いま，A のフィルター基底 $\mathscr{F}'$ が $x' \in X$ に収束するとし，$x, x' \in U$, $U \in \mathscr{U}$ とすれば，$F \subset U$, $F' \subset U$ を満たす $F \in \mathscr{F}$, $F' \in \mathscr{F}'$ がある．(1) より，次の (1)′ を満たす $W \in \mathscr{W}$, $V \in \mathscr{V}$ があり，(2) が成り立つ．

$$(1)' \qquad U \cap A \subset f^{-1}(W), \qquad \mathrm{St}(W, \mathscr{W}) \subset V,$$

$$(2) \quad y \in \mathrm{Cl}\, f(F) \subset \mathrm{Cl}\, W \subset \mathrm{St}(W, \mathscr{W}) \subset V, \qquad \mathrm{Cl}\, f(F') \subset V.$$

(i)　特に，$x = x'$ とすれば，(2) より，$f(F') \subset V \subset \mathrm{St}(y, \mathscr{V})$ で，$\{\mathrm{St}(y, \mathscr{V}) \mid \mathscr{V} \in \Psi\}$ は y の近傍基であるから，$f(\mathscr{F}')$ は y に収束する．よって，$\varphi(x) = y$ とおけば，$\varphi(x)$ は x に収束する A のフィルター基底のとり方によらず確定し，$\varphi \mid A = f$ となる．

(ii)　一方，$y = \varphi(x)$, $x \in U$ および (2) より，$\varphi(U) \subset V$．よって，$\mathscr{U} < \varphi^{-1}(\mathscr{V})$ となるから，φ は一様連続である．また定理 18.10 より，φ はただ1通りに定まる．∎

以下，(X, Φ) を一様位相空間，$\Phi = \{\mathscr{U}_\alpha \mid \alpha \in \Omega\}$ とする．

$\mathscr{F}, \mathscr{K}$ は Cauchy フィルター基底とする．任意の $F \in \mathscr{F}$, $\alpha \in \Omega$ に対し，$\mathrm{St}(K, \mathscr{U}_\beta) \subset \mathrm{St}(F, \mathscr{U}_\alpha)$ を満たす $K \in \mathscr{K}$, $\beta \in \Omega$ があるとき，$\mathscr{F} \sim \mathscr{K}$ と書き，$\mathscr{F}$ は $\mathscr{K}$ に同値という．

補題 30.10 $\sim$ は同値関係である．

証明 反射律，推移律は明らかだから，対称律だけを証明する．$\mathscr{F} \sim \mathscr{K}$ とし，$K \in \mathscr{K}$, $\alpha \in \Omega$ とする．前補題より，$\mathrm{St}(F, \mathscr{U}_\beta) \subset U$ となる $F \in \mathscr{F}$, $\beta \in \Omega$, $U \in \mathscr{U}_\alpha$ がある．$\mathscr{F} \sim \mathscr{K}$ より，$\mathrm{St}(K_0, \mathscr{U}_\gamma) \subset \mathrm{St}(F, \mathscr{U}_\beta)$ を満たす $K_0 \in \mathscr{K}$, $\gamma \in \Omega$ がある．$K \cap K_0 \neq \phi$, $K \cap K_0 \subset U$ より，$\mathrm{St}(F, \mathscr{U}_\beta) \subset U \subset \mathrm{St}(K, \mathscr{U}_\alpha)$．よって，$\mathscr{K} \sim \mathscr{F}$．▌

補題 30.11 Cauchy フィルター基底 $\mathscr{F}, \mathscr{K}$ に対し，

(a) $\mathscr{F} \sim \mathscr{K} \Longrightarrow \bigcap\{\mathrm{Cl}\, F \mid F \in \mathscr{F}\} = \bigcap\{\mathrm{Cl}\, K \mid K \in \mathscr{K}\}$.

(b) $\{\mathrm{St}(F, \mathscr{U}_\alpha) \mid F \in \mathscr{F},\ \alpha \in \Omega\}$ は Cauchy フィルター基底で，$\mathscr{F}$ と同値である．

証明 (a) $\{\mathrm{St}(x, \mathscr{U}_\alpha) \mid \alpha \in \Omega\}$ は点 x の近傍基であるから，$X \supset A$ に対し，$\mathrm{Cl}\, A = \bigcap\{\mathrm{St}(A, \mathscr{U}_\alpha) \mid \alpha \in \Omega\}$．よって，

$$\begin{aligned}\bigcap\{\mathrm{Cl}\, F \mid F \in \mathscr{F}\} &= \bigcap\{\mathrm{St}(F, \mathscr{U}_\alpha) \mid F \in \mathscr{F},\ \alpha \in \Omega\} \\ &= \bigcap\{\mathrm{St}(K, \mathscr{U}_\beta) \mid K \in \mathscr{K},\ \beta \in \Omega\} = \bigcap\{\mathrm{Cl}\, K \mid K \in \mathscr{K}\}.\end{aligned}$$

(b) $F, F' \in \mathscr{F}$, $\alpha, \beta \in \Omega$ に対し，$F'' \subset F \cap F'$, $\mathscr{U}_\gamma < \mathscr{U}_\alpha \wedge \mathscr{U}_\beta$ となる $F'' \in \mathscr{F}$, $\gamma \in \Omega$ があるから，$\mathscr{F}' = \{\mathrm{St}(F, \mathscr{U}_\alpha) \mid F \in \mathscr{F}, \alpha \in \Omega\}$ はフィルター基底で，補題 30.7 より，Cauchy．また，$\mathscr{U}_\beta{}^* < \mathscr{U}_\alpha$ とすると，$\mathrm{St}(\mathrm{St}(F, \mathscr{U}_\beta), \mathscr{U}_\beta) = \mathrm{St}(F, \mathscr{U}_\beta{}^\Delta) \subset \mathrm{St}(F, \mathscr{U}_\alpha)$．よって，$\mathscr{F}' \sim \mathscr{F}$．▌

さて，X のどの点にも収束しない Cauchy フィルター基底の全体を同値関係 $\sim$ で類別してできる同値類の全体を C とし，$\nu(X) = X \cup C$ とおく．Cauchy フィルター基底 $\mathscr{F}$ の属する同値類を $\{\mathscr{F}\}$ で表わし，X の開集合 G に対し，

(3) $\nu(G) = G \cup \{\{\mathscr{F}\} \in C \mid \mathrm{St}(F, \mathscr{U}_\alpha) \subset G$ となる $F \in \mathscr{F},\ \alpha \in \Omega$ がある$\}$

とおく．$\mathscr{F}\sim\mathscr{K}$ であって，$\mathscr{F}$ が (3) の { } 内の条件を満たせば，$\mathscr{K}$ も満たすから，$\nu(G)$ は $\{\mathscr{F}\}$ の代表元 $\mathscr{F}$ のとり方に関係なく確定する．G, H を X の開集合とすると，

(4) $$\nu(G)\cap X = G, \qquad \nu(\phi)=\phi,$$

(5) $$\nu(G\cap H)=\nu(G)\cap\nu(H)\,; \qquad G\subset H\Longrightarrow \nu(G)\subset\nu(H)$$

が成り立つ．よって，集合族 $\{\nu(G)\,|\,G$ は X の開集合$\}$ を開基とする位相が $\nu(X)$ に導入できる．この位相空間 $\nu(X)$ において，(4) より，X は $\nu(X)$ の稠密な部分空間となり，

$$\nu(\mathcal{U}_\alpha)=\{\nu(U)\,|\,U\in\mathcal{U}_\alpha\}$$

とおくと，補題 30.7 の (a) から，$\nu(\mathcal{U}_\alpha)$ は $\nu(X)$ の開被覆となることがわかる．(5) より，

(6) $$\mathrm{St}(H,\mathcal{U}_\beta)\subset G\Longrightarrow \mathrm{St}(\nu(H),\nu(\mathcal{U}_\beta))\subset\nu(G),$$

(7) $$\mathcal{U}_\beta<\mathcal{U}_\alpha\Longrightarrow \nu(\mathcal{U}_\beta)<\nu(\mathcal{U}_\alpha)$$

となるが，(6) より，

(8) $$\mathcal{U}_\beta{}^*<\mathcal{U}_\alpha\Longrightarrow \nu(\mathcal{U}_\beta)^*<\nu(\mathcal{U}_\alpha)$$

となる．次に，$\{\mathscr{F}\}\in C$, $F\in\mathscr{F}$ とするとき，

(9) $$\mathrm{St}(F,\mathcal{U}_\alpha)\subset G\Longrightarrow \mathrm{St}(\{\mathscr{F}\},\nu(\mathcal{U}_\alpha))\subset\nu(G)$$

を示そう．$\{\mathscr{F}\},\{\mathscr{K}\}\in\nu(U)$，$U\in\mathcal{U}_\alpha$ とすると，$\mathrm{St}(F_0,\mathcal{U}_\beta)\subset U$，$\mathrm{St}(K_0,\mathcal{U}_\gamma)\subset U$ となる $F_0\in\mathscr{F}$，$K_0\in\mathscr{K}$，$\beta,\gamma\in\Omega$ があるが，$F\cap F_0\neq\phi$ より，$U\subset\mathrm{St}(F,\mathcal{U}_\alpha)$．よって

(10) $$\mathrm{St}(K_0,\mathcal{U}_\gamma)\subset U\subset\mathrm{St}(F,\mathcal{U}_\alpha).$$

よって，(9) の仮定より，$\{\mathscr{K}\}\in\nu(G)$．また，$y\in\nu(U)\cap X$ なら，(4), (10) より，$y\in G\subset\nu(G)$．よって，(9) が成り立つ．

(11) $$x\in X,\ \mathrm{St}(x,\mathcal{U}_\alpha)\subset G\Longrightarrow \mathrm{St}(x,\nu(\mathcal{U}_\alpha))\subset\nu(G)$$

は明らかに成り立つから，(9) とあわせて，$\nu(X)$ の各点 z に対し，$\{\mathrm{St}(z,\nu(\mathcal{U}_\alpha))\,|\,\alpha\in\Omega\}$ は z の近傍基をなす．よって，

補題 30.12　$\nu(\Phi)=\{\nu(\mathcal{U}_\alpha)\,|\,\alpha\in\Omega\}$ は $\nu(X)$ の一様被覆系である．

ここで，上の(10)より，

$$\{\mathscr{K}\} \in \bigcap \{\mathrm{St}(\{\mathscr{F}\}, \nu(\mathscr{U}_\alpha)) \mid \alpha \in \Omega\} \Longrightarrow \mathscr{F} \sim \mathscr{K}$$

となるから，$\nu(X)-X$ の各点は閉集合である．また，$x \in X$, $\{\mathscr{K}\} \in \nu(X)-X$, $x \in \bigcap \{\mathrm{St}(\{\mathscr{K}\}, \nu(\mathscr{U}_\alpha)) \mid \alpha \in \Omega\}$ とすると，$\{\mathscr{K}\} \in \mathrm{St}(x, \nu(\mathscr{U}_\alpha))$ であって，$x \in U \in \mathscr{U}_\alpha$ に対し，$\mathrm{St}(K_0, \mathscr{U}_\beta) \subset U \subset \mathrm{St}(x, \mathscr{U}_\alpha)$ となる $K_0 \in \mathscr{K}$, $\beta \in \Omega$ がある．よって，$\mathscr{K}$ は x に収束することになる．よって，X の各点も $\nu(X)$ で閉集合．すなわち，$\nu(X)$ は T_1 空間である．

補題 30.13　$\nu(X)$ は完備である．

証明　(i)　$\{\mathscr{F}\} \in C$ とすると，各 $\alpha \in \Omega$ に対し，$\mathrm{St}(F_0, \mathscr{U}_\beta) \subset U$ となる $F_0 \in \mathscr{F}$, $\beta \in \Omega$, $U \in \mathscr{U}_\alpha$ がある．$F \in \mathscr{F}$ に対し，$F \cap F_0 \neq \phi$ より，$F \cap U \neq \phi$．よって，$F \cap \mathrm{St}(\{\mathscr{F}\}, \nu(\mathscr{U}_\alpha)) \neq \phi$．すなわち，$\{\mathscr{F}\} \in \bigcap \{\mathrm{Cl}_{\nu(X)} F \mid F \in \mathscr{F}\}$．

(ii)　$\mathscr{M}$ を $\nu(X)$ の任意の Cauchy フィルター基底とすると，$\mathscr{M}' = \{\mathrm{St}(M, \nu(\mathscr{U}_\alpha)) \mid M \in \mathscr{M},\ \alpha \in \Omega\}$ は，補題 30.11 により，$\mathscr{M}$ と同値な Cauchy フィルター基底であり，$\mathrm{St}(M, \nu(\mathscr{U}_\alpha))$ は $\nu(X)$ の開集合だから，$\mathscr{M}_0 = \{X \cap M' \mid M' \in \mathscr{M}'\}$ も $\mathscr{M}'$ と同値な Cauchy フィルター基底である．(i)により，$\bigcap \{\mathrm{Cl}_{\nu(X)} M \mid M \in \mathscr{M}_0\} \neq \phi$．よって，補題 30.7, 30.10 より，$\mathscr{M}$ は $\nu(X)$ の 1 点に収束する．▌

以上をまとめると次の定理が得られる．

定理 30.14　一様被覆系 $\Phi = \{\mathscr{U}_\alpha \mid \alpha \in \Omega\}$ をもつ一様位相空間 X に対し，次の性質をもつ一様位相空間 $\nu(X)$ が存在する．

(a)　X は $\nu(X)$ の稠密な部分空間である．

(b)　$\nu(X)$ は一様被覆系 $\nu(\Phi) = \{\mathscr{V}_\alpha \mid \alpha \in \Omega\}$ をもち，$\mathscr{U}_\alpha = \{V \cap X \mid V \in \mathscr{V}_\alpha\}$ が成り立つ．

(c)　$(\nu(X), \nu(\Phi))$ は完備である．

さらに，このような性質をもつ一様位相空間 (Y, Ψ) が他にあれば，

Xの点を動かさないような, $\nu(X)$からYへの一様位相写像が存在する. $\nu(X)$をXの**完備化**という.

証明 このとき, 包含写像$i: X\to Y$, $j: X\to\nu(X)$は一様連続となる. 定理30.9より, i, jは一様連続写像$\varphi: \nu(X)\to Y$, $\psi: Y\to\nu(X)$に拡張される. $\varphi\circ\psi$は, X上でY上の恒等写像と一致するから, $\varphi\circ\psi=1_Y$. 同様に, $\psi\circ\varphi=1_{\nu(X)}$. よって, φは一様位相写像で, $\varphi|X=1_X$. ▮

例30.6 (X, ρ)を距離空間とするとき, 例30.5において, 2つのCauchy点列$\{x_n\}$, $\{x_n'\}$に対しフィルター基底をつくると,

$$\lim_{n\to\infty}\rho(x_n, x_n')=0 \Longleftrightarrow \{F_n \mid n\in N\}\text{と}\{F_n' \mid n\in N\}\text{は同値}$$

が成り立つ. ($F_n=\{x_i \mid i\geqq n\}$, $F_n'=\{x_i' \mid i\geqq n\}$.) 上の$\nu(X)$の構成は, Hausdorffによる$(X, \rho)$の完備化(p. 215の注意参照)を一般化したものである. ——

補題30.3, 定理30.8, 30.14より, 次の定理が成り立つ.

定理30.15 完全正則空間Xの任意のコンパクト化は, Xの適当な一様被覆系による一様位相空間Xの完備化として得られる.

§31 パラコンパクト性と積空間の正規性

前に述べたように, 2つの正規空間の積は一般に正規とはならないが, パラコンパクト性と積空間の正規性との間には重要な関連がある. 以下これについて述べよう. $\mathfrak{m}$は1つの無限基数とする.

定理31.1 Xを位相空間, Yは$\mathrm{card}\,\mathcal{B}\leqq\mathfrak{m}$となる開基$\mathcal{B}$をもつコンパクト$T_2$空間とする. $\mathcal{G}=\{G_\alpha \mid \alpha\in\Omega\}$を, $\mathrm{card}\,\Omega\leqq\mathfrak{m}$を満たす$X\times Y$の開被覆とすると, つぎの性質をもつ$X$の開被覆$\mathcal{U}=\{U_\lambda \mid \lambda\in\Lambda\}$が存在する.

(i) $\mathrm{card}\,\Lambda\leqq\mathfrak{m}$.

(ii)　$\mathcal{B}$ の開集合からなる Y の有限開被覆の族 $\{\mathcal{V}_\lambda \mid \lambda \in \Lambda\}$ があって，$\{U_\lambda \times V \mid V \in \mathcal{V}_\lambda,\ \lambda \in \Lambda\}$ は $X \times Y$ の開被覆で，$\{U_\lambda \times \mathrm{Cl}\, V \mid V \in \mathcal{V}_\lambda,\ \lambda \in \Lambda\}$ は $\mathcal{G}$ の細分である．

(iii)　$\mathcal{G}$ が $X \times Y$ の正規被覆 $\Longleftrightarrow$ $\mathcal{U}$ は X の正規被覆．

証明省略[1]．

位相空間 Y が，高々 $\mathfrak{m}$ 個の開集合からなる開基をもつとき，Y の**重さ**は，高々 $\mathfrak{m}$ であるといい，$w(Y) \leqq \mathfrak{m}$ と表わす．例えば，$w(Y) \leqq \aleph_0$ とは Y が第2可算のことである．

定義 31.1　位相空間 X の任意の高々 $\mathfrak{m}$ 個の開集合からなる開被覆が，局所有限な開被覆により細分されるとき，X は **$\mathfrak{m}$ パラコンパクト**という．$\mathfrak{m} = \aleph_0$ のときは，**可算パラコンパクト**という．——

可算パラコンパクトの概念は，C. H. Dowker により定義されたが(1951)，上の定義はそれを拡張したものである．

パラコンパクト $\Longleftrightarrow$ 任意の $\mathfrak{m}$ に対し $\mathfrak{m}$ パラコンパクト

が定義より成り立つ．$w(X) \leqq \mathfrak{m}$ のとき，定理 21.1 と同様な証明により，X の開被覆は濃度が高々 $\mathfrak{m}$ の部分被覆をもつから，この場合，X のパラコンパクト性と $\mathfrak{m}$ パラコンパクト性は一致する．

可算パラコンパクトでない正規空間の存在は，Dowker の問題提起以後 20 年を経て，Mary E. Rudin により証明された(1971)．

系 29.5，定理 29.14 と定理 29.13 の証明により次の補題を得る．

補題 31.2　T_1 空間 X が，正規で $\mathfrak{m}$ パラコンパクトであるための必要十分条件は，濃度が高々 $\mathfrak{m}$ の任意の開被覆が正規となることである．——

以上の準備の下に，次の基本定理を証明しよう．

定理 31.3　T_1 空間 X に対し，次の条件は同値である．

---

1)　証明は，K. Morita: Čech cohomology and covering dimension for topological spaces, Fundamenta Mathematicae 87 (1975), p. 35 にある．

(a)　X は正規で $\mathfrak{m}$ パラコンパクトである．

(b)　$w(Y)\leqq\mathfrak{m}$ を満たす任意のコンパクト T_2 空間 Y に対し，$X\times Y$ は正規で $\mathfrak{m}$ パラコンパクトである．

(c)　$w(Y)\leqq\mathfrak{m}$ を満たす任意のコンパクト T_2 空間 Y に対し，$X\times Y$ は正規である．

(d)　$X\times I^{\mathfrak{m}}$ は正規である．ただし，$I=[0,1]$．

(e)　$X\times D^{\mathfrak{m}}$ は正規である．ただし，$D=\{0,1\}\subset I$．

証明　(a)⇒(b)　$\mathcal{G}=\{G_\alpha\mid\alpha\in\Omega\}$ $(\mathrm{card}\,\Omega\leqq\mathfrak{m})$ を $X\times Y$ の任意の開被覆とし，$\mathcal{G}$ に対し定理 31.1 の X の開被覆 $\mathcal{U}=\{U_\lambda\mid\lambda\in\Lambda\}$ を作る．$\mathrm{card}\,\Lambda\leqq\mathfrak{m}$ となるから，(a) と補題 31.2 より，$\mathcal{U}$ は正規である．よって，定理 31.1 の性質(iii)により，$\mathcal{G}$ は正規となるから，補題 31.2 より (b) を得る．

(b)⇒(c) は明らか．

(c)⇒(d)　$I^{\mathfrak{m}}=\prod\{I_\lambda\mid\lambda\in\Lambda\}$，$I_\lambda=I$, $\mathrm{card}\,\Lambda=\mathfrak{m}$ とする．Λ の有限部分集合全体の族の濃度は $\mathfrak{m}$，I_λ の有限個の積空間の重さは高々可算．よって，$w(I^{\mathfrak{m}})\leqq\mathfrak{m}$．したがって，$X\times I^{\mathfrak{m}}$ は正規である．

(d)⇒(e)　$X\times D^{\mathfrak{m}}$ は，$X\times I^{\mathfrak{m}}$ の閉集合であるから，$X\times I^{\mathfrak{m}}$ が正規なら，部分空間 $X\times D^{\mathfrak{m}}$ も正規である．

(e)⇒(a)　$\mathcal{G}=\{G_\alpha\mid\alpha\in\Omega\}$ を X の任意の開被覆で，$\mathrm{card}\,\Omega\leqq\mathfrak{m}$ とする．$Y_\alpha=D$, $\alpha\in\Omega$ とおき，積空間 $Y=\prod\{Y_\alpha\mid\alpha\in\Omega\}$ を作れば，$Y=D^{\mathrm{card}\,\Omega}$, $\mathrm{card}\,\Omega\leqq\mathfrak{m}$ となるから，$X\times Y$ は正規である．Ω の有限部分集合の全体を Γ とし，$p_\alpha: Y\to Y_\alpha$ を射影とすれば，

$$\mathcal{B}=\{\bigcap\{p_\alpha{}^{-1}(k_\alpha)\mid\alpha\in\gamma\}\mid k_\alpha=0,1;\ \alpha\in\gamma;\ \gamma\in\Gamma\}$$

は Y の開基で，$\mathrm{card}\,\mathcal{B}\leqq\mathfrak{m}$ である．いま，$i=0,1$ に対し，

$$H_i=\bigcup\{G_\alpha\times p_\alpha{}^{-1}(i)\mid\alpha\in\Omega\}$$

とおけば，$\mathcal{H}=\{H_0,H_1\}$ は $X\times Y$ の開被覆であり，$X\times Y$ の正規性と定理 29.14 より，$\mathcal{H}$ は正規である．定理 31.1 により，

(1) $$\{U_\lambda \times V \mid V \in \mathcal{V}_\lambda, \lambda \in \Lambda\} < \mathcal{H}$$

を満たす X の正規開被覆 $\mathcal{U}=\{U_\lambda \mid \lambda \in \Lambda\}$ と，$\mathcal{B}$ の開集合からなる Y の有限被覆の族 $\{\mathcal{V}_\lambda \mid \lambda \in \Lambda\}$ がある．

$U_\lambda \in \mathcal{U}$ とする．$V \in \mathcal{V}_\lambda$ を1つとり，$V=\bigcap\{p_\alpha^{-1}(k_\alpha) \mid \alpha \in \gamma\}$ とする．このとき，

(2) $$U_\lambda \subset \bigcup\{G_\alpha \mid \alpha \in \gamma\}$$

を示そう．(1) より，$U_\lambda \times V \subset H_i$ とし($i=0$ または1)，$x \in U_\lambda$ とする．Y の点 $y=(y_\alpha)$ を，$\alpha \in \gamma$ に対し $y_\alpha=k_\alpha$，$\alpha \notin \gamma$ に対し $y_\alpha=1-i$ で定めると，$y \in V$ により，$(x,y) \in U_\lambda \times V \subset H_i$. よって，$(x,y) \in G_\alpha \times p_\alpha^{-1}(i)$ となる $\alpha \in \Omega$ がある．このとき，$y_\alpha=i$ であるから，$\alpha \in \gamma$. よって，$x \in \bigcup\{G_\alpha \mid \alpha \in \gamma\}$ となり，(2) が成り立つ．(2) を満たす $\gamma \in \Gamma$ の1つを $\gamma(\lambda)$ と書く．一方，$\mathcal{U}$ は X の正規開被覆だから，定理29.11, 29.12により，$\mathcal{W}<\mathcal{U}$ となる X の局所有限開被覆 $\mathcal{W}$ がある．$\mathcal{W}=\{W_\mu \mid \mu \in \Omega'\}$，$W_\mu \subset U_{\theta(\mu)}$，$\theta(\mu) \in \Lambda$ とすると，$\gamma(\theta(\mu))$ は Ω の有限集合であるから，

$$\mathcal{M}=\{W_\mu \cap G_\alpha \mid \alpha \in \gamma(\theta(\mu)),\ \mu \in \Omega'\}$$

は，X の局所有限開被覆であって，$\mathcal{G}$ の細分である．よって，(a) が成り立つ．▮

定理 31.4 Y をコンパクト T_2 空間，$X \subset Y$ とするとき，$X \times Y$ が正規ならば，X はパラコンパクトである．

証明 $\mathcal{G}=\{G_\alpha \mid \alpha \in \Omega\}$ を X の任意の開被覆とする．$G_\alpha=H_\alpha \cap X$ となる Y の開集合 H_α をとり，$H=\bigcup H_\alpha$ とおく．また，$F=\{(x,x) \in X \times Y \mid x \in X\}$ とおけば，F は $X \times Y$ の閉集合で，$F \subset X \times H$. よって，$\mathcal{M}=\{X \times H, X \times Y-F\}$ は，$X \times Y$ の開被覆であり，$X \times Y$ の正規性より，正規被覆である．よって，$\mathcal{M}$ に対し定理31.1の開被覆 $\mathcal{U}=\{U_\lambda \mid \lambda \in \Lambda\}$ を作ると，$\mathcal{U}$ は正規被覆である．各 $\lambda \in \Lambda$ と，$V \in \mathcal{V}_\lambda$ に対し，

$$U_\lambda \cap \mathrm{Cl}\, V \neq \phi \Longrightarrow U_\lambda \times \mathrm{Cl}\, V \not\subset X \times Y - F$$
$$\Longrightarrow U_\lambda \times \mathrm{Cl}\, V \subset X \times H.$$

よって，$\bigcup\{\mathrm{Cl}\, V \mid \mathrm{Cl}\, V \cap U_\lambda \neq \phi,\ V \in \mathcal{V}_\lambda\}$ はコンパクトで，H に含まれるから，

$$U_\lambda \subset \bigcup\{\mathrm{Cl}\, V \mid V \in \mathcal{V}_\lambda,\ \mathrm{Cl}\, V \cap U_\lambda \neq \phi\} \subset \bigcup\{H_\alpha \mid \alpha \in \gamma\}$$

となる Ω の有限部分集合 γ がある．以下，定理 31.3 の (e)⇒(a) の証明と同様にして，$\mathcal{G}$ が X の局所有限開被覆により細分されることがわかる．▌

定理 31.3, 31.4 の系として，次の諸定理が得られる．

定理 31.5 (Dieudonné)　パラコンパクト T_2 空間とコンパクト T_2 空間の積は，パラコンパクトである．

定理 31.6 (C. H. Dowker)　$X \times I$ が正規となる正規空間 X は，可算パラコンパクトに限る．

証明　$D^{\aleph_0}$ は，I の閉集合である Cantor 集合と同相であるから，$X \times I$ が正規ならば，$X \times D^{\aleph_0}$ も正規で，定理 31.3 より，X は可算パラコンパクトである．▌

定理 31.7 (玉野久弘)　完全正則空間 X に対し，$X \times \beta(X)$ が正規ならば，X はパラコンパクトである．——

定理 31.3 の応用は広いが，次にその 1 つを述べよう．

定義 31.2　X を位相空間，$\mathcal{A} = \{A_\alpha \mid \alpha \in \Omega\}$ を X の閉被覆とする．$G \subset X$ に対し，条件

(w)　各 α に対し $G \cap A_\alpha$ が A_α の開集合 $\Longrightarrow$ G は X の開集合

が成り立つとき，X は $\mathcal{A}$ に関して**弱位相**をもつという．さらに，Ω の任意の部分集合 Ω' に対し，$\bigcup\{A_\alpha \mid \alpha \in \Omega'\}$ が X の閉集合で，かつ $\{A_\alpha \mid \alpha \in \Omega'\}$ に関して弱位相をもつとき，X は $\mathcal{A}$ に関して**遺伝的弱位相**をもつという．

注意　上の定義で，条件 (w) における "開集合" は "閉集合" としてもよい．

例 31.1　$\mathscr{A}$ が，X の局所有限な閉被覆ならば，X は $\mathscr{A}$ に関して遺伝的弱位相をもつ．

例 31.2　X が可算閉被覆 $\{A_i \mid i \in \boldsymbol{N}\}$ に関し弱位相をもてば，$B_i = \bigcup_{j \leqq i} A_j$ とおくとき，X は $\{B_i \mid i \in \boldsymbol{N}\}$ に関し遺伝的弱位相をもつ．このとき，X は $\{B_i \mid i \in \boldsymbol{N}\}$ の**帰納的極限**という．

例 31.3　X を局所コンパクト T_2 空間，$\mathscr{K}$ を X のコンパクトな部分集合全体の族とすれば，X は $\mathscr{K}$ に関して弱位相をもつが(練習問題 **6** の 10)，一般に遺伝的弱位相はもたない(例 31.6 参照)．

例 31.4　L を実数体上のベクトル空間とし，L の有限次元線型部分空間に Euclid 位相をいれておき，L の部分集合 G は，各有限次元線型部分空間 M に対し，$G \cap M$ が M の開集合となるとき，L の開集合であると定めると，L は位相空間となる．この位相を L の**有限位相**という(J. Dugundji)．$\{u_\lambda \mid \lambda \in \Lambda\}$ を L の 1 つの基底(すなわち，L の任意の元は，$x = \sum_\lambda r_\lambda u_\lambda$ ($r_\lambda \in \boldsymbol{R}$；$r_\lambda$ は有限個の λ に対してのみ $\neq 0$) の形にただ 1 通りに表わされる；この基底の存在は Zorn の補題により証明される)とし，Λ の有限部分集合の全体を Γ とし，$\gamma \in \Gamma$ に対し，

$$L_\gamma = \left\{ \sum_{\lambda \in \gamma} r_\lambda u_\lambda \mid r_\lambda \in \boldsymbol{R},\ \lambda \in \gamma \right\}$$

とおく．このとき，L は $\{L_\gamma \mid \gamma \in \Gamma\}$ に関して遺伝的弱位相をもつ．(証明．$\Gamma' \subset \Gamma$，$A \subset \bigcup \{L_{\gamma'} \mid \gamma' \in \Gamma'\}$ とし，各 $\gamma' \in \Gamma'$ に対し，$A \cap L_{\gamma'}$ は $L_{\gamma'}$ の閉集合と仮定する．M を L の任意の有限次元線型部分空間とすれば，$M \subset L_{\gamma_0}$ となる $\gamma_0 \in \Gamma$ がある．$A \cap M = A \cap M \cap L_{\gamma_0} = \bigcup \{A \cap M \cap L_{\gamma_0} \cap L_{\gamma'} \mid \gamma' \in \Gamma'\}$ となるが，$L_{\gamma_0} \cap L_{\gamma'} = L_{\gamma_0 \cap \gamma'}$ であって，γ_0 は有限集合だから，$A \cap M \cap L_{\gamma_0} \cap L_{\gamma'}$ ($\gamma' \in \Gamma'$) のうち，異なるものは有限個しかない．M および各 L_γ は L の閉集合で，$A \cap L_{\gamma'}$ は $L_{\gamma'}$ の閉集合だから，$A \cap M \cap L_{\gamma_0} \cap L_{\gamma'}$ は L の閉集合である．した

がって，それらの有限和となる $A\cap M$ は L の閉集合である．よって，$A\cap M$ は M の閉集合となり，有限位相の定義から，A は L の閉集合である．▮)

例 31.5　CW 複体は，代数的位相幾何学，特にホモトピー論で重要な位相空間であり，J. H. C. Whitehead により導入された(1949)．当時，遺伝的弱位相の考えはなかったが，CW 複体は有限部分複体のつくる被覆に関し遺伝的弱位相をもつことが証明できる．

定理 31.8　T_1 空間 X が，閉被覆 $\{A_\alpha\,|\,\alpha\in\Omega\}$ に関して遺伝的弱位相をもつとき，

(a)　各 A_α が，正規(遺伝的正規，完全正規)ならば，X も正規(遺伝的正規，完全正規)である．

(b)　各 A_α が，正規で $\mathfrak{m}$ パラコンパクトならば，X も正規で $\mathfrak{m}$ パラコンパクトである．

(c)　各 A_α が，パラコンパクト T_2 空間ならば，X もパラコンパクト T_2 空間である．

補題 31.9　定理 31.8 の仮定の下で，コンパクト T_2 空間 Y に対し，$X\times Y$ は $\{A_\alpha\times Y\,|\,\alpha\in\Omega\}$ に関し遺伝的弱位相をもつ．

証明省略(練習問題 8 の 5 参照)．

定理 31.8 の証明　(a)　F を X の任意の閉集合，$f: F\to I$ を任意の連続写像とする．Ω は整列集合にしておき，Ω の最初の元 α_0 に対し，f を連続写像 $f_{\alpha_0}: A_{\alpha_0}\cup F\to I$ に拡張する(A_{α_0} の正規性により，$f\,|\,A_{\alpha_0}\cap F$ を $k: A_{\alpha_0}\to I$ に拡張し，$f_{\alpha_0}\,|\,F=f$, $f_{\alpha_0}\,|\,A_{\alpha_0}=k$ として f_{α_0} を定めればよい)．以下超限帰納法により，各 $\alpha\in\Omega$ に対し連続写像 $f_\alpha: \bigcup_{\beta\leqq\alpha} A_\beta\cup F\to I$ を

$$(3)\qquad \beta<\alpha\Longrightarrow f_\beta=f_\alpha\,\Big|\bigcup_{\gamma\leqq\beta}A_\gamma\cup F$$

となるようにつくる．実際，$\beta<\alpha$ となるすべての β に対し，f_β が

つくられたとするとき，$g:\bigcup_{\beta<\alpha}A_\beta\cup F\to I$ を $g|A_\beta\cup F=f_\beta|A_\beta\cup F$ できめる．I の閉集合 K に対し，$g^{-1}(K)\cap A_\beta=f_\beta{}^{-1}(K)\cap A_\beta$ は A_β の閉集合で，弱位相の定義から，$g^{-1}(K)\cap\left(\bigcup_{\beta<\alpha}A_\beta\right)$ は閉集合である．$g^{-1}(K)\cap F=f^{-1}(K)$ も閉集合．よって，g は連続となる．$g|\left(\bigcup_{\beta<\alpha}A_\beta\cup F\right)\cap A_\alpha$ を $h:A_\alpha\to I$ に拡張し，$f_\alpha|\bigcup_{\beta<\alpha}A_\alpha\cup F=g$, $f_\alpha|A_\alpha=h$ として f_α を定めれば，連続となり(3)を満たす．よって，写像 $\varphi:X\to I$ を，各 $\alpha\in\Omega$ に対し，$\varphi|A_\alpha=f_\alpha$ により定めると，(3)より，上の g の連続性と同様に，φ の連続性が証明され，$\varphi|F=f$．よって，定理19.5より，X は正規である．(遺伝的正規および完全正規の場合は省略.)

(b)　A_α の仮定から，定理31.3により，$A_\alpha\times D^{\mathfrak{m}}$ は正規である．補題31.9により，$X\times D^{\mathfrak{m}}$ は閉被覆 $\{A_\alpha\times D^{\mathfrak{m}}\}$ に関して遺伝的弱位相をもつから，(a)により $X\times D^{\mathfrak{m}}$ は正規である．よって，再び定理31.3より，X は $\mathfrak{m}$ パラコンパクトである．

(c)　(b)より明らか．▌

Euclid 空間はパラコンパクト(定理28.6)だから，例31.4と定理31.8により，次の定理を得る．

定理 31.10　有限位相をもつ実数体上のベクトル空間は，パラコンパクトである．——

CW 複体の有限部分複体は胞体の閉包というコンパクト集合の有限個の和であるから，定理28.6により，パラコンパクトである．よって，例31.5と定理31.8により，

定理 31.11　CW 複体はパラコンパクトである．

例 31.6　正規とならない局所コンパクト T_2 空間が存在するから(例19.7)，例31.3により，定理31.8は，単に弱位相としたのでは成立しない．——

定理31.3の他の応用例として，次の定理を証明しよう．

定理 31.12(E. Michael) 正則空間 X に対し，次の各条件は同値である.

(a) X はパラコンパクトである.

(b) X の任意の開被覆は σ 局所有限の開被覆により細分される.

(c) X の任意の開被覆は局所有限の閉被覆により細分される.

証明 (a)⇒(b) 明らか.

(b)⇒(c) 仮定(b)と補題 28.3 より，X の任意の開被覆 $\mathcal{G}$ に対し，$\mathrm{Cl}\,\mathcal{H}<\mathcal{G}$ となる X の開被覆 $\mathcal{H}=\bigcup\{\mathcal{H}_i \mid i \in \boldsymbol{N}\}$ ($\mathcal{H}_i$ は局所有限)がある.

$$H_i = \bigcup\{H \mid H \in \mathcal{H}_i\};$$

$$A_1 = H_1, \quad A_i = H_i - \bigcup_{j<i} H_j \quad (i>1),$$

$$\mathcal{K}_i = \{A_i \cap H \mid H \in \mathcal{H}_i\}, \quad \mathcal{K} = \bigcup\{\mathcal{K}_i \mid i \in \boldsymbol{N}\}$$

とおくと，$\mathcal{K}$ は局所有限で ($H_i \cap K \neq \phi$, $K \in \mathcal{K} \Rightarrow K \in \bigcup\{\mathcal{K}_j \mid j \leqq i\}$ で，$\bigcup\{\mathcal{K}_j \mid j \leqq i\}$ は局所有限)，$\mathcal{H}$ を細分する X の被覆である. よって，$\mathrm{Cl}\,\mathcal{K}$ は X の局所有限閉被覆で，$\mathrm{Cl}\,\mathcal{K}<\mathcal{G}$ となり，(c)を得る.

(c)⇒(a) Y を任意のコンパクト T_2 空間とし，$\mathcal{G}$ を $X\times Y$ の任意の有限開被覆とする. $\mathcal{G}$ に対し，定理 31.1 の X の開被覆 $\mathcal{U}=\{U_\lambda \mid \lambda \in \Lambda\}$ をとる. (c)より，$\mathcal{F}<\mathcal{U}$ となる X の局所有限閉被覆 $\mathcal{F}$ がある. $\mathcal{F}=\{F_\alpha \mid \alpha \in \Omega\}, F_\alpha \subset U_{\theta(\alpha)}$ ($\theta(\alpha) \in \Lambda$) とすると，$\mathcal{K}=\{F_\alpha \times \mathrm{Cl}\,V \mid V \in \mathcal{V}_{\theta(\alpha)}, \alpha \in \Omega\}$ は $X\times Y$ の局所有限閉被覆で，$\mathcal{K}\subset\mathcal{G}$. よって，補題 28.4 より，$X\times Y$ は正規である. よって，定理 31.3 より，X はパラコンパクトである. ▌

例 31.7 Michael 直線 $\boldsymbol{M}$. 実数の集合 $\boldsymbol{R}$ の各元 x の近傍 $U(x)$ を次のように定める. (i) $x \in \boldsymbol{Q}$ のときは，$U(x)$ は実数の空間 $\boldsymbol{R}$ における通常の x の近傍，(ii) $x \in \boldsymbol{R}-\boldsymbol{Q}$ のときは，$U(x)=\{x\}$. この近傍により $\boldsymbol{R}$ に位相を定めたものを **Michael 直線**といい，$\boldsymbol{M}$

で表わす．近傍のきめ方より，$\boldsymbol{M}$ は正則となることがわかる．$\boldsymbol{M}$ はパラコンパクトである．$\boldsymbol{M}$ の開被覆 $\mathscr{G}$ に対し，$\boldsymbol{Q}$ は可算集合であるから，$\{\boldsymbol{Q}\cap G \mid G\in\mathscr{G}\}$ は可算部分被覆 $\{\boldsymbol{Q}\cap G_i \mid i\in \boldsymbol{N}\}$ $(G_i\in\mathscr{G})$ をもつ(例 21.3)．$\mathscr{K}=\{\{x\}\mid x\in \boldsymbol{M}-\bigcup\{G_i \mid i\in\boldsymbol{N}\}\}$ は，局所有限となるから，$\mathscr{M}=\mathscr{K}\cup\{G_i\mid i\in\boldsymbol{N}\}$ は，$\boldsymbol{M}$ の σ 局所有限の開被覆で，$\mathscr{M}<\mathscr{G}$．よって，上の定理より，$\boldsymbol{M}$ はパラコンパクトである．$\boldsymbol{M}$ の部分空間も同様にパラコンパクトであり，したがって，$\boldsymbol{M}$ は遺伝的正規でもある．

例 31.8　Michael 直線 $\boldsymbol{M}$ と，無理数全体のつくる $\boldsymbol{R}$ の部分空間 $\boldsymbol{P}$ との積空間 $\boldsymbol{M}\times\boldsymbol{P}$ は正規ではない．(証明．$A=\boldsymbol{Q}\times\boldsymbol{P}$, $B=\{(x, x)\mid x\in\boldsymbol{P}\}$ は，$\boldsymbol{M}\times\boldsymbol{P}$ の互いに素な閉集合である．$A\subset G$, $B\subset H$ となる開集合 G, H をとる．$\{\{x\}\times U(x\,;1/n)\mid n\in\boldsymbol{N}\}$ は，点 $(x,x)\in B$ の $\boldsymbol{M}\times\boldsymbol{P}$ での近傍基となるから，

$$G_n=\{x\in\boldsymbol{P}\mid \{x\}\times U(x\,;1/n)\subset H\}$$

とおけば，$\boldsymbol{P}=\bigcup G_n$．ところで，$\boldsymbol{P}$ は $\boldsymbol{R}$ において F_σ 集合でない(例 26.5 参照)から，$\boldsymbol{P}\neq\bigcup\{\mathrm{Cl}_{\boldsymbol{R}}\,G_n\mid n\in\boldsymbol{N}\}$．よって，$\boldsymbol{P}\not\supset\mathrm{Cl}_{\boldsymbol{R}}\,G_n$，すなわち，$\mathrm{Cl}_{\boldsymbol{R}}\,G_n\cap\boldsymbol{Q}\neq\phi$ となる $n\in\boldsymbol{N}$ がある．$x\in\mathrm{Cl}_{\boldsymbol{R}}\,G_n\cap\boldsymbol{Q}$, $y\in U(x\,;1/2n)\cap\boldsymbol{P}$ をとると，$(x,y)\in A\subset G$．よって，$x\in U$, $y\in V$, $U\times(V\cap\boldsymbol{P})\subset G$ となる $\boldsymbol{R}$ の開集合 U, V がある．$x\in\mathrm{Cl}_{\boldsymbol{R}}\,G_n$ より，1 点 $x'\in U(x\,;1/2n)\cap U\cap G_n$ がとれる．よって，$|x'-y|\leqq|x'-x|+|x-y|<1/2n+1/2n=1/n$ より，$y\in U(x'\,;1/n)$．ところが，$x'\in G_n$ であるから，$(x',y)\in\{x'\}\times U(x'\,;1/n)\subset H$．よって，$(x',y)\in G\cap H$ となるから，$G\cap H\neq\phi$．よって，$\boldsymbol{M}\times\boldsymbol{P}$ は正規ではない．▮)

積空間の正規性については，以上述べたように，パラコンパクトな完全正規空間の積(例 19.3)も，距離空間とパラコンパクトな遺伝的正規空間の積(例 31.8)も，一般に正規ではないが，距離空間と完全正規空間の積だけは(完全)正規であることが証明できる．

このように，正規空間の積がまた正規となるのは，むしろ稀である．著者は，このことを明確に示す次の定理の成立を予想した．

定理 31.13 任意の正規空間 Y に対し，$X\times Y$ が正規となる位相空間 X は，離散空間である．——

厚地正彦は，これをある性質をもつ空間の存在に帰着させたが，Rudin は p. 246 の結果を得るのに用いた彼女自身の方法を精密化し，このような空間の存在証明にも成功し，この予想は肯定的に解決された(1978)．ところで，正規となることが現在知られている空間は，Rudin の構成した空間を除いて，すべて可算パラコンパクトである．これについて著者は次の定理を証明した(1963)．

定理 31.14 X を距離空間とするとき，任意の可算パラコンパクト正規空間 Y に対し，$X\times Y$ が常に正規となるのは，X が可算個の局所コンパクト集合の和となる場合に限る．——

ここで，“任意の可算パラコンパクト正規空間 Y に対し，$X\times Y$ が常に正規となる位相空間 X は，必然的に距離化可能であろう” というのが，著者のもう 1 つの予想である．これは，現在なお未解決である．

練習問題 8

1 位相空間 X の部分集合族 $\mathscr{A}$ が局所有限であるためには，次の 2 条件

(i) X の各点 x に対し，$\{A\in\mathscr{A}\mid x\in \mathrm{Cl}\,A\}$ は有限の集合族，

(ii) $\mathscr{A}$ の任意の部分族 $\mathscr{A}'$ に対し，$\bigcup\{\mathrm{Cl}\,A\mid A\in\mathscr{A}'\}=\mathrm{Cl}\,(\bigcup\{A\mid A\in\mathscr{A}'\})$，

が満たされることが必要十分であることを証明せよ．

2 位相空間 X の局所有限な部分集合族 $\mathscr{A}$ について，(i) X がコンパクトなら $\mathscr{A}$ は有限の集合族，(ii) X が Lindelöf なら $\mathscr{A}$ は可算の集合族，となることを証明せよ．

3　一様位相空間 (X, Φ) において，各 $\mathcal{U} \in \Phi$ に対し，

$$X = \bigcup \{\mathrm{St}(x_i, \mathcal{U}) \mid i=1, \cdots, n\}$$

となる有限個の点 $x_1, \cdots, x_n$ が存在するとき，(X, Φ) は**全有界**であるという．(X, Φ) がコンパクトであるためには，(X, Φ) が全有界かつ完備であることが必要十分であることを証明せよ．

4　$\{G_i \mid i \in \boldsymbol{N}\}$ を位相空間 X の可算開被覆とすれば，X は $\{\mathrm{Cl}\, G_i \mid i \in \boldsymbol{N}\}$ に関し弱位相をもち，$\left\{\bigcup_{i=1}^{n} \mathrm{Cl}\, G_i \mid n \in \boldsymbol{N}\right\}$ に関し遺伝的弱位相をもつことを証明せよ．

5　X は閉被覆 $\{A_\alpha \mid \alpha \in \Omega\}$ に関し遺伝的弱位相をもち，Y は局所コンパクト T_2 空間とすると，$X \times Y$ は $\{A_\alpha \times Y \mid \alpha \in \Omega\}$ に関し遺伝的弱位相をもつことを証明せよ．

6　X, Y はパラコンパクト T_2 空間，A は X の閉集合，$f: A \to Y$ は連続とすると，$X \underset{f}{\cup} Y$ もパラコンパクト T_2 空間となることを証明せよ．

7　(i)　正規空間の F_σ 集合は，部分空間として正規となることを証明せよ．

(ii)　パラコンパクト T_2 空間の F_σ 集合は，部分空間としてパラコンパクト T_2 空間となることを証明せよ．

8　位相空間 X がある可算個のコンパクト集合の和として表わせるとき，X は σ **コンパクト**という．

(i)　σ コンパクト空間は，Lindelöf 空間となることを証明せよ．

(ii)　X を正則な σ コンパクト空間，Y をパラコンパクト T_2 空間とすると，$X \times Y$ もパラコンパクトとなることを証明せよ．

9　X を，局所コンパクトかつパラコンパクト T_2 空間とするとき，次の (i), (ii) を証明せよ．

(i)　X の局所有限な閉被覆 $\mathcal{F}$ で，各 $F \in \mathcal{F}$ がコンパクトとなるものが存在する．

(ii)　パラコンパクト T_2 空間 Y に対し，$X \times Y$ もパラコンパクトである．

10　X を Lindelöf 空間，Y をコンパクト T_2 空間とすると，$X \times Y$ は Lindelöf となることを証明せよ．この結果と，定理 21.4, 31.3 を用いて，正則な Lindelöf 空間はパラコンパクトとなることを証明せよ．

問題解答のヒント

§7　**問4**　$a=\rho(x,y)$, $b=\rho(y,z)$, $c=\rho(x,z)$ とおけば，$c\leqq a+b$ より，$\dfrac{c}{1+c}\leqq\dfrac{a+b}{1+a+b}\leqq\dfrac{a}{1+a}+\dfrac{b}{1+b}$.　$\therefore$　$\tilde{\rho}(x,z)\leqq\tilde{\rho}(x,y)+\tilde{\rho}(y,z)$.　$U(x;\varepsilon)=\{y\in X\mid\rho(x,y)<\varepsilon\}$, $\tilde{U}(x;\varepsilon)=\{y\in X\mid\tilde{\rho}(x,y)<\varepsilon\}$ とおくと，$1>\varepsilon>0$ のとき，$\tilde{U}\left(x;\dfrac{\varepsilon}{1+\varepsilon}\right)\subset U(x;\varepsilon)$, $U\left(x;\dfrac{\varepsilon}{1-\varepsilon}\right)\subset\tilde{U}(x;\varepsilon)$.

§8　**問**　4通り.

§9　**問2**　点 a における $\boldsymbol{S}$ と $\boldsymbol{R}$ の近傍系をしらべると，$[a,a+\varepsilon)\subset(a-\varepsilon,a+\varepsilon)$ であり，$(a-\delta,a+\delta)\not\subset[a,a+\varepsilon)$ $(\delta>0)$. 定理9.5を用いよ.

§10　**問1**　$(\Rightarrow)$　$U(x)\cap(X-\{x\})=\phi$ となる近傍 $U(x)$ がある．このとき，$U(x)=\{x\}$. 求める空間は離散空間.

問2　$|f_n(x)-f(x)|<\varepsilon\Leftrightarrow f_n\in U(f;x;\varepsilon)$ より，$\{f_n\}\to f$ なら $\{f_n(x)\}\to f(x)$. 各点収束なら，$U(f;x_1,\cdots,x_n;\varepsilon)$ に対し，$m\geqq k_i\Longrightarrow|f_m(x_i)-f(x_i)|<\varepsilon$ となる k_i がある $(1\leqq i\leqq n)$. $k=\max\{k_i\}$ とおけば，$m\geqq k\Longrightarrow f_m\in U(f;x_1,\cdots,x_n;\varepsilon)$.　$\therefore$　$\{f_n\}\to f$.

問4　$A\cap B=A$ より，$\mathrm{Int}\,A=\mathrm{Int}(A\cap B)=\mathrm{Int}\,A\cap\mathrm{Int}\,B$.　$\therefore$　$\mathrm{Int}\,A\subset\mathrm{Int}\,B$.

問5　$X=\boldsymbol{R}$, $G=\boldsymbol{Q}$, $A=\boldsymbol{R}-\boldsymbol{Q}$ とおけば，$\mathrm{Cl}(A\cap G)=\phi$, $\mathrm{Cl}\,A\cap G=\boldsymbol{Q}$.

§12　**問2**　$f^{-1}((a,b))=\{x\in X\,|\,f(x)>a\}\cap\{x\in X\,|\,f(x)<b\}$ で，(a,b) の全体は，$\boldsymbol{R}$ の開基.

§14　**問3**　$\varepsilon_i>0\,(i=1,\cdots,n)$ に対し，$\varepsilon_0=\min\{\varepsilon_i\mid i=1,\cdots,n\}$ とおけば，$U_{**}(x;\varepsilon_0/2^n)\subset\langle U(x_1,\varepsilon_1),U(x_2,\varepsilon_2),\cdots,U(x_n,\varepsilon_n)\rangle$.　$\varepsilon>0$ とし，$\displaystyle\sum_{i=m+1}^{\infty}\frac{1}{2^i}<\frac{\varepsilon}{2}$ となる m をとれば，$\langle U(x_1;\varepsilon/2),\cdots,U(x_m;\varepsilon/2)\rangle\subset U_{**}(x;\varepsilon)$. ただし，$x=(x_i)$, $U_{**}(x;\varepsilon)=\{x'\in\prod X_i\mid\rho_{**}(x,x')<\varepsilon\}$.

§15　**問2**　F を X の閉集合とする．$p^{-1}(p(F))=F$ $(F\cap A=\phi$ のとき$)$, $p^{-1}(p(F))=F\cup A$ $(F\cap A\neq\phi$ のとき$)$. $\therefore$ いずれの場合でも，$p(F)$ は閉集合.

問3　$(\Rightarrow)$　$f^{-1}(Y-F)=X-f^{-1}(F)$ より，$Y-F$ は開集合.　$(\Leftarrow)$　$X-f^{-1}(G)=f^{-1}(Y-G)$ より，$f^{-1}(G)$ が開集合なら，$Y-G$ は閉集合.

問 4 (c)$\Rightarrow$(a) $G=f^{-1}((f^{-1})^{-1}(G))$ が X の開集合ならば，(c)より，$(f^{-1})^{-1}(G)$ は Y の開集合．∴ f^{-1} は連続．

§16 問 1 $x, x' \in A$, A は連結 $\Longrightarrow A \subset C(x)$．

問 2 $X-\{p\}$ の連結成分の個数は m，$Y-\{y\}$ の連結成分の個数は，点 y の位置によって 1 か 2 か n．

§18 問 1 ($\Rightarrow$) $U(x) \cap (A-\{x\}) \ni x_1$ とすれば，$U_1(x)=U(x)-\{x_1\}$ は x の近傍で，$U_1(x) \cap (A-\{x\}) \neq \phi$．これより点 x_2 をとり，$U_2(x)=U_1(x)-\{x_2\}$ とおき，この操作をくり返し適用せよ．

問 2 $F=\{(x, f(x)) \in X \times Y \mid x \in X\} \not\ni (x, y)$ とすれば，$f(x) \neq y$．Y が T_2 で，f が連続より，$f(U(x)) \cap V(y)=\phi$ となる近傍 $U(x)$, $V(y)$ がとれる．このとき，$(U(x) \times V(y)) \cap F=\phi$．

§19 問 3 $f: A \to \boldsymbol{R}^n$ を連続写像，$p_i: \boldsymbol{R}^n \to \boldsymbol{R}$ を第 i 座標への射影としたとき，$p_i \circ f: A \to \boldsymbol{R}$ を X 上 $f_i: X \to \boldsymbol{R}$ に拡張し，$\hat{f}=(f_1(x), \cdots, f_n(x))$ とせよ．

問 5 $\{A(\boldsymbol{N})-\{1, 2, \cdots, n\} \mid n \in \boldsymbol{N}\}$，$\{\{0\} \cup \{1/m \mid m>n\} \mid n \in \boldsymbol{N}\}$ は，それぞれ $q_{\boldsymbol{N}}$, 0 の近傍基となる．

§22 問 1 X の開被覆 $\mathcal{U}$ に対し，$\mathcal{U}_1=\{U \cap A \mid U \in \mathcal{U}\}$, $\mathcal{U}_2=\{U \cap B \mid U \in \mathcal{U}\}$ は，A, B の開被覆で，$A=\bigcup_{i=1}^{n}(U_i \cap A)$, $B=\bigcup_{j=1}^{m}(U_j' \cap B)$ とすれば，$X=\bigcup_{i=1}^{n} U_i \cup \bigcup_{j=1}^{m} U_j'$．

§23 問 1 $X \times Y$ の開集合 G は，$G=\bigcup\{U_\alpha \times V_\alpha \mid \alpha \in \Omega\}$，$U_\alpha$, V_α は X, Y の開集合とかける．このとき，$(f \times g)(G)=\bigcup_\alpha (f(U_\alpha) \times g(V_\alpha))$．

§24 問 $X=\boldsymbol{R}$, $A_n=\left[0, \dfrac{1}{n}\right] \cup [n, +\infty)$ $(n \in \boldsymbol{N})$ とし，フィルター基底 $\{A_n \mid n \in \boldsymbol{N}\}$ が生成するフィルター $\mathcal{F}$ をとれば，$\{0\}=\bigcap\{\mathrm{Cl}\, F \mid F \in \mathcal{F}\}$ だが，$\mathcal{F}$ は 0 に収束しない．

§26 問 1 $\{x^{(n)}\}$ を $\left(\prod_i X_i, \rho_*\right)$ の Cauchy 列とすると，ρ_* の定め方より，$\{x_i^{(n)} \mid i \in \boldsymbol{N}\}$ は (X_i, ρ_i) の Cauchy 列．$\{x_i^{(n)}\} \to a_i \in X_i$, $a=(a_i)$ とする．$\varepsilon>0$ とし，$1/i_0 \leqq \varepsilon/2$ となる $i_0 \in \boldsymbol{N}$ をとる．各 j $(1 \leqq j \leqq i_0)$ に対し，$n_j<n \Longrightarrow \rho_j(x_j^{(n)}, a_j)<\dfrac{j\varepsilon}{2}$ となる n_j をとり，$m_0=\max(n_j)$ とおくと，$m_0<n$ のとき，$1 \leqq j \leqq i_0$ なら $\dfrac{1}{j}\rho_j(x_j^{(n)}, a_j)<\dfrac{\varepsilon}{2}$．$i_0<j$ なら $\dfrac{1}{j}\rho_j(x_j^{(n)}, a_j) \leqq \dfrac{1}{j}<\dfrac{1}{i_0} \leqq \dfrac{\varepsilon}{2}$．∴ $\rho_*(x^{(n)}, a) \leqq \dfrac{\varepsilon}{2}<\varepsilon$．

問 3　$X=U(x_1\,;1)\cup\cdots\cup U(x_n\,;1)$ となる点 $x_i\in X$ $(1\leqq i\leqq n)$ がある．$M=\sum_{i,j}\rho(x_i, x_j)$ とすれば，$\delta(X)\leqq M+2$.

問 4　$\delta(B)=\sqrt{2}$，$U(p_n\,;1)\cap B=\{p_n\}$．∴ B は全有界でない(問 2, $\varepsilon=1$ とせよ).

§28　問 1　$x\in X$, $f(x)=y$ の近傍 $U(y)$ で，$U(y)\cap H\neq\phi$ となる $H\in\mathcal{H}$ が有限個，となるものをとる．このとき，$f^{-1}(U(y))\cap f^{-1}(H)\neq\phi$ なら，$U(y)\cap H\neq\phi$ $(H\in\mathcal{H})$.

§29　問 1　(a)　$y\in U(z\,;\varepsilon)$，$x'\in U(x\,;\delta)\cap U(z\,;\varepsilon)$ とすれば，$\rho(x, y)\leqq\rho(x, x')+\rho(x', z)+\rho(z, y)<\delta+\varepsilon+\varepsilon=\delta+2\varepsilon$.　(b)　m についての帰納法.　(c)　$\mathrm{St}(x, \mathcal{U}(\varepsilon))\subset U(x\,;2\varepsilon)$ を示せ．(a) で $\delta=\varepsilon$ のとき，$\mathrm{St}(U(x\,;\varepsilon), \mathcal{U}(\varepsilon))\subset U(x\,;3\varepsilon)$.

問 3　(a)　$\mathrm{St}(H, \mathcal{H})\subset G$, $f^{-1}(H)\cap f^{-1}(H')\neq\phi$ $(H'\in\mathcal{H})$ なら，$H'\cap H\neq\phi$. ∴ $H'\subset G$. ∴ $f^{-1}(H')\subset f^{-1}(G)$．よって，$\mathrm{St}(f^{-1}(H), f^{-1}(\mathcal{H}))\subset f^{-1}(G)$.

練習問題 1

1　(ii) において，$z=y$ とおけば，$\rho(x, y)\leqq\rho(y, x)$.

2　(i)　$A\cup B\ni x, y$ とする．$x\in A$, $y\in B$ なら，$a\in A$, $b\in B$ に対し，$\rho(x, y)\leqq\rho(x, a)+\rho(a, b)+\rho(b, y)\leqq\delta(A)+\rho(a, b)+\delta(B)$．∴ $\rho(x, y)-(\delta(A)+\delta(B))\leqq\rho(a, b)$．ここで，右辺の inf をとれば，$\rho(x, y)\leqq\delta(A)+\rho(A, B)+\delta(B)$．$x, y\in A$, $x, y\in B$ のときもこの不等式は成り立つから，さらに左辺の sup をとれば，$\delta(A\cup B)\leqq\delta(A)+\rho(A, B)+\delta(B)$．(ii)　$x, y\in\mathrm{Cl}\,A$ とする．$a, b\in A$ に対し，$\rho(x, y)\leqq\rho(x, a)+\rho(a, b)+\rho(y, b)\leqq\rho(x, a)+\delta(A)+\rho(y, b)$．ここで，$b$ を固定し，a について $\rho(x, a)$ の inf をとり，次に，b について $\rho(y, b)$ の inf をとれば，$\rho(x, y)\leqq\rho(x, A)+\delta(A)+\rho(y, A)$．$\rho(x, A)=\rho(y, A)=0$ より，$\rho(x, y)\leqq\delta(A)$. 左辺の sup をとれば $\delta(\mathrm{Cl}\,A)\leqq\delta(A)$. よって $\delta(\mathrm{Cl}\,A)=\delta(A)$.

3　$\rho(x, y)>\varepsilon$ なら，$\delta=\rho(x, y)-\varepsilon$ とおくと，$U(y\,;\delta)\cap U(x\,;\varepsilon)=\phi$. ∴ $y\notin\mathrm{Cl}\,U(x\,;\varepsilon)$．離散距離空間 (X, ρ) においては，$\mathrm{Cl}\,U(x\,;1)=\{x\}$. $\{y\in X\mid\rho(x, y)\leqq 1\}=X$.

4　$y\in\mathrm{Cl}\,U(x\,;\varepsilon)\Longrightarrow U(x\,;\varepsilon)\cap U(y\,;\varepsilon)\neq\phi\Longrightarrow\rho(x, y)<\varepsilon\Longrightarrow y\in U(x\,;\varepsilon)$.

5 $X=\{a,b,c\}$, $\mathfrak{T}_1=\{X,\{a\},\phi\}$, $\mathfrak{T}_2=\{X,\{b\},\phi\}$ とすれば，$\mathfrak{T}_1\cup\mathfrak{T}_2=\{X,\{a\},\{b\},\phi\}$ は位相にならない．

6 (i) $\mathrm{Cl}\,A\subset\mathrm{Cl}\,((A-B)\cup B)=\mathrm{Cl}\,(A-B)\cup\mathrm{Cl}\,B$ を移項せよ．(ii) (i) より，$\mathrm{Cl}\,A\cap\mathrm{Cl}\,B-\mathrm{Cl}\,(A\cap B)=(\mathrm{Cl}\,A-\mathrm{Cl}\,(A\cap B))\cap(\mathrm{Cl}\,B-\mathrm{Cl}\,(A\cap B))\subset\mathrm{Cl}\,(A-A\cap B)\cap\mathrm{Cl}\,(B-A\cap B)\subset\mathrm{Cl}\,A\cap\mathrm{Cl}\,(X-B)\cap\mathrm{Cl}\,B\cap\mathrm{Cl}\,(X-A)=\mathrm{Bd}\,A\cap\mathrm{Bd}\,B=\phi$. $\therefore$ $\mathrm{Cl}\,A\cap\mathrm{Cl}\,B\subset\mathrm{Cl}\,(A\cap B)$.

7 (i) $\mathrm{Int}\,(\mathrm{Cl}\,(\mathrm{Int}\,A))\subset\mathrm{Int}\,(\mathrm{Cl}\,A)=\mathrm{Int}\,A=\mathrm{Int}\,(\mathrm{Int}\,A)\subset\mathrm{Int}\,(\mathrm{Cl}\,\mathrm{Int}\,A)$. (ii) $\mathrm{Int}\,\mathrm{Cl}\,(U\cap V)\subset\mathrm{Int}\,(\mathrm{Cl}\,U\cap\mathrm{Cl}\,V)=\mathrm{Int}\,\mathrm{Cl}\,U\cap\mathrm{Int}\,\mathrm{Cl}\,V=U\cap V$.

8 $A^d\not\ni x$ とすると，ある $\varepsilon>0$ に対して，$(U(x;\varepsilon)-\{x\})\cap A=\phi$. $y\in U(x;\varepsilon)-\{x\}$ のとき，$\delta=\min\,(\rho(x,y),\varepsilon-\rho(x,y))$ に対して，$U(y;\delta)\cap A=\phi$. $\therefore$ $y\notin A^d$. $A=\left\{\dfrac{1}{m}+\dfrac{1}{n}\mid m,n\in\boldsymbol{N}\right\}\subset\boldsymbol{R}$ とすれば，$A^d=\left\{\dfrac{1}{n},0\mid n\in\boldsymbol{N}\right\}$, $(A^d)^d=\{0\}$.

9 $(\Rightarrow)$ $F=\mathrm{Cl}\,A$, $G=X-(\mathrm{Cl}\,A-A)$ とおけば，$A=G\cap F$. $(\Leftarrow)$ $\mathrm{Cl}\,A=\mathrm{Cl}\,A\cap F$, $X-A=(X-G)\cup(X-F)$ より，$\mathrm{Cl}\,A\cap(X-A)=\mathrm{Cl}\,A-G$.

10 $(\Leftarrow)$ $G\cap A_i$ が A_i の開集合 $(i=1,\cdots,n)$ なら，$X-G=\bigcup_{i=1}^{n}(A_i-A_i\cap G)$ より，$X-G$ は X の閉集合．

11 $X-(U\cup(V-A))=(X-V)\cup(A-U)$ は X の閉集合．

12 $\boldsymbol{R}$ の部分空間 A においては，$\{0\}$ は A の開集合．

練習問題 2

1 (i)$\Rightarrow$(ii) $f^{-1}(\mathrm{Int}\,B)$ は開集合で，$f^{-1}(\mathrm{Int}\,B)\subset f^{-1}(B)$. $\therefore$ $f^{-1}(\mathrm{Int}\,B)\subset\mathrm{Int}\,f^{-1}(B)$. (ii)$\Rightarrow$(iii) $X-f^{-1}(\mathrm{Cl}\,B)=f^{-1}(Y-\mathrm{Cl}\,B)=f^{-1}(\mathrm{Int}\,(Y-B))\subset\mathrm{Int}\,f^{-1}(Y-B)=\mathrm{Int}\,(X-f^{-1}(B))=X-\mathrm{Cl}\,f^{-1}(B)$. (iii)$\Rightarrow$(iv) $\mathrm{Bd}\,(f^{-1}(B))=\mathrm{Cl}\,f^{-1}(B)\cap\mathrm{Cl}\,(X-f^{-1}(B))=\mathrm{Cl}\,f^{-1}(B)\cap\mathrm{Cl}\,(f^{-1}(Y-B))\subset f^{-1}(\mathrm{Cl}\,B)\cap f^{-1}(\mathrm{Cl}\,(Y-B))=f^{-1}(\mathrm{Cl}\,B\cap\mathrm{Cl}\,(Y-B))=f^{-1}(\mathrm{Bd}\,B)$. (iv)$\Rightarrow$(i) Y の閉集合 F に対し，$\mathrm{Cl}\,f^{-1}(F)=f^{-1}(F)\cup\mathrm{Bd}\,f^{-1}(F)\subset f^{-1}(F)\cup f^{-1}(\mathrm{Bd}\,F)=f^{-1}(F\cup\mathrm{Bd}\,F)=f^{-1}(F)$ によって，$f^{-1}(F)$ は閉集合．

2 $\varepsilon>0$ に対し，$d(f,g)<\varepsilon\Longrightarrow|\varphi(f)-\varphi(g)|=\left|\int_0^1(f(t)-g(t))\,dt\right|\leqq\int_0^1|f(t)-g(t)|\,dt<\int_0^1\varepsilon dt=\varepsilon$.

3　(i)　定理 12.7 の前半の証明を参考にせよ．(ii)　例 10.4 の X においては，収束点列 $\{x_n\}$ は，ある n_0 に対し，$x_k=x_{n_0}$ $(k\geqq n_0)$ となる．

4　$(\Rightarrow)$　$f(X-\mathrm{Cl}\,f^{-1}(B))$ は開集合で，$f(X-\mathrm{Cl}\,f^{-1}(B))\subset f(X-f^{-1}(B))\subset Y-B$．$\therefore$　$f(X-\mathrm{Cl}\,f^{-1}(B))\subset \mathrm{Int}\,(Y-B)=Y-\mathrm{Cl}\,B$．$\therefore$　$X-\mathrm{Cl}\,f^{-1}(B)\subset f^{-1}(Y-\mathrm{Cl}\,B)=X-f^{-1}(\mathrm{Cl}\,B)$．$(\Leftarrow)$　X の開集合 U に対し，$f^{-1}(\mathrm{Cl}\,(Y-f(U)))\subset \mathrm{Cl}\,f^{-1}(Y-f(U))=\mathrm{Cl}\,(X-f^{-1}f(U))\subset X-U$．$\therefore$　$f^{-1}(\mathrm{Cl}\,(Y-f(U)))\cap U=\phi$．$\therefore$　$\mathrm{Cl}\,(Y-f(U))\cap f(U)=\phi$．$\therefore$　$\mathrm{Cl}\,(Y-f(U))\subset Y-f(U)$．$\therefore$　$Y-f(U)$ は閉集合．

5　$(\Rightarrow)$　$y'\notin\{y\in Y\mid f^{-1}(y)\subset U\}\Leftrightarrow f^{-1}(y')\cap(X-U)\neq\phi\Leftrightarrow y'\in f(X-U)$．$\therefore$　$\{y\in Y\mid f^{-1}(y)\subset U\}=Y-f(X-U)$ より，$\{y\in Y\mid f^{-1}(y)\subset U\}$ は開集合．$(\Leftarrow)$　F を X の閉集合，$f(F)\not\ni y_0$ とすると，$f^{-1}(y_0)\subset X-F$．$V=\{y\in Y\mid f^{-1}(y)\subset X-F\}$ は開集合で，$y_0\in V$，$V\cap f(F)=\phi$．

6　(i)　$\psi^{-1}([0,r))=f(\varphi^{-1}([0,r)))$ を導け．(ii)　$\psi^{-1}((r,1])=\bigcup\{B_s\mid r<s<1\}$，ただし $B_s=\{y\in Y\mid f^{-1}(y)\subset\varphi^{-1}((s,1])\}$ を導き **5** を用いよ．

8　φ は **7** の f の条件を満たすことを確かめよ．

練習問題 3

1　$X_\alpha=\{0,1\}$ (離散空間)，$A_\alpha=\{0\}$ $(\alpha\in\Omega)$，$\mathrm{card}\,\Omega\geqq\aleph_0$ とすれば，$\mathrm{Int}\left(\prod_\alpha A_\alpha\right)=\phi$．

2　(ii)　$y\in Y$ に対し，$A[y]=\{x\in X\mid(x,y)\in A\}$，$B[y]=\{z\in Z\mid(y,z)\in B\}$ は，X,Z の開集合で，$A\circ B=\bigcup\{A[y]\times B[y]\mid y\in Y\}$．

3　$h:S\to Z=(X\times\{x_0\})\cup(\{x_0\}\times Y)$ を，$x\in X\Longrightarrow h(x)=(x,x_0)$，$y\in Y\Longrightarrow h(y)=(x_0,y)$ と定めると，h は全単射．$X\times Y$ の開集合 G に対し，$G_1=\{x\in X\mid(x,x_0)\in G\}$，$G_2=\{y\in Y\mid(x_0,y)\in G\}$ とおくと，$G_1\cup G_2$ は S の開集合で，$h^{-1}(G\cap Z)=G_1\cup G_2$．また，$S$ の開集合 H に対し，$h(H)=Z\cap((H\cap X)\times(H\cap Y))$ ($x_0\in H$ のとき)，$Z\cap((H\cap X)\times Y\cup X\times(H\cap Y))$ ($x_0\notin H$ のとき)．$\therefore$　h,h^{-1} は連続．

4　$h:X\to X\times Y$ を，$h(x)=(x,f(x))$ で定めると，h は単射で，定理 14.8 より，h は連続で，$h(X)=\{(x,f(x))\mid x\in X\}$ $(=Z$ とおく$)$．X の開集合 G に対し，$h(G)=Z\cap(G\times Y)$．$\therefore$　h は埋蔵．

5　$h:(X,\mathfrak{T}(\mathcal{B}))\to Y=\{(x,x)\mid x\in X\}\subset(X,\mathfrak{T}_1)\times(X,\mathfrak{T}_2)$ を，$h(x)=$

(x, x) で定める．h は全単射で，$G, H \subset X$ に対し，等式 $h(G \cap H) = Y \cap (G \times H)$ を導くことにより，h, h^{-1} の連続性を得る．

6 $\mathrm{card}\,\Omega_1 = \mathrm{card}\,\Omega_2 = \mathfrak{m}$，$\Omega_1 \cap \Omega_2 = \phi$，$\Omega = \Omega_1 \cup \Omega_2$ とする．$h: X^{\Omega} \to X^{\Omega_1} \times X^{\Omega_2}$ を，$h(\{x_\alpha \mid \alpha \in \Omega\}) = (\{x_\alpha \mid \alpha \in \Omega_1\}, \{x_\alpha \mid \alpha \in \Omega_2\})$ と定めれば，h は位相写像．

7 $x = \{x_\alpha \mid \alpha \in \Omega\} \in D^{\Omega}$ $(\mathrm{card}\,\Omega = \mathfrak{m})$ が G_δ 集合とすれば，$\{x\} = \bigcap_{i=1}^{\infty} G_i$，$G_i = \langle \{x_{\alpha(i,1)}\}, \cdots, \{x_{\alpha(i,n_i)}\} \rangle$（ただし，$\alpha(i, k) \in \Omega$）と表わせる．$\Gamma \in \Omega - \bigcup \{\alpha(i, k) \mid 1 \leqq k \leqq n_i ; i \in \boldsymbol{N}\}$ とし，点 $y = \{y_\alpha \mid \alpha \in \Omega\}$ を，$y_\alpha = x_\alpha$ $(\alpha \notin \Gamma)$，$y_\alpha \neq x_\alpha$ $(\alpha \in \Gamma)$ と定めれば，$y \neq x$，$y \in \bigcap_{i=1}^{\infty} G_i$．

8 $f: \boldsymbol{R}^2 \to S^1 \times S^1$ を $f(x, y) = ((\cos 2\pi x, \sin 2\pi x), (\cos 2\pi y, \sin 2\pi y))$ で定義すると，f は全射，連続．$x - x', y - y' \in \boldsymbol{Z} \Leftrightarrow f(x, y) = f(x', y')$ であり，例 15.6 と同様にして，f は開写像となることがわかる．

9 定理 12.6 を用いよ．

10 $(\Leftarrow)$　G を Y の開集合とする．$\lambda \in \Lambda$ に対し，$f_\lambda^{-1}(g^{-1}(G)) = (g \circ f_\lambda)^{-1}(G)$ は X_λ の開集合．$\therefore$　$g^{-1}(G)$ は Z の開集合．

練習問題 4

1 $(\Rightarrow)$　連続な全射 $f: X \to \{0, 1\}$ があれば，$f^{-1}(0)$ は開集合かつ閉集合で，$\phi \subsetneqq f^{-1}(0) \subsetneqq X$．$(\Leftarrow)$　$\phi \subsetneqq A \subsetneqq X$，$A$ が開集合かつ閉集合なら，$f: X \to \{0, 1\}$，$f(x) = 0$ $(x \in A)$，$f(x) = 1$ $(x \in X - A)$ は全射，連続．

2 中間値の定理を用いて，$f((a, b)) = (f(a), f(b))$ か $(f(b), f(a))$ となることを証明せよ．このとき，f は開写像．

3 $p: X \to X/A$ を射影，$p(A) = y_0$ とすれば，$\{y_0\}$ は連結で，かつ X/A で稠密．定理 16.7 を用いよ．

4 各 $\mathrm{Cl}\,A_\alpha$ は連結で，$\mathrm{Cl}\,A_\alpha \cap \mathrm{Cl}\,A_\beta \neq \phi$ $(\alpha, \beta \in \Omega)$．

5 C を $A \cup B$ の開集合かつ閉集合とし，$C = G \cap (A \cup B) = F \cap (A \cup B)$，$G, F$ はそれぞれ X の開集合と閉集合とする．A の連結性より，$A \subset C$，または，$A \cap C = \phi$．$A \subset C$ のとき，$B - C = B - G = B - F$，$X - G \subset X - A$，$X - F \subset X - A$ より，$B - C$ は $X - G$ の閉集合，$X - F$ の開集合．よって，X の開集合かつ閉集合．X の連結性より，$B \subset C$．$\therefore$　$C = A \cup B$．$A \cap C = \phi$ のときは，$A \cup B - C$ を改めて C とおき，上の結果を適用せよ．

6　(i)　$p_\lambda : X \to X_\lambda$ を射影，C_λ を $p_\lambda(C)$ を含む連結成分とすれば，定理16.10 より，$C \subset \prod_\lambda p_\lambda(C) \subset \prod C_\lambda \subset C$.

7　$a \in X-A$, $b \in Y-B$ をとる．$X \times Y - A \times B \ni (x, y), (x', y')$ に対し，(i)　$X-A \ni x, x' \Longrightarrow C = (\{x\} \times Y) \cup (X \times \{b\}) \cup (\{x'\} \times Y)$，(ii)　$X-A \ni x$, $Y-B \ni y' \Longrightarrow C = (\{x\} \times Y) \cup (X \times \{y'\})$ とおけば，C は連結で，$C \ni (x, y), (x', y')$.

8　G を X の開集合かつ閉集合とすれば，$f^{-1}(f(x))$ の連結性より，$x \in G \Longrightarrow f^{-1}f(x) \subset G$；$x \notin G \Longrightarrow f^{-1}f(x) \cap G = \phi$. これより，$f^{-1}f(G) = G$. f は商写像だから，$f(G)$ は Y の開集合かつ閉集合.

9　定理17.4 を用いる．G を Y の開集合，C を G の連結成分とする．C_x を各 $x \in f^{-1}(C)$ の $f^{-1}(G)$ における連結成分とすると，$f(C_x) \cap C \neq \phi$ で $f(C_x)$ は連結．∴　$f(C_x) \subset C$. ∴　$f^{-1}(C) = \bigcup \{C_x \mid x \in f^{-1}(C)\}$ で，各 C_x は開集合．∴　$f^{-1}(C)$ は開集合．∴　C は開集合.

10　点 $p = (0, 1)$ における $U(p; 1/2) \cap Y$ の連結成分は開集合でない.

練習問題 5

1　(ii)　$p : \boldsymbol{R} \to \boldsymbol{R}/\boldsymbol{Q}$ を射影，$x, y \in \boldsymbol{R}$, $p(x) \neq p(y)$ とすると，$x \notin \boldsymbol{Q}$ か $y \notin \boldsymbol{Q}$. $x \notin \boldsymbol{Q}$ のとき，$G = \boldsymbol{R}/\boldsymbol{Q} - \{p(x)\}$ は，$p^{-1}(G) = \boldsymbol{R} - \{x\}$ より，$\boldsymbol{R}/\boldsymbol{Q}$ の開集合で，$y \in G$, $x \notin G$. また，点 $p(\boldsymbol{Q})$ は $\boldsymbol{R}/\boldsymbol{Q}$ の閉集合ではない.

3　$a, b \in X$ の近傍 $U(a)$, $V(b)$ に対し，$U(a) \cap V(b) = \phi \Longleftrightarrow (U(a) \times V(b)) \cap \{(x, x) \mid x \in X\} = \phi$.

4　F を Y の閉集合，$y_0 \notin F$ とする．$f(x_0) = y_0$, $x_0 \in X$ とすれば，$x_0 \notin f^{-1}(F)$. 仮定より，$\varphi(x_0) = 0$, $x \in f^{-1}(F) \Longrightarrow \varphi(x) = 1$ を満たす連続写像 $\varphi : X \to [0, 1]$ をとり，$\psi(y) = \inf\{\varphi(x) \mid x \in f^{-1}(y)\}$ とおけば，練習問題2の**6**より，$\psi : Y \to [0, 1]$ は連続で，$\psi(y_0) = 0$, $y \in F \Longrightarrow \psi(y) = 1$.

5　(⇒)　$E_i = X - G_i$ は閉集合で $(i=1, 2)$，$E_1 \cap E_2 = \phi$. $E_i \subset H_i$ $(i=1, 2)$，$H_1 \cap H_2 = \phi$ を満たす開集合 H_i をとり，$F_i = X - H_i$ $(i=1, 2)$ とおけばよい．(⇐)　互いに素な閉集合 E_1, E_2 に対し，$G_i = X - E_i$ $(i=1, 2)$ とおけばよい.

6　$y \in Y$ に対し，$y = f(x)$, $x \in X$ とすれば，$\{x\}$ は閉集合．∴　$\{y\}$ も

閉集合. ∴　Y は T_1. H_i を Y の開集合で $(i=1,2)$, $Y=H_1\cup H_2$ とするとき, $G_i=f^{-1}(H_i)$ とおいて **5** を用いよ.

7　例 15.8 で定めた $Z=X\underset{f}{\cup}Y=Y\cup(X-A)$, $\psi:X\to Z$, $i:Y\to Z$ をとる. (i)　$\psi^{-1}(Y)=A$, $i^{-1}(Y)=Y$ で, Z の位相の定め方より, Y は Z の閉集合. (ii)　$z\in Z$ について, $z\in X-A$ なら, $\psi^{-1}(z)=z$, $i^{-1}(z)=\phi$ より, $\{z\}$ は Z の閉集合. Y は Z の閉集合で T_1 だから, $z\in Y$ なら $\{z\}$ は Z の閉集合. ∴　Z は T_1. 以下, Tietze の拡張定理を用いる. E を Z の閉集合, $g:E\to\boldsymbol{R}$ を連続写像とする. $g\,|\,Y\cap E$ の Y 上への拡張を g' とし, $h:A\cup\psi^{-1}(E)\to\boldsymbol{R}$ を, $x\in A\Longrightarrow h(x)=g'f(x)$; $x\in\psi^{-1}(E)\Longrightarrow h(x)=g\psi(x)$ と定めると, h は連続. $\tilde{h}:X\to\boldsymbol{R}$ を h の拡張とし, $\tilde{g}:Z\to\boldsymbol{R}$ を, $x\in X-A\Longrightarrow\tilde{g}(x)=\tilde{h}(x)$; $x\in Y\Longrightarrow\tilde{g}(x)=g'(x)$ と定める. $x\in A$ に対し, $\tilde{g}\circ\psi(x)=\tilde{g}(f(x))=g'(f(x))=h(x)=\tilde{h}(x)$. ∴　$\tilde{g}\circ\psi=\tilde{h}$. さらに, $\tilde{g}\circ i=g'$ だから, 練習問題 3 の **10** より, $\tilde{g}$ は連続で, $\tilde{g}\,|\,E=g$ を得る.

8　$X\supset X'$, $x_0\notin X'$ のときは, 部分空間 X' は離散. $x_0\in X'$ のときは, 例 19.6 の証明と同様にせよ.

9　$\psi:A=\{a_n, a_0\,|\,n\in\boldsymbol{N}\}\to\boldsymbol{R}$ を, $\psi(a_n)=\alpha_n$ $(n=0,1,2,\cdots)$ で定めると, ψ は連続. A は X の閉集合だから, ψ は X 上に拡張できる.

10　Y の開被覆 $\mathcal{U}$ に対し, $\mathcal{V}=\{f^{-1}(U)\,|\,U\in\mathcal{U}\}$ は X の開被覆. $X=\bigcup\{f^{-1}(U_i)\,|\,i\in\boldsymbol{N}\}$ となれば, $Y=\bigcup\{U_i\,|\,i\in\boldsymbol{N}\}$.

練習問題 6

1　定理 22.2, (iii)→(i) の証明中にある (b) を用いよ.

2　$f:(X,\rho)\to\boldsymbol{R}$, $f(x)=\rho(x,B)$ は連続で, $f\,|\,A:A\to\boldsymbol{R}$ の最小値を α とすると, $\alpha=\rho(A,B)$ で, $\alpha>0$ となる. 求める例は, p. 56 を見よ.

3　仮定により, f は閉写像となる. ∴　Y は正規. また, X は可算開基 $\mathcal{B}=\{B_n\,|\,n\in\boldsymbol{N}\}$ をもつ. U を Y の開集合, $y_0\in U$ とする. $f^{-1}(y_0)\subset f^{-1}(U)$ で, $f^{-1}(y_0)$ はコンパクトであるから, ある $B_{n_i}\in\mathcal{B}$ $(i=1,\cdots,m)$ により, $f^{-1}(y_0)\subset B_{n_1}\cup\cdots\cup B_{n_m}\subset f^{-1}(U)$ とできる. $V(B_{n_1},\cdots,B_{n_m})=\{y\in Y\,|\,f^{-1}(y)\subset B_{n_1}\cup\cdots\cup B_{n_m}\}$ は, 練習問題 2 の **5** より, Y の開集合で, $y_0\in V(B_{n_1},\cdots,B_{n_m})\subset U$ となる. ∴　$\{V(B_{n_1},\cdots,B_{n_m})\,|\,B_{n_i}\in\mathcal{B},\ i=1,\cdots,m\,;\,m\in\boldsymbol{N}\}$ は, Y の可算開基.

4　(i)　$\{x_n\}$ は集積点をもたないから，X の閉集合であり，また，$\{x_n\}$ の任意の部分集合についても同様．(ii)　対応 $x_n \mapsto n$ に Tietze の拡張定理を用いよ．(iii)　(i), (ii) および定理 22.2 を用いよ．

6　(i)　例 23.1 の証明と同様．(ii)　無限集合 $K \subset X$ がコンパクトなら，p は K の集積点．∴　$K-\{p\} \in \mathcal{F}$．$K-\{p\}=K_1 \cup K_2$，$K_1 \cap K_2=\phi$，card K_1，card $K_2 \geqq \aleph_0$ と直和に表わすと，$\mathcal{F}$ の極大性より，$K_1 \in \mathcal{F}$ または $K_2 \in \mathcal{F}$．$K_1 \in \mathcal{F}$ とすると，K_2 は閉集合．∴　K_2 はコンパクトで，$K_2 \subset \boldsymbol{N}$ より，K_2 は離散な部分空間．∴　K_2 は有限集合となって矛盾を生じる．

7　(i)　補題 23.4 と練習問題 2 の **5** を用いよ．(ii)　$D=\{(x, x) \mid x \in \beta(X)\}$ は $X \times \beta(X)$ の閉集合であって，$p(D)=X$．∴　$X=\beta(X)$．

8　$\beta(X)-X$ が点 x_0 を含めば，$\mathrm{Cl}\, X=\beta(X)$ で $\beta(X)$ は距離化可能だから，$\{x_n\} \to x_0$ となる X の点列 $\{x_n\}$ がある．$\{x_n\}$ は X の閉集合で，離散な部分空間．∴　$f(x_{2n})=0$，$f(x_{2n-1})=1$ $(n \in \boldsymbol{N})$ で定めた写像 f: $\{x_n\} \to [0, 1]$ は，X 上に拡張できて，さらに $\beta(X)$ 上 $\hat{f}: \beta(X) \to I$ に拡張できる．このとき，$f(p) \in \hat{f}(\mathrm{Cl}\{x_{2n} \mid n \in \boldsymbol{N}\}) \subset \mathrm{Cl}\, \hat{f}(\{x_{2n} \mid n \in \boldsymbol{N}\}) = \mathrm{Cl}\, f(\{x_{2n} \mid n \in \boldsymbol{N}\}) = \{0\}$．∴　$\hat{f}(p)=0$．同様に，$\hat{f}(p)=1$ となって，矛盾を生じる．

9　$f: A \to Y$，$g=f \times 1: A \times K \to Y \times K$ に対し，例 15.8 の写像 $\psi_f: X \to X \cup_f Y$，$\psi_g: X \times K \to (X \times K) \cup_g (Y \times K)$ を定める．写像 $\varphi_f: X \oplus Y \to X \cup_f Y$；$\varphi_f(x)=\psi_f(x)$ $(x \in X)$，$\varphi_f(y)=y$ $(y \in Y)$，および，φ_g: $(X \times K) \oplus (Y \times K) \to (X \times K) \cup_g (Y \times K)$；$\varphi_g((x, w))=\psi_g((x, w))$ $((x, w) \in X \times K)$，$\varphi_g((y, w))=(y, w)$ $((y, w) \in Y \times K)$ は定理 15.6, (b) より商写像．また，恒等写像：$(X \oplus Y) \times K \to (X \times K) \oplus (Y \times K)$ は位相写像となる．$h: (X \cup_f Y) \times K \to (X \times K) \cup_g (Y \times K)$ を，$(z, w) \in (X \cup_f Y) \times K$ に対し，$\varphi_f(u)=z$ としたとき，$h(z, w)=\varphi_g((u, w))$ と定めると，h は全単射．また，定理 23.6 より，$\varphi_f \times 1: (X \oplus Y) \times K \to (X \cup_f Y) \times K$ は商写像であって，$\varphi_g=h \circ (\varphi_f \times 1)$，$\varphi_f \times 1=h^{-1} \circ \varphi_g$ より，定理 15.4 から，h, h^{-1} の連続性を得る．

10　(i)　(⇐)　$G \ni x$，$U(x)$ は，$\mathrm{Cl}\, U(x)$ がコンパクトな x の近傍とする

と，X のある開集合 H により，$G\cap \mathrm{Cl}\,U(x)=H\cap \mathrm{Cl}\,U(x)$．このとき，$G\supset G\cap \mathrm{Cl}\,U(x)\supset H\cap U(x)\ni x$． (ii) $G\subset X$ に対し，$\varphi^{-1}(G)$ が S の開集合 $\Leftrightarrow \varphi^{-1}(G)\cap(A_\alpha\times\{\alpha\})=(G\cap A_\alpha)\times\{\alpha\}$ が $A_\alpha\times\{\alpha\}$ の開集合 $\Leftrightarrow G\cap A_\alpha$ が A_α の開集合 $(\alpha\in\Omega)$．

練習問題 7

1 $\varepsilon>0$ を与える．$\varepsilon/2$ に対し，$n_0\leqq k, l\Longrightarrow\rho(x_k, x_l)<\varepsilon/2$ となる n_0 がある．一方，ある $m_0>n_0$ に対し，$\rho(x_{m_0}, a)<\varepsilon/2$．このとき，$m_0\leqq k\Longrightarrow\rho(x_k, a)<\varepsilon$．

2 ($\Rightarrow$) $x_n\in F_n$ をとれば，$\{x_n\}$ は Cauchy 列となる．$\{x_n\}\to a$ とすれば，$a\in\bigcap_n F_n$． ($\Leftarrow$) Cauchy 列 $\{x_n\}$ に対し，$F_n=\mathrm{Cl}\{x_i\mid i\geqq n\}$ とおけば，仮定が満たされ，点 $a\in\bigcap_n F_n$ に $\{x_n\}$ は収束する．

4 $|\rho(x, A)-\rho(x', A)|\leqq\rho(x, x')$ に注意．

5 $X=\{x_n\mid n\in\boldsymbol{N}\}$ とすれば，定理 26.7 より，ある n に対し，$\mathrm{Int}\{x_n\}\neq\phi$ となり，x_n は孤立点．x_{n_1} が孤立点なら，$X-\{x_{n_1}\}$ は，定理 27.6 より，完備距離化可能．よって，孤立点 x_{n_2} を含み，x_{n_2} は X での孤立点となる．以下この議論を繰り返せ．

6 $\{y_n\}$ を Y の Cauchy 列とする．$\mathrm{Cl}\,X=Y$ より，各 n について，$\rho(x_n, y_n)<1/n$ を満たす $x_n\in X$ をとると，$\{x_n\mid n\in\boldsymbol{N}\}$ は X の Cauchy 列となり，ある点 $y\in Y$ に収束する．このとき，$\{y_n\}\to y$．

7 点 $x_1\in X$ をとり，$x_2=f(x_1)$，$x_3=f(x_2)$，$\cdots$，$x_{n+1}=f(x_n)$，$\cdots$ と定めると，$\rho(x_{n+1}, x_n)=\rho(f(x_n), f(x_{n-1}))\leqq\alpha\rho(x_n, x_{n-1})$ $(n>1)$． $\therefore$ $\rho(x_m, x_n)\leqq\rho(x_m, x_{m-1})+\rho(x_{m-1}, x_{m-2})+\cdots+\rho(x_{n+1}, x_n)\leqq(\alpha^{m-n+1}+\cdots+\alpha^2+\alpha+1)\rho(x_{n+1}, x_n)=\dfrac{1-\alpha^{m-n}}{1-\alpha}\rho(x_{n+1}, x_n)\leqq\dfrac{\alpha^{n-1}(1-\alpha^{m-n})}{1-\alpha}\times\rho(x_2, x_1)$ $(m>n)$． $\therefore$ $\{x_n\}$ は Cauchy 列．$\{x_n\}\to x_0$ とすれば，$f(x_0)=x_0$ となる．また，$f(x')=x'$ なら，$\rho(x_0, x')=\rho(f(x_0), f(x'))\leqq\alpha\rho(x_0, x')$ より，$\rho(x_0, x')=0$．

8 (i) $x\in X$ の近傍 $U(x)$ に対し，X の正則性と，各 $\bigcap_{i=1}^{n}G_n$ の稠密性より，$U(x)\cap G_1\supset\mathrm{Cl}\,U(x_1)$，$U(x_1)\cap G_1\cap G_2\supset\mathrm{Cl}\,U(x_2)$，$\cdots$，$U(x_n)\cap\bigcap_{i=1}^{n}G_n\supset\mathrm{Cl}\,U(x_{n+1})$ $(n\in\boldsymbol{N})$ を満たす点 x_n と近傍 $U(x_n)$ がとれる．X のコンパクト性より，$\phi\neq\bigcap_n\mathrm{Cl}\,U(x_n)\subset U(x)\cap\bigcap_i G_i$． (ii) 仮定よ

り，$X=\bigcap_i C_i$, C_i は $\beta(X)$ の開集合，と表わせる．$G_i=H_i\cap X$ (H_i は $\beta(X)$ の開集合) が X で稠密ならば，$H_i\cap C_i$ は $\beta(X)$ で稠密な開集合で，$\bigcap_i(H_i\cap C_i)=\left(\bigcap_i H_i\right)\cap\left(\bigcap_i C_i\right)=\bigcap_i G_i$ は，(i) より，$\beta(X)$ で稠密．

9　補題 25.9 より，$f(\beta(X)-X)=\hat{X}-X$, $f\,|\,X=1_X$ を満たす連続写像 $f:\beta(X)\to\hat{X}$ がある．$X=\bigcap_i G_i$, G_i は $\hat{X}$ の開集合，とすれば，$X=\bigcap_i f^{-1}(G_i)$．

10　$X_n=\bigcap_{i=1}^{\infty}H_i{}^{(n)}$ ($H_i{}^{(n)}$ は $\beta(X_n)$ の開集合) とする．$\prod_n\beta(X_n)$ は $\prod_n X_n$ のコンパクト化で，$\bigcap_{n,i}\langle H_i{}^{(n)}\rangle=\prod_n X_n$．ここで **9** を用いよ．

練習問題 8

1　($\Leftarrow$)　$x\in X$ に対し，$G=X-\bigcup\{\mathrm{Cl}\,A\mid A\in\mathscr{A},\ x\notin\mathrm{Cl}\,A\}$ とおくと，(ii) より，G は開集合で $G\ni x$．$G\cap A\neq\phi\Longrightarrow\mathrm{Cl}\,A\ni x$ となるから，(i) より，$G\cap A\neq\phi$ となる $A\in\mathscr{A}$ は高々有限個．

2　$x\in X$ に対し，$\mathscr{A}_x=\{A\in\mathscr{A}\mid A\cap U(x)\neq\phi\}$ が高々有限の族となるような近傍 $U(x)$ がある．$\mathscr{U}=\{U(x)\mid x\in X\}$ は開被覆．(i)　$X=U(x_1)\cup\cdots\cup U(x_n)\Longrightarrow\mathscr{A}=\mathscr{A}_{x_1}\cup\cdots\cup\mathscr{A}_{x_n}$,　(ii)　$X=\bigcup_{n=1}^{\infty}U(x_n)\Longrightarrow\mathscr{A}=\bigcup_{n=1}^{\infty}\mathscr{A}_{x_n}$.

3　($\Leftarrow$)　$\mathscr{M}$ を X の極大フィルター，$\mathscr{V},\mathscr{U}\in\Phi$, $\mathscr{V}^*<\mathscr{U}$ とする．$X=\bigcup_{i=1}^{n}\mathrm{St}(x_i,\mathscr{V})$ とすると，$\mathscr{M}$ の極大性より，ある $\mathrm{St}(x_i,\mathscr{V})\in\mathscr{M}$．$\mathrm{St}(x_i,\mathscr{V})\subset U$ となる $U\in\mathscr{U}$ があるから，$\mathscr{M}$ は Φ に関し Cauchy フィルター基底．∴　$\mathscr{M}$ は収束する．

4　$X\supset H$, 各 i に対し，$H\cap\mathrm{Cl}\,G_i$ は $\mathrm{Cl}\,G_i$ の開集合とすれば，$H\cap G_i$ は G_i の開集合．よって，$H\cap G_i$ は X の開集合となり，$H=\bigcup_{i=1}^{\infty}(H\cap G_i)$ は X の開集合．後半は例 31.2 より明らか．

5　任意の $\Omega'\subset\Omega$ に対し，部分空間 $(\bigcup\{A_\alpha\mid\alpha\in\Omega'\})\times Y$ と $\{A_\alpha\times Y\mid\alpha\in\Omega'\}$ に，定理 23.6 と練習問題 6 の **10** を適用せよ．

6　定理 31.3，練習問題 5 の **7** と 6 の **9** を用いよ．

7　(i)　$A=\bigcup_{i=1}^{\infty}F_i$, F_i は正規空間 X の閉集合とし，$\mathscr{U}=\{A\cap U_i\mid i=1,\cdots,m\}$ を A の任意の有限開被覆 (U_i は X の開集合) とする．$G=\bigcup_{i=1}^{m}U_i$, $H_0=\phi$ とおけば，X の正規性より，$F_i\cup\mathrm{Cl}\,H_{i-1}\subset H_i$, $\mathrm{Cl}\,H_i\subset G$ を満

たす X の開集合 H_i が帰納法で作れる．$B=\bigcup_{i=1}^{\infty}\mathrm{Cl}\,H_i$ とおけば，$B=\bigcup_{i=1}^{\infty}H_i$, $A\subset B\subset G$ で $\bigcup_{i=1}^{n}\mathrm{Cl}\,H_i$ は正規．よって，問題**4**と定理 31.8 より，部分空間 B は正規．よって，$\{B\cap U_i \mid i=1,\cdots,m\}$ は B の正規被覆(定理 29.14)．よって，$\{A\cap U_i \mid i=1,\cdots,m\}$ も A の正規被覆(§29, 問 3, f を包含写像とせよ)．よって，A は正規空間(定理 29.14)．(ii) 定理 29.14 の代りに定理 29.13 を用いよ．別証．(i) と定理 31.3 を用いよ．

8 (ii) $X\times Y$ は，$\beta(X)\times Y$ の F_σ 集合．**7**(ii) と定理 31.5 を適用せよ．

9 各 $x\in X$ に対し，$\mathrm{Cl}\,U(x)$ がコンパクトとなる近傍 $U(x)$ をとり，$\mathcal{U}=\{U(x)\mid x\in X\}>\mathcal{V}$ となる局所有限な開被覆 $\mathcal{V}$ をとれば，$\mathcal{F}=\mathrm{Cl}\,\mathcal{V}$ が求めるものとなる．$\{F\times Y \mid F\in\mathcal{F}\}$ に定理 31.3, 31.8, 例 31.1 を適用せよ．

10 $X\times Y$ の開被覆 $\mathcal{G}$ に対し，定理 31.1 の $\mathcal{U}=\{U_\lambda \mid \lambda\in\Lambda\}$ と $\{\mathcal{V}_\lambda \mid \lambda\in\Lambda\}$ をとる．$X=\bigcup_{i=1}^{\infty}U_{\lambda_i}$ とすれば，$X\times Y=\bigcup\{U_{\lambda_i}\times V \mid V\in\mathcal{V}_{\lambda_i};\, i\in N\}$．

索　　引

H

I

K

L

M

N

P

Q

R

S

T

U

W

Y

Z

■岩波オンデマンドブックス■

位相空間論

1981年11月24日　第1刷発行
2001年4月24日　第11刷発行
2017年8月9日　オンデマンド版発行

著　者　森田紀一（もりた きいち）

発行者　岡本　厚

発行所　株式会社 岩波書店
〒101-8002 東京都千代田区一ツ橋 2-5-5
電話案内 03-5210-4000
http://www.iwanami.co.jp/

印刷／製本・法令印刷

ISBN 978-4-00-730649-5　Printed in Japan